내 안에 기후 괴물이 산다

내 안에 기후 괴물이 산다

기후변화는 어떻게 몸, 마음, 그리고 뇌를 지배하는가

THE
WEIGHT
OF
NATURE

클레이튼 페이지 알던 지음

김재경 옮김

추수밭

한 그루의 나무가 모여 푸른 숲을 이루듯이
청림의 책들은 삶을 풍요롭게 합니다.

타고난 빛으로 나를 밝혀주는
앨리에게 이 책을 바칩니다.

이것은 당신의 뇌 안에서 소용돌이칠 기후변화의 실체다. 고통스럽지만 시급한 내용을 담고 있는 이 책은 독특하면서도 충격적이다. 장기간에 걸쳐 우리 삶에 영향을 끼치고 있는 기후변화가 인간의 뇌에 미치는 정서적이고 신체적인 피해에 관해 서정적으로 풀어가면서도 과학적으로 엄밀하게 설명한다.

_〈커커스 리뷰Kirkus Review〉

클레이튼 페이지 알던은 기후변화가 이미 우리를 바꾸었음을, 그리고 어떻게 바꿀지를 과감하게 묻는 드문 작가다.

_〈뉴욕타임스The New York Times〉

놀라운 폭로다. 이 책은 단순히 '기후불안'을 언급하는 또 하나의 책이 아니다.

_〈파이낸셜 타임스Financial Times〉

이 책에서 알던은 기후변화가 풍경뿐 아니라 우리 자신도 변화시키고 있음을 그 누구보다도 명확하게 설명한다. 폭염에 관한 이 유려하고도 풍성한 글을 읽는 동안 독자들은 오한에 몸서리칠 것이다.

_안자나 아후자Anjana Ahuja(영국 과학 저널리스트)

온난화로 인해 인간이 어떻게 변화할 것인지에 대한 독특한 관점을 제시한다.

_〈퍼블리셔스 위클리Publishers Weekly〉

과학 기반 저널리즘의 정점에 있는 책. 신경과학자이자 환경 저널리스트인 클레이튼 알던은 기후변화가 우리의 두뇌와 행동에 미치는 영향에 대한 강력하고도 시사적인 책을 저술했다. 일차적으로는 기후변화가 개인 및 공중보건에 불러일으키는 문제를 염려하는 독자들을 위한 필독서이지만, 동시에 이 책은 희망으로 가득 차 있다. 기후변화는 우리에게 부정적인 영향을 미치지만, 우리는 '공감'과 '느낌', '이야기'와 '경외감'을 표현할 수 있는 능력을 가지고 있다. 우리 주변에서 발견할 수 있는 일상의 마법을 언급하며 이 책은 기후위기에 대응할 수 있는 동기를 부여한다.

_〈뉴욕 저널 오브 북스New York Journal of Books〉

전문성을 갖춘 저자가 썼음에도 뛰어난 가독성과 문학성을 보여주는 이 책은 뇌를 먹는 아메바, 언어의 죽음, 자유의지 같은 광범위한 주제를 다루며 그동안 우리에게 익숙했던 이야기의 범위를 훨씬 넘어선다. 결국 기후는 우리의 배후에 가려진 '인형조종사'이고, 우리는 '꼭두각시'에 불과하다는 사실을 서슬 퍼렇게 보여준다.

_〈히트맵 뉴스Heatmap News〉

놀랍도록 매력적이고, 소름이 끼치도록 참신하다. 우리의 뇌와 신체에 대한 저자의 탐구는 시의적절하고 폭로적이며, 보기 드문 관점까지 갖추고 있다.

_앨런 와이즈먼Alan Weisman, 《인간 없는 세상》 저자

우리 시대의 가장 중요한 위기에 관한 심오하면서도 새로운 글쓰기에 알던은 성공했다. 엄정한 보도일 뿐만 아니라 우리의 생각과 느낌을 바꾸는 이 책에서 우리는 많은 것을 배울 수 있다.

_빌 매키번Bill McKibben, 《자연의 종말》 저자

오늘 우리에게 중요한 분수령이 될 이 책은 기후변화가 뇌와 신체에 어떻게 미세한 변화를 일으키는지 따뜻한 목소리로 명확하게 설명한다. 많은 이들이 인간의 두뇌와 신체가 온난화에 저항하거나 적응할 수 있다고 믿는다. 하지만 여기에는 한계가 있다는 것을 이 책을 통해 분명히 알게 될 것이다. 개인에게 깊숙이 들어가면서도, 광범위하게 통찰적이며, 한번 들면 내려놓을 수 없는 이 책을 꼭 읽어봐야 한다.

_애니 프루Annie Proulx, 《습지에서 지구의 안부를 묻다》 저자

정말 대단한 책이다. 심오하고, 계시적이며, 정교하게 쓰인 이 책은 기후변화가 우리에게 미치는 영향을 불안한 시선으로 통찰력 있게 바라본다. 우리를 미궁에서 빠져나오게 하는, 생명줄과도 같은 필수적이고 시급한 책이다.

_이저벨라 트리Isabella Tree, 《야생 쪽으로》 저자

다른 어떤 것보다 더 중요한 과학의 영역을 재미있고도 감동적으로, 그리고 매우 필요한 방식으로 여행하는 책이다. 훌륭한 연구물이자 매혹적이면서도 깊은 경외감을 불러일으키는 이 책은 우리가 물리적 환경과 상상했던 것보다 훨씬 더 많이 연결되어 있음을 보여준다. 감동과 즐거움, 그리고 변화를 느끼지 않을 사람이 없을 것이다.

_알렉산더 반 툴레켄Alexander van Tulleken(영국 의사, 언론인)

기후변화가 우리의 뇌와 몸, 마음을 어떻게 변화시키고 있는지에 대해 우아하고 설득력 있게 논증하는 이 책은 조용히 웅크려 있던 나를 소리치고 싶게 만들고, 사람들을 잠에서 깨우고 싶게 한다. 이 책을 읽는 동안 독자는 저자의 솔직함, 산문의 경쾌함, 성찰의 성숙함을 느끼며 한층 고양될 것이다. 그는 과거를 낭만화하거나 사람들의 오랜 두려움을 무시하는 것을 거부한다. 탄소 배출을 줄이는 더 나은 삶의 방식을 고안하기 훨씬 전

부터 기후변화는 계속되고 있었고, 우리는 이제 그 영향을 관리해야 한다. 이 혼돈의 세계에서 알던은 홀로 차분한 목소리를 내고 있다.

_〈뉴 스테이츠먼The New Statesman〉

기후 혼란의 결과에 대해 걱정하는 사람들에게 이 책은 인식의 물리적 특성에 내재된 일종의 '위안'을 제공한다. 연쇄적인 환경의 위기에서 쉽게 벗어날 수 없겠지만, 지속 가능한 삶의 방식으로 나아가는 길을 적어도 '느낄' 수 있을는지 모른다. 긴 공포의 여정 끝에 다다른 통찰과 함께 수준 높은 결말을 우리에게 보여주는 책.

_〈시에라 매거진Sierra Magazine〉

알던은 인터뷰와 개인적인 경험을 바탕으로 간간이 민속학적인 표현을 사용하는 우아한 산문가이자 탁월한 이야기꾼이다. 그는 온갖 약어들이 해조류처럼 퍼져 있는 복잡한 연구서들을 훌륭하게 탐색하며, 신경과학을 연구한 그의 배경은 기후변화가 뇌 기능에 미치는 화학적·기계적인 영향을 탐구하는 데 강력한 발판을 마련해준다.

_〈타임스 리터러리 서플먼트Times Literary Supplement〉

알던은 폭염이 어떻게 신체 기능을 손상시키고 신경망을 약화시키며 수면 패턴을 방해하는지, 특히 노인의 인지 건강을 얼마나 방해하는지에 관해 중요한 요소들을 밝혀냈다. 기후변화는 더 이상 미래의 위험이 아니다. 그것은 명백한 현재의 위협이다.

_〈뉴스위크Newsweek〉

내 안에 자리 잡은
괴물 같은 현실, 기후변화

매해 최고치를 경신하는 여름 기온, 전 세계적으로 더욱 늘어만 가는 대형 산불, 한쪽에서는 극한 가뭄이, 다른 한쪽에서는 홍수가 일어나는 '기후 양극화'에 이르기까지……. 기후변화와 관련한 소식들은 이처럼 듣기만 해도 어지럼증이 느껴질 정도로 쏟아지고 있지만, 여전히 많은 이들이 '내 삶과는 직접적인 관련이 없다'는 이유로 적극적으로 대응하지 않는다. 하지만 이 책은 그와 같은 생각을 송두리째 바꾸고, 당신의 행동에 직접적인 동기를 부여할 것이다. 앞에서 잠시 말한 '어지럼증'에 그 힌트가 숨어 있다.

신경과학자이자 환경 저널리스트인 클레이튼 페이지 알던은 '기후변화의 일상을 보고 듣고 느끼고 경험하는 당신의 뇌는 지금 이런 심각한 변화를 겪고 있다'며 친절하게, 그렇지만 대단히 충격적인 어법으로 일러준다. 지구의 평균 기온이 오르자 우리의 뇌 깊은 곳 시상하부가 강한 자극을 받으면서 강력 범죄와 가정 폭력, 일상에서의 혐오 표현이 늘어났고 인류의 공격성을 크게 증대시켰다. 산불이나 폭염, 홍수, 허리케인 등 자연재해가 우리 삶의 터전을 망가뜨리면서 인류는 '기후불안'을 겪는 외상 후 스트레스 증후군 환자들이 되어갔다. 인류의 일상에 스트레스 그림자가 드리워지고 무자비한 코르티솔 폭풍이 뇌 속에 휘몰아친 것이다. 아울러 코로나19 팬데믹 시기를 거치면서 '기후 슬픔'은 일상이 되었고, 평화롭던 뇌 속 풍경은 정체성 혼란, 기억력 감퇴, 인지 교란을 유발하는 신경호르몬 급류에 휩쓸리게 되었다.

지난 10년 동안 학계에서 벌어진 주목할 만한 현상 중 하나를 꼽자면 바로 '기후 심리학의 탄생'일 것이다. 이 책은 바로 그 기후 심리학을 뇌과학의 영역으로까지 확장해, 기후변화라는 전 지구적 현상이 자연뿐만 아니라 어떻게 우리의 뇌와 정신에 직접적인 영향을 미쳤는지 파헤친다. 부디, 이 책을 통해 기후변화가 인간의 정신을 얼마나 황폐하게 만드는지 모두 깨닫게 되길 바란다. 기후변화는 더 이상 내 삶과 동떨어진 사회적 현상이 아니라, 지금 내 뇌 속에 똬리를 튼 괴물 같은 현실이라는 걸 말이다. 아울러 기후재난이 휩쓸고 간 뇌와 세상을 위해 오늘의 우리가 무엇을 할 수 있는지는 은유적으로 기술된 이 책의 마지막 장을 통해 음미할 수 있을 것이다.

정재승(KAIST 뇌인지과학과 교수)

... The mind fights the

body and the body fights the land. wants our bodies,
the landscape does, and everyone runs the risk of
being swallowed up. Can nature for what it
really is: predatory? We do not walk through a passive
landscape. The paint eventually. The bodies

decompose eventually. We collide with place, which
is another for God, and limp away with a
permanent injury. ...

_Richard Siken, 〈Landscape with Fruit Rot and Millipede〉

... 정신은

몸에 맞서 싸우고 몸은 땅에 맞서 싸운다. 땅이,
자연이 우리 몸을 원하므로, 모두가 잡아먹힐 위험을
무릅쓰며 살아간다. 과연 우리가 자연을 있는 그대로
사랑할 수 있을까? 맹수 같은 자연을? 우리가 거니는 곳은
그저 고요한 풍경 속이 아니다. 물감은 결국 마른다. 몸은

결국 썩어 없어진다. 우리는 공간에 부딪히고,
우리가 신이라 부르는 것에 가로막히고, 영원한 부상을 입은 채
절뚝절뚝 떠나간다....

_리처드 사이켄, 〈썩은 열매와 노래기가 그려진 풍경화〉 중에서

내가 공평으로 줄자를 삼고, 공의로 저울을 삼을 것이니, 거짓말로 위기를 모면한 사람은 우박이 휩쓸어 가고, 속임수로 몸을 감춘 사람은 물에 떠내려갈 것이다.

_〈이사야〉 28장 17절

폭풍의 위력에도 당신은 놀라지 않는다. 폭풍이 몸집을 키우는 모습을 지켜보았으니까.

_ 라이너 마리아 릴케Rainer Maria Rilke, 〈광활한 평원에는Onto a Vast Plain〉

기후변화는 우리의
안팎으로 존재한다

데자라예 바갈라요스와 처음 대화를 나눌 때였다. 데자라예는 자신이 투명한 존재처럼 느껴진다고 말했다. 사람들 눈이 아니라 본인 눈에 보이지 않는다는 뜻이었다. "지난 10년 동안 나로서 온전히 존재하지 못한다는 느낌을 받았어요. 두 발이 땅에 제대로 붙어 있지 않는 느낌이랄까."[1] 경계에 갇힌 기분이었다. 여섯 살 딸아이를 기르며 살아가는 엄마라기보다는 허공을 부유하고 명멸하는 유령 같았다.

데자라예는 자신이 이런 감정을 느끼는 이유가 삶이 양면적으로 나뉘어 있기 때문이라고 말했다. 한쪽에는 생애 단계가 작은 레고블록처럼 차곡차곡 쌓여가는 삶이 존재했다. 대학 학위를 땄고 커리어를 쌓기 시작했으며 집을 구입해 보수했고 딸 엘레노어에게 글 읽는 법을 가르쳐줬다. 데자라예는 자녀 교육에 특히 열중했다. 매일 밤 공부도 같이 했다. 엄마가 학사 공부를 하면 1학년 딸아이는 옆에서 학교 숙제를 하는 식이었다. 데자라예는 캘리포니아주의 샌와킨 협곡에 발생한 토양 및 수자원 문제를 오래 연구해왔다. 샌와킨 협곡은 벙어리장갑 모양으로 생긴 광활한 농지로 어찌나 싱그럽고 비옥한지 한때는 세계의 곡창지대라 불리기도 했다. 미국에 살면서 포도나 아몬드를 먹어본 적이 있다면 샌와킨산일 가능성이 높다. 이 농지에 물을 대던 수원은 새크라멘토-샌와킨강 삼각주였다.

이곳에서는 지류가 끊임없이 갈라져 나와 복숭아나무가 뿌리를 사방팔방 뻗치듯 캘리포니아주 전역을 1,126km에 걸쳐 뒤덮는다. 마지막 빙하기가 끝날 무렵 내륙까지 영역을 넓힌 새크라멘토-샌와킨강 삼각주는 남쪽 끝에 설치된 수많은 관개 펌프의 도움으로 샌와킨 지역 농작물에 물을 공급하고 있다. 하지만 이처럼 거대한 수로 체계가 수조 리터에 달하는 물을 공급하고 있음에도 수조 원에 달하는 빙 체리, 화이트로즈 감자, 툴레어 호두가 뿌리내린 샌와킨 협곡의 갈증을 충분히 달래기란 어렵다. 가뭄마저 닥치면 땅이 입을 쩍쩍 벌릴 정도이다. 결국 부족한 지표수를 보충하기 위해 샌와킨 농부들은 대수층에 닿을 때까지 무려 1km에 달하는 깊이로 구멍을 뚫었다.

악순환에도 시작점이 있다면 샌와킨 협곡의 악순환은 바로 여기, 지하수 고갈에서 시작됐는지도 모른다. 농부들이 어떻게든 농작물의 먹성을 충족시키기 위해 대수층의 물을 한 판씩 끌어 쓸 때마다 지표 아래 깔려 있던 축축한 점토와 실트(모래와 찰흙 중간 굵기의 흙-옮긴이)는 수압이 낮아진 모래와 자갈 사이로 스며들었다. 실트층이 스펀지처럼 쪼그라들자 그 위에 얹혀 있던 비대한 지대 역시 내려앉기 시작했다.

샌와킨 협곡이 소리 없이 서서히 가라앉고 있는 셈이다.

　이 악순환을 요약하자면 이런 식이다. 우선 기록적인 가뭄이 닥치면서 지표수 공급이 끊긴다. 수로가 바닥을 드러내면서 수원을 더 깊숙이 파헤쳐야 할 필요성이 생긴다. 지하수를 과하게 끌어다 쓰면서 지반이 가라앉는다. 지반이 꺼지면서 지구 입장에서는 코웃음이 나올 만큼 연약한 인공 기반시설 역시 손상을 입는다. 물론 삼각주에서 지표수를 운반하는 역할을 하는 운하 역시 그러한 손상으로부터 자유로울 수 없다. 연쇄 과정이 반복될수록 상황은 점점 더 악화된다. 오래도록 농지를 쥐어짠 탓에 비소 화합물이 지하수면까지 밀려 들어간다. 설상가상으로 기후변화마저 알게 모르게 크나큰 영향력을 행사한다. 결과적으로 남부 캘리포니아주의 건기는 점점 더 건조해진다. 실제로 현재 샌와킨 협곡 일부 지역은 매년 61cm씩 주저앉는 중이다. 1920년대 이후 914cm나 가라앉은 지대도 있다. 인간이 드릴을 깊숙이 밀어 넣는 만큼 땅도 함께 빨려 들어가는 형국이다.

　이 가라앉는 땅이 데자라예의 또 다른 삶을 끌어내리고 있었다. 데자라예는 이렇게 말했다. "우리 딸한테는 미래가 없어요. 지구 위 삶은 시한부나 다름없죠. 죽음에 이르는 과정도 끔찍할 거예요. 그런데도 재앙을 멈추려는 움직임은 더디기만 하죠." 이것이 기후변화가 불러일으킨 혼돈이다. 데자라예는 생수 시장마저 등장한 현실을 바라보며 머지않아 캘리포니아주에서는 물이 사유화될 것이라고, 물 소유주를 보호하는 개인 민병대가 나타날 것이라고, 자신의 고향 스톡턴에서도 자원 전쟁이 발발할 것이라고 예견했다. 이렇듯 삶과 죽음의 경계에 갇힌 존재가 유령이 아니면 무엇이겠는가? 데자라예는 이렇게 덧붙였다. "지구가 느끼고 있을 감정을 저도 같이 느끼는 것 같아요."

당신 인생은 다림줄(건물을 지을 때 수평이나 수직을 가늠하기 위해 사용하는 추가 달린 줄-옮긴이)과 같다. 일정한 방향성이 있다는 뜻이다. 우리는 매일 매 순간 특정한 방향을 향해 뻗어나간다. 예컨대, 아침에는 결국 침대에서 나온다. 이를 닦거나 닦지 않기로 결정한다. 때로는 커피와 바나나를 가져다 놓고 책을 활짝 펼친다. 마음이 내키면 다음 단락까지 읽기도 한다.

그런데 이 방향성이 오로지 당신 의지에만 달려 있는 건 아니다. 어젯밤은 굉장히 더웠다. 잠을 제대로 못 자서 종일 비틀거린다. 당신의 기분이 당신의 행동에 영향을 미치고 있다는 뜻이다. 바나나와 눈이 마주쳤는데 바나나가 우스꽝스러운 미소를 짓는 것만 같다. 커피두 잔을 들이켜고 나서야 통제력을 되찾는다. 홀짝, 홀짝. 휴, 이제야 당신 자신이 된 듯하다.

어떻게 된 거냐고? 세계가 당신을 움직인 것이다. 세계가 당신을 살짝 끌어당기자 당신 인생의 경로도 아주 살짝 틀어진다. 거의 티도 안 난다. 삶이라는 거대한 폭풍 속에서 나비 한 마리가 날개를 펄럭인 수준이다. 그런데 가만히 생각해보자. 내가 말하는 건 나비효과와는 전혀 다르다. 재채기가 저 멀리 파도를 일으킨다는 어마어마한 도미노 효과와 같은 것도 아니다. 오히려 여기서 우리가 주목할 점은 지극히 작은 변화가 또 다른 작은 변화로 이어진다는 것이다. 어젯밤이 유난히 더워서 오늘 당신이 카페인을 조금 더 찾게 되는 식이다. 물론 커피에 손을 뻗는 건 여전히 **당신**이지 세계가 아니다. 세계가 당신 삶의 경로를 어그러뜨리더라도 결국 당신 자신이 결정을 내려야 한다. 다시 말해 변화가 닥치더라도 당신의 삶에는 여전히 방향성이 존재한다. 그럼에도 내가 말하고 싶은 건, 그게 전부가 아니라는 점이다. 인생이라는 다림줄 끝에 달린 추는 지구를 가리키고 있다.

이 책은 우리가 어떻게 커피를 한 잔 더 마시게 되는가에 관한 책이다. 우리가 결정을 내릴 때마다 옆구리를 쿡쿡 찌르는 자연, 우리의 기억과 정신을 비틀고 뒤트는 자연, 우리 내면에 존재하는 눈금을 살짝 건드리는 자연에 관한 책이다. 때때로 자연의 간섭은 온화한 편이다. 예컨대, 당신이 엄마와 통화를 하다 전화를 갑자기 끊어버리는 이유는 이미 했던 대화를 또 반복하는 게 싫기 때문이기도 하지만 지금 기온이 섭씨 35도여서 참을성이 바닥났기 때문이기도 하다. 어떤 날은 공기 질이 너무 나빠서(곳곳에 산불이 나는데 뭘 바라겠나?) 머리가 망치로 얻어맞은 것처럼 아프다 보니 연인의 생일이 5월 1일인지 2일인지도 제대로 기억나지 않는다. 아니, 이건 절대 잊으면 안 되는 건데. 생일이 진짜 근로자의날이랑 같은 날이었나? 그럼 애초에 헷갈렸을 리가 없는데.

전화를 갑자기 끊거나 생일을 잊는 게 별일은 아니다. 너무 더워서 잠이 오지 않는 날이라도 그 정도 실수는 바로잡을 수 있다. 하지만 늘 그럴 수 있는 건 아니다. 때때로 자연의 간섭은 팔꿈치로 쿡쿡 찌르는 정도로 끝나지 않는다. 아예 양손으로 떠밀어서 삶의 경로를 영영 뒤바꾼다. 예컨대, 허리케인과 산불이 한바탕 휩쓸고 지나가면 트라우마라는 악마가 당신 정신에 똬리를 틀고는 당신이 어떻게든 대가를 치를 때까지 떠나지 않는다. 자연 경관이 하나둘 사라지면서 마음속 깊이 극심한 우울감이 깔리고 수온이 올라가면서 뇌수막염의 발병률이 높아진다. 뇌를 갉아먹는 아메바, 곤두박질치는 시험 점수, 만성 스트레스로 인한 뇌 위축도 있다. 나열하자면 끝도 없다. 요점은 우리가 두려워해야 할 변화가 세상 밖이 아닌 우리 몸속에 있다는 것이다.

일단은 커피부터 들이켜자. 아직 잠이 덜 깬 거 같으니까.

수천 년 동안 사람들은 인간이 무한한 가능성을 지닌 존재라고 생각했다. 당장 《성경》을 보면 〈창세기〉 첫 장을 넘기기도 전에 인간에게 지구상의 모든 창조물을 다스릴 권리가 있다는 말이 등장한다. 그 뒤로도 사람들은 인간성이라는 개념에 전능성, 주체성, 완전성을 포함시켰다. 사시나무, 가젤, 알팔파, 수시렁이, 자갈, 폭포 등 모든 자연물이 하는 일이라고는 사실상 하나, 반응하는 것뿐이다. 하지만 인간은 다르다. 역사책의 서술에 따르면 인류가 종으로서 이룩한 최대의 진보는 자연을 억압한 것이다. 밀을 길들이고는 농업혁명이라 불렀고 석탄을 태우고는 산업혁명이라 불렀다. 인간에게 주도권이 있었다.

지금 이 문장을 쓰면서도 글을 쓰는 건 **나**라는 생각, 내가 통제력을 쥐었다는 생각을 떨칠 수 없다. 오래전부터 합리주의자들이 읊어온 대로다. "나는 생각한다. 고로 나는 존재한다." 이런 주장을 적극적으로 펼친 프랑스 철학자 르네 데카르트는 자유의지의 존재가 자명하다고 생각했다. "이는 인간이 원초적이고도 보편적으로 타고나는 관념 가운데 포함되어야 한다."[2] 데카르트가 보기에 자유의지는 인간을 자연으로부터 구분 짓는 근거일 뿐만 아니라 인간의 육체와 정신을 이원론적으로 나누는 근거이기도 하다. 자유의지를 빼놓고는 세계의 운명이 예정된 것이나 다름없다는 점에서 인간의 정신은 물질세계를 거스른다. 정신은 팔다리를 움직일 수 있다. 커피를 한 잔 더 마시게 만들 수도 있다. 데카르트의 이원론적 세계관은 환경의 영향으로부터 정신을 지켜준다. 지구가 어떻게 느낄지는 중요하지 않다. 감정을 느끼는 건 인간뿐이기 때문이다.

알다시피 데카르트에게 신경과학 분야의 지식이 있었던 건 아니다. 데카르트가 자유의지에 관한 논고를 집필한 1644년에는 신경과학이라는 분야가 존재하지도 않았다. 하지만 이후 375년여에 걸쳐, 생각이 깊은 사상가들(과학자, 철학자, 신학자, 예술가)이 인간의 뇌를 더 깊이 이해하는 데 성공했다. 이제 우리는 뇌가 다른 신체 부위와 마찬가지로 세포나 조직으로 구성되어 있음을 안다. 두뇌가 사고의 집임은 확실하나 그렇다고 물리 법칙을 거스르지는 못한다. 뇌세포는 화학 물질과 전기 신호를 언어 삼아 서로 소통한다. 바로 이 전기화학 언어가 실제 인간의 언어는 물론이고 인간의 행동과 감정과 자의식마저 뒷받침한다. 신경과학자들은 이 전기화학 언어를 해독하려고 지금도 애쓰는 중이다. 물론 뇌가 **어떻게** 작동하는지 정확히 해독하기란 너무도 섬세하고 복잡한 일이다. 하지만 지난 400년에 걸쳐 우리는 적어도 뇌가 **무엇**을 할 수 있고 할 수 없는지는 더 잘 알게 됐다.

어쨌든 내가 신경과학자로 활동하면서 해야 한다고 생각했던 일도 그런 것이었다. 나는 컴퓨터 앞에 앉아 자판을 두드리면서 뇌 속 신경회로의 모델링 작업을 했다. 컴퓨터 모델링 기법을 통해 신경 활동 데이터를 구축함으로써 우리 연구팀은 뇌라는 장기가 작동할 때 무슨 일이 벌어지는지 예측할 수 있었다. 말하자면 실험가(진짜 뇌를 가지고 연구하는 사람)의 짐을 덜어주는 작업이었다. 우선 우리 이론가들이 뇌가 무슨 일을 하는지 가설을 세우고 가설을 바탕으로 모델을 구축하면 실험가들이 실제 뇌에 전극을 꽂아 신경 활동 데이터를 수집한 뒤 모델의 예측이 실제 데이터에 부합하는지 평가했고 다음으로는 다시 이론가들이 예측이 어긋난 부분을 참고해 모델을 수정하는 식이었다. 이 과정을 반복하면 결국 실제 뇌가 어떤 식으로 작동하는지 제대로 포착해낸 모델을 도출할 수 있을 것이다. 그러면 이 모델을 바탕으로 특정 약물 요법이 우리 뇌에 어떤 효과를 발휘할지 예측할 수 있고 특정 뇌 질환이 뇌에 어떤 영향을 미칠지 이해할 수도 있다.

신경과학 이론가들은 어떤 면에서 뇌를 **닮았다**고 할 수 있다. 뇌가 하는 일이 결국 세계를 하나의 모델로서 해석하는 것이기 때문이다. 세계를 유영하며 살아가려면 세계를 구성하는 요소를 조화롭게 끼워 맞추는 타고난 감각이 필요하다. 예컨대, 도심의 콘크리트 숲에서 살아남으려면 중력의 힘을 간과해서는 안 된다. 비행기가 구름 뒤에 가려지더라도 비행기가 영영 사라진 것이 아님을 이해해야 한다. 발을 앞으로 내디딜 때 무슨 일이 일어나는지 기억해야 한다. 이처럼 세상의 원리를 예측하는 것이 뇌가 맡은 역할이다. 이런 예측은 하나둘 우리 안에 쌓여간다. 다시 말해, 우리 개개인이 곧 하나의 모델이나 다름 없다. 우리는 바깥세상을 담은 한 폭의 그림이다.

단, 이 그림은 얼마든지 바뀔 수 있다. 생존을 지속하려면 때로 세계관의 변화가 필요하기 때문이다. 우선 감각기관을 통해 외부로부터 정보가 들어온다. 그러면 뇌는 기존에 구축한 모델이 세계를 제대로 예측하고 있는지 검증한다. 만약 예측이 어긋나면 모델에 적절한 수정을 가함으로써 충격을 최소화한다.[3] 이렇듯 우리가 주위를 관찰하고 특정한 감정을 느끼고 이리저리 돌아다니는 내내 뇌는 끊임없이 세계를 예측하며 예측이 틀린 경우 그에 맞춰 모델을 개선한다. 신경과학 이론가와 실험가가 서로를 보완해가며 신경회로 모델을 완성하듯 두뇌 역시 눈이나 귀가 받아들인 정보를 참고함으로써 **모델을 통해 예측한 경험과 실제 경험 사이의 오차를 최소화**하고자 한다. 그러지 않고서는 존재를 지속할 수 없다. 만약 뇌가 예측 오류로 인한 충격을 완화하지 않으면 우리는 매일 매 순간 병리적인 차원에서 얼이 빠지고 말 것이다. 예컨대, 사람은 평소에 팔이 두 개라는 사실을 잊고 산다. 자기 몸에 손이 달렸다는 사실에, 하늘이 새파랗다는 사실에 매번 겁을 내지 않는다. 당신의 뇌가 구축한 모델은 그런 사실들을 매번 악몽처럼 인식하는 대신 당연한 것이라 예측함으로써 그보다는 훨씬 더 흥미로운 사실에 초점을 맞출 여력이 생긴다. 우리가 주변을 둘러볼 때마다 세계를 인식하는 방식이나 세계와 맺고 있는 관계에 따라 모델에도 업데이트가 이루어진다. 이처럼 세계를 모델링함으로써 우리는 우리가 아직 살아 있다는 사실, 현실이 우리가 예측한 모습에서 크게 벗어나지 않는다는 사실을 이해한다. 우리는 감정과 지식을 통해 모델에 의식적으로 접근함으로써, 즉 우리의 신체와 두뇌를 이용함으로써 생존을 이어나간다.

다시 말해, 우리는 느낌(신체 감각 및 감정)이 삶을 경험하는 원천임을 이해해야 한다. 신경과학자 안토니오 다마지오Antonio Damasio 역시 느낌이 "**삶을 성공적으로 살아가고 있는지 측정하는 저울**"과 같다고 주장한다.[4] 그러니 지금까지 사람들이 인간의 감정을 통제하는 방법을 찾겠다며 수많은 논문과 저서를 써 내려간 것도 이해가 된다. 하지만 그런 노력은 방향이 잘못됐다. 우리가 감정을 통제할 것이 아니라 감정이 우리를 통제하게 해야 한다. 삶을 성공적으로 살아가려면 몸이 하는 이야기에 귀 기울일 줄 알아야 한다.

우리 각자가 모델 제작자라는 사실을 이해하고 나면 뇌는 **물론** 몸 전체가 중요하다는 생각을 지울 수 없다. 결국 뇌도 담을 그릇이 없으면 무용지물이기 때문이다. 세계를 볼 수 없고 사물을 만질 수 없고 냄새를 맡을 수 없다면, 두 다리(혹은 두 팔)가 없어서 세계를 탐험할 수 없다면, 배가 고픈지 두려움이 솟구치는지 불에 데었는지 알려줄 장기가 없다면 뇌는 모델 자체를 구축할 수 없다. 한마디로, 뇌는 혼자서는 작동하지 **못한다.** 데카르트의 이원론이 잘못된 이유도 여기에 있다. 현대 신경과학이 밝혀낸 바에 따르면 이원론자의 직관과 달리 정신과 육체를 따로 떼놓고 이해하기란 불가능하다. 인식은 육체를 통해 구현된다. 물론 두개골 아래 몇 밀리미터 떨어진 곳에 쭈글쭈글 조용히 자리 잡은 뇌에서 의식이 비롯된다는 생각도 일리가 있다. 하지만 의식이라는 마법은 뇌와 다른 신체 부위 사이의 상호작용에도 크게 의존한다. 즉 생각이라는 녀석에게는 물질적 실체가 있다. 생각은 바깥 세계에 노출되어 있으며 나름의 형상을 띄고 있다. 결국 두 번째 커피잔은 육체와 정신의 긴밀한 협동이 불러온 결과인 셈이다.

인식에 물질적 신체가 있다는 말은 우리의 정신이 지구의 자연환경이 부리는 변덕에 영향을 받는다는 뜻이 담겨 있다. 당신은 당신 주변의 환경을 반영한다. 신비주의적인 차원에서 하는 말이 아니라 문자 그대로 그렇다. 결국 내가 이 책에서 하고자 하는 말도 이렇게 요약할 수 있다. '**환경이 바뀌면 당신도 바뀔 수밖에 없다.**' 세계를 있는 그대로 모델링하는 것이 당신의 뇌가 맡은 역할인데 바로 그 세계가 변화하고 있기 때문이다.

여러 해 동안 나는 불안, 동요, 압박 등 지구가 느낄 법한 감정을 느끼는 사람들을 만나왔다. 지칠 대로 지친 지구는 우리마저 지치게 만들고 있다. 기후변화로 해수면과 기온이 극단적인 수준으로 치솟자 우리의 마음도 극단적인 곤경에 처했다. 기후 애도, 환경 불안증, 환경 우울증, 외상 전 스트레스 장애 등 지금 상황을 가리키는 말들도 있다. 쇠락하는 지구 환경을 더욱 밀접하게 경험함에 따라 인간이 느끼는 심리적·감정적 혼란을 묘사하는 신조어마저 생겨난 것이다. 학교에 다니는 청소년들은 망가진 기후 미래를 생각하면서 총기난사 테러 대비 훈련 때나 느낄 법한 위급함, 두려움, 무력감을 느낀다. 데자라예처럼 자녀에게 미래가 없다는 사실을 걱정하는 부모도 있다. 아직 자녀가 없는 사람은 뜨겁게 불타는 세상에서 자녀를 낳는 게 옳은 일인지 겁이 나기도 한다. 이런 두려움을 공유하는 사람들은 얼마나 될까?

내가 이런 고민을 한 건 오래전부터지만 얼마 지나지 않아 다른 사람들도 새롭게 마주하는 일상의 무게에 고통을 호소했다. 부모들은 평생 변치 않던 해안선이 무너지고 구름처럼 몰려다니던 곤충 떼가 사라지며 사계절이 구분 없이 하나로 합쳐지는 과정을 지켜봤다. 어린아이들은 망가진 기후에서만 살다가 이제야 자신들에게 주어진 환경이 얼마나 불합리한지 이해하기 시작했다. 2015년에는 심리학자들이 기후심리학이라는 신생 분야를 개척했다. 2017년에는 경제학자들도 자연환경이 인간의 행동에 얼마나 큰 흔적을 남기는지 지적했다. 그렇게 나 역시 나름의 연구를 통해 (이제 알 사람은 다 아는) 기후불안(기후변화가 초래하는 위협을 염려하는 증상)의 실체를 확인할 무렵 한 가지 깨달음을 얻었다. 예전에 함께 일했던 신경과학자 동료들이 내가 겁을 먹어야 할 이유를 일러준 것이다. 그들의 말에 따르면 환경과 정신의 관계는 내가 상상한 것 이상으로 긴밀하게 얽혀 있다. **기후변화는 우리 밖에만 존재하는 게 아니라 우리 안에도 존재한다.**

학계의 패러다임이 삐걱대며 조정되는 동안 눈앞에서는 급변하는 자연환경이 우리의 두뇌, 행동, 인식, 결정에 실시간으로 직접적인 영향을 미치고 있다. 기온이 급격히 치솟자 강력 범죄, 가정 폭력, 혐오 표현도 덩달아 늘어났다. 이산화탄소 농도와 폭염 빈도가 치솟자 문제 해결 능력, 인지 수행 능력, 학습 능력도 덩달아 떨어졌다. 전쟁에서나 외상 후 스트레스 장애PTSD에 걸리던 시절은 끝났다. 산불이나 허리케인 등 자연재해가 어느 때보다 자주 인간 터전을 초토화하면서 일상적으로 PTSD를 불러일으키고 있기 때문이다. 기후변화로 우리가 신경 독성 물질에 노출되는 빈도나 뇌 질환에 걸리는 빈도 역시 높아지는 중이다. 기후 슬픔이라는 거대한 괴물 역시 무시할 수 없다. 불안감과 두려움은 물론 생산성, 기억력, 언어생활, 정체성에 더해 실제 뇌의 구조에 이르기까지, 자연은 눈에 보이지는 않지만 그 실체를 의심할 수 없는 방식으로 우리에게 영향력을 행사하고 있다. 자연이 우리 내면에 줄을 연결해 꼭두각시처럼 가지고 노는 것만 같다. 이 이면에는 단순하고도 충격적인 진실이 하나 숨어 있다. 인간과 자연 사이에서 힘을 가하는 쪽이 인간만은 아니었다는 점이다. 자연 역시 우리를 향해 힘을 가하고 있다. 게다가 자연은 인간을 있는 힘껏 밀쳐버리는 데 있어 조금도 망설이지 않는다.

이 책은 변화하는 세계가 인간을 어떻게 바꾸는지 신경과학과 심리학을 토대로 설명한다. 그렇다고 기후불안에 관한 책은 아니다. 물론 이 문제가 얼마나 심각한지 짤막하게 짚고 넘어가기는 하겠지만 그게 핵심 주제는 아니다. 또한 기후 토의나 기후 정치를 논하는 책도, 기후위기가 인간 심리에 영향을 미친다는 사실이 기후변화에 관한 사회적·정치적 논의를 얼마나 어렵게 만드는지 토로하는 책도 아니다. 물론 그런 이야기도 중요하지만 어차피 다른 데서도 충분히 찾아볼 수 있는 내용이다. 의식이라는 주제 역시 지나치게 깊이 파고들지 않을 것이다. 의식과 관련해 거듭 언급할 내용이 있다면 그건 우리의 정신이 뇌와 몸에 뿌리를 두고 있다는 사실 하나뿐이다. 정신력은 결국 신체능력이나 마찬가지다. 이 책에 신경철학과 관련된 내용이 있다면 그게 거의 전부라고 보면 된다. 이 책의 초점은 자연환경의 변화가 인간의 뇌와 정신에 영향을 미치는 **직접적인 방식**에 있다.

이제 내가 누구인지, 난장판이 된 현 상황에 왜 관심이 많은지 소개할 차례다. 요즘 나는 감을 되찾는 중인 신경과학자라고 스스로를 소개한다. 2015년에 이 프로젝트를 구상할 때만 하더라도 옥스퍼드 대학에서 신경과학 분야 단기 대학원 과정을 마친 뒤 매일같이 매트랩이라는 컴퓨터언어를 익히려고 씨름하고 있었다. 누군가 금화조의 뇌를 실험한 결과를 컴퓨터에 복제해야 했기 때문이다. 당시 나는 실험실 기술자로 알려져 있었고 신경회로및행동연구센터 소속이었다. 꿈의 직장에 안착했다고 생각했다. 그와 동시에 공공정책학 석사 과정에도 등록했다. 수제 맥주와 칵테일을 즐겨 마셨고 럭비도 했으며 보트에서 빈둥대며 여유를 즐겼고 이따금 폼 나는 코트도 걸치고 다녔다. 매력적인 삶이었다. 지금도 감사하게 생각한다.

　하지만 솔직히 말하면 센터 바깥의 세상과는 어딘가 동떨어져 있는 듯했다. 그러던 어느 날 친구가 펜타곤에서 공개한 보고서를 보여 줬다. 2015년에 미 국방부는 기후변화가 국가 안보에 어떤 영향을 미치는지 짧게 정리한 보고서를 의회에 조용히 제출했다.[5] 펜타곤답게 약어를 잔뜩 넣어 유려하게 풀어낸 14쪽짜리 보고서에는 충격적인 사실이 담겨 있었다. (그린피스도 아닌) 국방부가 기후변화를 심각한 위협으로 인정한 것은 물론 이미 진행 중인 문제로 인식했다는 것이다. 예컨대, 2000년대 중반에는 시리아에 대규모 가뭄이 발생해 기근과 이주 문제가 심화되면서 내전이 촉발되었다. 2012년에는 미국 내에서도 허리케인 샌디가 격렬한 물살로 뉴욕시를 강타해 국방부에서 2만 4,000명에 달하는 인력을 투입할 수밖에 없었다. 군사기관이나 정보기관 관료들이 보기에 기후변화는 더 이상 이론으로만 존재하는 현상이 아니었다. 인류는 이미 기후변화에 맞서 싸우는 중이었다.

　하지만 2015년 7월 보고서에서 가장 충격적이었던 점은 기후변화가 우리의 안전에 위협을 가하는 **방식**이 새롭게 그려졌다는 것이다. 미 국방부의 판단에 따르면 기후변화는 기온 상승이나 해수면 상승에 국한된 문제가 아니다. 오히려 그런 걱정은 우리가 인간으로서 겪게 될 문제에 비하면 부차적인 수준에 불과하다. 기후변화는 빈곤, 사회 갈등, 무능한 지도자, 취약한 정치제도 등 "기존 문제를 악화"시키는 힘을 지니고 있다. 뜨거워진 지구는 직접 우리를 공격할 뿐만 아니라 사람들이 서로 싸우게 만듦으로써 우리를 공격하기도 한다. 이 사실을 깨닫고 머릿속 퍼즐이 맞아떨어지던 순간이 지금도 기억난다.

펜타곤 보고서가 발표되기 몇 개월 전에는 스탠퍼드대학의 경제학자 마셜 버크Marshall Burke가 두 명의 동료 학자와 기후와 분쟁의 상관관계를 연구해《연례 경제학 평론집Annual Review of Economics》에 논문을 게재했다.[6] 해당 연구진은 수십 건의 개별 연구를 종합해 기온이나 강우 패턴의 변화가 대규모 전쟁은 물론 폭력 범죄 빈도의 증가와 연관되어 있음을 밝혀냈다. 버크의 연구진이 수십 건의 연구를 검토하면서 반복적으로 발견한 놀라운 사실은 소득 불평등이나 식량 문제 같은 요인만 가지고는 범죄나 분쟁의 빈도가 급증한 것을 설명할 수 없었다는 점이다. 그런 요인을 모두 고려해 값을 교정해도 결과는 같았다. 분명 지금껏 생각하지 못한 다른 요인이 존재했다.

이 발견은 신경과학자들의 귀에 경종을 울렸다. 스탠퍼드대학 교수는 물론 미 국방부마저 기후변화가 폭력과 밀접한 관련이 있다고 인정한 마당에 나 역시 이 현상을 (가능할지는 모르겠지만 지정학적·사회학적·인류학적 관점과는 구분해) 신경학적 관점에서 어떻게 설명해야 할지 고민할 수밖에 없었다. 또 만약 이 현상의 근원이 되는 신경회로를 찾아낸다면 이는 앞으로 더욱 뜨거워질 세계에서 어떤 작용을 일으킬까? 지금까지 우리는 기후변화가 저 멀리 어딘가에서 미래에나 벌어질 일이라고만 생각했다. 하지만 가뭄과 고온이 지극히 개인적인 내면 공간까지 침투해 당장 영향을 미치고 있다면 어떻게 그런 일이 벌어지는 건지 의문을 품는 게 당연하다. 자연스럽게 내 관심은 공공정책에서 기후정책으로 옮겨 갔다. 환경 저널리스트로 활동하기 위해 연구실도 떠났다. 이후 8년 동안 조사한 내용을 한데 모은 것이 이 책이다.

앞서 지적했지만, 기온과 공격성 사이에 상관관계가 있다는 발견은 기후변화라는 전체 그림에서 극히 일부에 지나지 않는다. 신경과학자의 시각으로 기후변화라는 주제를 파고들자 보이지 않는 힘이 우리에게 작용하고 있다는 증거가 쏟아져 나왔다. 변화하는 지구는 우리의 내면세계에 침범해 우리의 손길을 인도하고 우리가 하는 말을 결정했다. 당연한 얘기지만 자연환경은 주변 곳곳에 존재했다. 그게 핵심이었다. 나는 처음으로 물이 무엇인지 이해한 물고기가 된 기분이었다.

이 책의 내용을 종합해보면 우리가 학자로서든 정치가로서든 개인으로서든 제 살을 깎아먹는 줄도 모르고 무시해온 기후변화의 진실한 가지를 알아차릴 수 있을 것이다. 기후변화가 우리의 뇌에 미치는 영향이 심각한 공중보건 위기에 해당함에도 이와 관련된 보고는 거의 이루어지지 않았다. 사실 조치하기에는 이미 늦었다. 출입국관리소 심사관은 더운 날일수록 망명 신청을 거절할 가능성이 높다. 뇌에 작용하는 일부 약품은 기온이 높아질수록 효과가 줄어든다. 잦은 산불은 사람들의 터전을 앗아간다. 만성 스트레스가 하나의 질환으로 자리를 잡았다. 기후가 변하면서 생태계에도 변화가 일어나 말라리아를 옮기는 모기에서부터 뇌를 좀먹는 아메바에 이르기까지 지금까지 듣도 보도 못한 질병 매개체들이 활동 영역을 넓힌다. 자연적인 풍경이 소실되면서 중증 우울증 발병률도 치솟는다. 더운 날에 시험을 보는 학생들은 몇 문제를 더 틀릴 가능성이 높다. 이렇듯 우리는 알게 모르게 기후위기로부터 피해를 입고 있다. 무시무시한 현실이다. 아니, 무시무시하게 느껴져야만 하는 현실이다. 나도 처음 이 사실을 발견했을 때는 물론이고 지금도 겁이 난다.

그렇다고 당신이 무기력하게 있기를 바라지는 않는다. 우리가 그런 식으로 반응할 필요는 없다. 여기에는 나름의 근거가 있다. 우선 우리에게는 다가올 공중보건 위기에 대응할 해결책이 존재한다. 그중 일부는 기술적인 차원의 해결책이다. 전염병 대응 프로토콜, 약리학적 치료법, 냉방 장치나 공기정화 장치 같은 임시방편 등이 이에 속한다. 하지만 진정으로 심리적·정신적·감정적 회복에 이르려면 해결책역시 심리치료나 행동과학에서 활용할 만한 방법에 기반을 두어야 한다. 즉 우리는 슬픔을 창의적으로 표출하고 피로를 완화하며 주체성을 되찾고 목적의식을 발견하는 방식으로 적응반응을 보임으로써 부조리하고도 변덕스러운 미래에 대처해야 한다. 기후변화를 **느끼는 것**역시 기후변화에 대응하는 근본적인 해법이 될 수 있다. 그런 느낌이집단적인 행동으로 이어질 수 있다면 인류의 연대와 투지는 더욱 강화된다. 우리에게는 이야기라는 유서 깊은 무기도 존재한다. 우리는이야기를 통해 경험을 인식하고 규정하며 서로의 마음을 이해하고 공감한다. 이 과정을 통해 모두가 공감하고 합의하는 원칙을 세우며 그원칙을 기반으로 위기에 대응한다.

하지만 다른 무엇보다 먼저 해야 할 일은 위기에 주의를 기울이는것이다. 버락 오바마는 2016년에 〈뉴욕타임스〉와 진행한 인터뷰에서기후변화가 "서서히 진행되는 문제"라면서 "일상적인 수준에서는 사람들이 경험하거나 인식하지 못한다"고 언급했다.[7] 실제로 얼마 전까지만 하더라도 대부분의 사람은 기후변화를 추상적인 개념으로 받아들였다. 몇 세대는 지나야 우리 일상에 간신히 발을 들여놓을 개념이라고 생각한 것이다. 예측을 벗어나는 허리케인과 백 년에 한 번 일어날 법한 산불이 여러 차례 닥치고 나서야 사람들은 비로소 기후변화를 진지하게 고민했다. 오바마가 인터뷰한 지 불과 몇 년도 지나지 않아 반례가 나온 셈이다. 우리는 매일같이 뉴스를 통해, 사진을 통해, 창문을 통해 기후재난의 증거를 목격한다. 기후변화는 더 이상 삶의 터전 주변부에서나 일어나는 일이 아니다. 필라델피아의 여름은 수십 년 전 애틀랜타의 여름만큼 뜨거워졌다. 반면 애틀랜타의 여름은 과거 탬파의 여름만큼 뜨거워졌다.[8] 산불이 하나의 시즌처럼 이어지면서 온 지역을 주황빛과 검정빛으로 물들이는 광경을 지켜본 사람들은 고삐 풀린 기후의 파괴력이 얼마나 무시무시한지 실감했다. 허리케인은 해안에 자리 잡은 마을을 집어삼켰다. 2021년 7월에는 온 대륙에서 동시다발적으로 기상이변이 발생해 서유럽에는 치사적인 홍수가, 시베리아에는 걷잡을 수 없는 산불이, 중국에는 천 년에 한 번 올 법한 기록적인 폭우가 들이닥쳤다.

그런데 주목해야 할 점은 기상이변만이 아니다. 기후재난이 우리의 뇌, 감정, 행동에 미치는 영향까지 고려한다면 결코 기후변화를 미래의 문제라고만 생각할 수는 없다. 기후는 이미 변했고 지금도 변하고 있으며 그 결과를 수많은 사람이 겪고 있다. 따라서 기후변화를 중심으로 우리의 경험이 어떻게 바뀌고 있는지 살펴보면 실체가 없는 것만 같던 기후변화의 윤곽선을 뚜렷하게 그릴 수 있다. 역설적이게도 이를 위해 우리가 해야 할 일은 그저 우리 안을 들여다보는 일일지도 모른다.

그렇게 한다면 우리는 인류가 직면한 최대 난제인 기후위기를 더 잘 이해할 수 있고, 인류에게 그 위기에 대응할 힘이 있음을 인식할 수 있으며, 그에 따라 새로운 일상에 어울리는 효과적인 해결책을 제시할 수도 있다. 한마디로 우리는 자신을 이해함으로써 기후변화가 얼마나 중요한 문제인지 더 깊이 이해할 수 있다. 사회학자들은 정책입안자들이 기후위기에 관심을 갖고 행동하게 만들려면 그들의 감정이 움직여야 한다고 주장한다. 일면 맞는 말이다. 실제로 인간과 기후는 감정적인 차원에서 맺어질 수 있는 관계이며 또 그렇게 맺어져야 하기 때문이다. 기후가 이미 우리를 변화시키고 있다면 그 변화는 감정적인 차원에서도 이루어지고 있을 것이다.

코로나19가 기승을 부리는 동안 집필된 책이라면 서문에 응당 이런 내용이 들어가 있을 것이다. 그렇게 세상이 바뀌었고 우리는 만물이 얼마나 긴밀하게 연결되어 있는지 확인했다. 옆 사람의 건강이 내 건강에 영향을 미쳤고 서로의 권력관계에 따라 자유와 기회 역시 다르게 주어졌다.

이 책의 요지도 팬데믹을 거치는 동안 크게 바뀌지 않았다. 그 중심에는 상호연결성이 있다. 하지만 지금 시점에 이를 강조하는 건 두 발이 중력 덕분에 땅에 붙어 있다고 말하는 것만큼이나 당연한 이야기 같다. 어찌나 당연한지 썩 흥미가 가지 않을 정도이다.

그럼에도 이 책이 수많은 사람이 목숨을 잃은 매우 중요한 시기에 집필됐음은 부정할 수 없다. 우리가 어떻게든 가라앉혔어야 했던 팬데믹의 물결이 몰아치는 동안 세상은 쪼그라들었다. 이 물결은 인류를 휩쓸어버리려 했다.

하지만 이제 또 다른 물결이 몰려오고 있다. 기후위기의 심각성은 끝을 모르고 부풀고 있으며 그럼에도 우리가 그 위험성을 과소평가하고 있다는 사실에 관해서라면 이 책의 생각도 크게 다르지 않다. 하지만 나는 그 미래를 두려워만 할 필요는 없다고 생각한다. 그런 점에서 나는 이 책이 보험설계사 같은 역할을 하기를 바란다. 책에서는 이렇게 말한다. '고객님, 잘 봐요. 앞으로 저희가 기후변화 때문에 대비해야 할 문제에는 이런 것들이 있어요.' 예컨대, 기후변화는 우리의 기억력과 인지능력을 약화시키며 공격성을 높인다. 지구의 물과 공기에 신경 독성 물질이 스며들게 한다. 뇌질환 유발 요인을 늘린다. 기상이변을 일으켜 PTSD를 유발한다. 감각 체계를 왜곡시킨다. 우울 및 불안 장애를 불러일으킨다. 언어를 변질시켜 결과적으로 현실 인식을 망가뜨린다. 우리가 사실로 인정하든 말든 기후위기라는 물결은 인류를 위협하고 있다. 지금 우리가 고민해야 할 문제는 오히려 인류가 얼마나 오래 지상에 머무를 수 있는가이다.

진심으로 부탁하건대 우리가 해수면 아래로 가라앉도록 내버려두지 않기를 바란다. 구명보트 위에는 아직 자리가 남아 있다. 물론 이 책의 내용 대부분은 우리 내면세계를 이해하는 데 초점을 맞추고 있다. 하지만 우리는 기후위기라는 물결을 뚫고 팔을 밖으로 뻗을 수 있다. 팔을 어디로 뻗어야 할지 몰라 더듬더듬 헤맬 필요는 없다. 기후위기와 그 악영향을 초래한 존재가 인간이라면 상황을 뒤집을 수 있는 존재 역시 인간일 것이다. 우리는 서로가 회복력을 갖추도록 도울 수 있다. 어떻게 그럴 수 있는지 이 책에서 예를 찾아볼 수 있을 것이다.

책은 크게 세 부분으로 나뉜다. 1부에서는 기후변화가 인간의 행동에 어떤 영향을 미치는지, 기억력, 인지능력, 공격성 면에서 우리의 자유의지를 어떻게 갉아먹는지 알아본다. 2부에서는 변화하는 환경이 인간의 신경 건강에 어떤 식으로 피해를 입히는지 살펴본다. 특히 신경 독성 물질, 뇌 감염 질환, 극심한 정신적 트라우마를 집중적으로 다룬다. 마지막으로 3부에서는 비교적 눈에 띄지 않는 문제들을 살펴본다. 즉 기후변화와 환경파괴가 후각이나 청각 같은 감각기관에 어떤 미세한 작용을 일으키는지, 고통을 호소하는 방식이나 우울증을 겪는 방식에 어떤 영향을 초래하는지, 우리의 언어와 인식을 어떤 식으로 왜곡시키는지 알아본다. 이를 뒷받침하는 섬뜩한 증거들이 무더기로 등장한다.

그러나 기억하자. 이 책의 목표는 당신을 겁주는 게 아니라 당신에게 손을 내미는 것이다. 그러니 그 손을 꼭 붙잡길 바란다.

(차례)

1부 뇌로부터의 위험한 신호

1장 기억 ━━━━━━━ 내 안의 기후를 망각할 때

2장 인지 ━━━━━━━ 뇌는 자연에 스며들어 있다

3장 행동 ━━━━━━━ 누가 타이슨 몰록을 죽였는가

2부 몸은 어떻게 뒤틀리는가

4장 신경퇴행 ━━━━━━━ 독성 물질의 만개

5장 감염 ━━━━━━━ 질병의 거대한 역습

3부 마음, 상실과 회복의 운동

9장 언어 ━━━━━━━ 사미어가 남긴 지구의 문법

1부

뇌로부터의
위험한 신호

1장

기억

내 안의 기후를 망각할 때

잊을 수 없다면 기억할 수도 없다, 흔들리는 천칭만이 무게를 잴 수 있듯이.

_에르빈 샤르가프Erwin Chargaff, 《헤라클레이토스의 불Heraclitean Fire》

오래도록 남아 있는 기억이 잊어버린 기억보다 더 무거운 걸까? 아니면 우리 몸이 이 나라가 그랬듯 진실이 아니기를 바랐던 기억을 몰아내버린 걸까?

_키에세 레이먼Kiese Laymon, 《헤비Heavy》

THE
WEIGHT
OF
NATURE

1896년은 '발견'의 해라고 요약할 수 있다. 새해 첫날 독일의 물리학자 빌헬름 뢴트겐은 동료들에게 편지를 써 자신이 아내 손의 "그림자 그림"을 뽑아냈다고 주장했다. 아내 손의 뼈 윤곽을 종이에 찍어낼 수 있다고 말한 것이다.[1] 그 과정에는 방사선이 사용됐다. 방사선의 정체를 정확히 알지 못했던 뢴트겐은 여기에 "X선"이라는 이름을 붙였다. 같은 해에 타기시 사람들을 비롯한 탐광꾼들은 클론다이크 유역에서 금광을 발견했고 이곳은 후에 보난자라는 이름을 얻었다. 한편 프랑스의 어느 물리학자는 우라늄이 우리 눈에 보이지 않는 수많은 광선을 내뿜는다는 사실을 확인했다. 4월에는 스웨덴 과학자 스반테 아레니우스Svante Arrhenius가 논문을 발표했지만 크게 주목받지는 못했다. 이 논문에서는 화석연료를 태울 때 대기 중으로 이산화탄소가 방출된다는 사실, 대기 중에 쌓인 이산화탄소가 열을 붙들어 "온실 유리"처럼 지표면을 뜨겁게 만든다는 사실을 밝혔다.[2]

X선에 관한 논문이 1896년에만 천 편 가까이 쏟아져 나왔다. 금광을 발견했다는 소식에 수십만 명의 탐광꾼들이 유콘으로 향했다. 하지만 기업가들이 이후 100년이 넘도록 화석연료를 실컷 태우는 동안 기후변화의 가능성에 관한 아레니우스의 논문은 선반 위에서 먼지만 뒤집어썼다.

기후는
변화하고 있는가

지구가 뜨거워진다는 사실을 알아차리지 못한 건 아니었다. 30여 년 뒤인 1933년 9월 29일에 미국 기상국 국장 조지프 버튼 킨서Joseph Burton Kincer가 〈미국 기상 월평Monthly Weather Review〉에 실은 글을 보면 제목에서부터 의문을 품고 있다. "기후는 변화하고 있는가?"

킨서는 지난 30년 동안 이루어진 관측 결과에 당황했다. 추운 기간의 빈도가 점점 줄어들었고 설령 나타나더라도 전만큼 오래 지속되지 않았다. 더운 기간이 점점 더 뚜렷하게 오래 이어졌다. 달리 설명할 방법이 없었다. "지금까지 기상학자들과 기후학자들은 기후가 비교적 안정된 상태를 유지한다고 보았다."[3] 날씨야 바뀔 수 있지만 기후는 바뀌지 않는다는 뜻이다. 하지만 관측 수치는 정반대의 결과를 내놓았다. 데이터가 뒤섞이거나 온도계가 일시적으로 오류를 일으킨 게 아닐까? 기후학을 새롭게 정립해야 한다니 말도 안 되지 않는가? 하지만 모순은 해결되지 않았고 결국 킨서는 펜을 들 수밖에 없었다. 그는 잔뜩 긴장한 어조로 지난 수십 년의 데이터가 "장기간에 걸친 변화"를 암시한다고 주장한다. 계절 자체가 바뀌는 걸지도 모른다. 킨서의 어투가 경직된 이유는 예측 가능성을 포기하고 싶지 않았기 때문이다.

그러면서 킨서는 할아버지 이야기를 꺼낸다.

하지만 이번 연구에서 제시하는 데이터를 보면 안정적인 기후라는 전통적인 개념에 수정이 필요한 듯하다. 할아버지께서 당신 어린 시절의 겨울은 더 이상 사라지고 없다는 말씀을 하시면 나는 믿으려고 하지 않았는데 결국 할아버지 말씀이 틀리지는 않았던 셈이다. 다들 어르신들이 "나 때는 겨울이 더 춥고 눈도 더 높게 쌓였는데 말이야" 같은 말씀을 하시는 걸 들어본 적 있을 것이다.

물론 킨서는 눈앞의 증거를 외면할 생각이 없었다. 하지만 그렇다고 할아버지의 주장에 수긍하지도 않았다. 할아버지가 말한 겨울도 돌아올 것이다. 그는 기후변화가 상승 곡선을 그리면서 한 방향으로 뻗어나가는 식이 아니라 장기간의 주기를 따르는 식으로 이루어질 것이라고 결론지었다. 결국 "기후는 변화하고 있는가?"라는 질문에 대한 킨서의 대답은 '변하는 것처럼 보이지만 일정 기간만 변하는 것'이라고 정리할 수 있다. 기상국 수장인 킨서 입장에서 안정적인 기후라는 개념은 밥줄이나 다름없었으니 어쩔 수 없다.

안정적인 기후라는 개념을 포기하지 못한 1939년, 킨서는 또 다른 글에서 고작 수십 년 동안 쌓은 데이터만으로는 정상 기후를 논할 수 없다고 주장했다. 그보다는 훨씬 오랜 기간을 확인해야 한다는 것이다. 예컨대, 지난 세기를 참고하면 최근의 기온 상승 현상이 "기후의 영구적인 변화"가 아니라 "정상 기후 중 따뜻하고 건조한 시기"를 반영한다는 사실을 확인할 수 있다.[6] "나중에는 의심의 여지없이 시원하고 습한 시기가 뒤따라 여름에는 비가 더 많이 오고 겨울에는 기온이 더 낮아질 것이다." 그렇다. "의심의 여지"도 없다고 말했다.

킨서가 은퇴하고 2년 뒤인 1946년, 20세기에 들어서면서 시작된 온난화 현상은 여전히 진행 중이었다. 사실상 본인 인생 중 절반이나 되는 기간 동안 지구가 뜨거워지고 있었음에도 킨서는 고집을 굽히지 않았다. 그는 13년 전에 분석한 내용을 돌이켜보면서 "전반적인 기온 상승 흐름이 여러 해 더 이어지기는 했지만 최근 기상 데이터를 보면 기온이 안정되고 있음을, 심지어 머지않아 흐름이 역전될 것임을 확인할 수 있다"고 결론지었다.[5] 따라서 할아버지가 말한 겨울도 얼마든지 돌아올 수 있다. 기후가 밀물과 썰물처럼 오고 가기를 반복하는 셈이다. 그로부터 얼마 뒤 킨서는 세상을 떠났다.

킨서가 살던 시대로부터 오랜 세월이 지난 지금, 내가 이 문장을 쓰고 있는 이 순간 남극 기온은 정상을 한참 벗어나 섭씨 21도까지 치솟았다. 사상 최악의 폭염이다. 과학자들이 보고한 바에 따르면 기상관측소의 측정값이 평균치에서 이 정도로 벗어난 적은 없다고 한다. 기후가 '대체 정상이 뭔데?'라고 코웃음을 치는 것만 같다. 이런 식으로 예측 가능성이 무너진다면 우리는 어떻게 해야 할까?

기후는 어떻게
우리의 일부가 되었는가

무언가가 비정상임을 알아차리려면 그에 앞서 특정한 믿음이 있어야 한다. '겨울은 춥다'라거나 '4월에 봄비가 내리고 나면 5월에는 꽃이 핀다' 하는 식의 기대 말이다. 이런 믿음이 깔려 있어야 '색다름'이라는 개념을 정의할 수 있다. 색다름(새로움)이란 기대에서 벗어나는 것을 뜻한다. 카드 마술이 신기하게 느껴지는 이유도 이 때문이다. 우리

내면에는 사물이 이런저런 식으로 작동해야 한다는 믿음이 구축되어 있는데 카드 마술은 이 믿음에 상충되기 때문에 새롭게 느껴진다. **평소의 카드 덱 자체는 마술이 되지 못한다.** 반으로 잘렸던 퀸 카드가 다시 하나로 붙었을 때에야 마술이 된다. 분명 반으로 잘렸는데 말도 안 되는 일이잖아? 하늘 역시 **평소**에는 파란색이다. 산불이 나서 주홍빛으로 물들고 나서야 사람들은 뭔가 잘못됐다는 생각을 한다. 기후학의 방법론도 이와 크게 다르지 않다. 기후학은 기억과 예측에 토대를 둔 학문이다. 기후가 원래 어땠는지 느끼지 못한다면 기후가 변한다는 개념 역시 존재할 수 없다.

마지막 문장에 주목해보자. 당신 머릿속에서 마술이 벌어졌는데 눈치챘나? 방금 당신은 인간이 기후를 느낄 수 있다는 전제를 당연하다는 듯 자연스레 받아들였다. 다시 한번 천천히 읽어보자. 기후가 원래 어땠는지 느끼지 못한다면 기후가 변한다는 개념 역시 존재할 수 없다.

기후를 느낀다는 건 어떤 걸까? 벨벳 같은 부드러움? 고무 같은 말랑말랑함? 느낌이란 게 있다면 어디에서 시작해서 어디에서 끝날까? 기후란 경험한 바를 기술한 결과물이다. 특정 사회에서 내놓는 기댓값이나 다름없다. 대개 이런 기대는 학술적인 언어로 표현되지만, 꼭 그럴 필요는 없다. 우리 각자의 내면 깊숙한 곳에도 그런 기대가 새겨져 있다. 지금까지의 경험이 뇌 속에 들어 있고 지금까지 쌓은 지식이 뼛속에 들어 있다. 우리는 이런 기록(지식)을 활용해 우리 몸 밖 물질세계에서 벌어지는 일을 이해한다. 어쨌든 요점은 인간이 기후를 예측하는 것이 아니라 기후 자체가 곧 예측이라는 것이다.

심지어 기후학계에서도 **기후**라는 단어는 통계적 서술을 의미한다. 세계기상기구WMO 역시 기후를 "평균적인 날씨"로 정의한다. 하지만 평균이란 사람 머릿속에 존재하는 추상적인 관념에 불과하다. 빗자루처럼 외부 세계에 존재하는 객관적인 실체가 아니라는 말이다. 뒤이어 WMO는 "평균적인 날씨"를 "수개월에서 수천수만 년에 이르는 기간에 걸쳐 특정 변수(기온, 강수량, 풍속 등)의 중앙값과 변동 폭을 측정한 것"이라고 설명한다.**6** 여기서 놓치면 안 되는 지점은 기후가 기온이나 강수량이 아니라 그 측정값이라는 점이다.

이에 가장 깊은 관심을 기울인 사람을 꼽자면 마이크 흄Mike Hulme이 있다. 케임브리지대학 소속의 지리학자 흄은 기후를 문화로서 이해하고 설명하는 데 평생을 바쳤다. 그는 인류의 진화 역사를 통틀어보면 기후 역시 필연적인 발명품에 불과하다며 이렇게 주장한다. "제멋대로인 날씨가 불편하고 혼란스럽게만 느껴질 뻔했지만, 기후라는 개념이 탄생하면서 안정감과 균형감이 생겼다."**7** 개별 **날씨**는 관념이 아니라 실재이며(비는 실체가 존재한다) 순식간에 생겼다 사라진다. 대기 역시 끊임없이 바뀐다. 이처럼 변화무쌍한 물질세계 속에서 뭐라도 해내려면 인간에게는 발판이 필요하다. 확고한 기반이 있어야 미래를 계획할 수 있다. 흄은 계속해서 이렇게 말한다. "기후는 날씨보다 안정적이고 지속적인 물리적 현실을 암시한다. 그러므로 날씨와 달리 기후는 인간의 정신이 만들어낸 관념이다."

곰곰이 생각해보면 흄의 주장은 그다지 급진적이지 않다. 기후를 관념으로 받아들인다고 해서 기후의 실체가 옅어지지는 않는다. 기후라는 현상이 **어디에서** 펼쳐지는지 상기시켜줄 뿐이다. 물론 허리케인이 두들기는 건 해안선이고 깨부수는 건 마을이며 집어삼키는 건 사람들이다. 허리케인의 살육은 머릿속에서 벌어지는 일이 아니다. 그러나 허리케인의 빈도나 강도에 관한 기대(얼마만큼의 사상자가 나오는 게 일반적인가 등)는 관찰과 추론과 기억의 산물이다. 우리 안에, 즉 문화와 정신 속에 존재한다는 말이다. 이런 기대는 기반이 탄탄하며 쉽게 바뀌지 않는다. 그도 그럴 것이 인류가 기후를 발명한 목적은 문화적·심리적 안정성을 얻기 위해서였다. 여기에는 중요한 결론 하나가 뒤따른다. **기후가 변화하면 우리도 변화한다**는 점이다.

기후가 우리 존재의 일부를 구성하게 된 한 가지 이유는 날씨와 관련된 기억이 지극히 개인적(따라서 지극히 감정적)이기 때문이다. 기억을 되짚어보자. 결혼식을 하던 때, 처음 산딸기를 따 먹었을 때, 새아빠랑 얼음낚시를 하러 갔을 때, 할머니 장례식을 치르던 때. 곧바로 그날 날씨가 함께 떠오를 것이다. 이런 연상 작용은 반대로도 이루어진다. 살을 에는 추위를 맞으면 미네소타호수를 거닐던 때가 기억나는 식이다. 이렇듯 신경학적으로 기억이 표현되는 기본적인 방식의 하나가 연상이다. 기억은 여러 감각 경험이 한데 엮인 형태로 머릿속에 나타난다. 얼음낚시를 하러 갔던 경험을 기억한다는 것은 손에 까끌까끌 닿는 벙어리장갑, 잘근잘근 씹어 넘긴 육포, 사각사각 눈을 파헤치던 송곳, 뺨을 세차게 때리고 지나가는 겨울바람까지 한꺼번에 떠올리는 것을 의미한다. 일상에서 이런 감각 중 하나라도 다시 마주하면 다른 감각들도 함께 떠오른다.

흄의 머릿속에 남아 있는 날씨에 대한 기억은 대개 두려움을 불러일으켰다. 다섯 살 여름에 폭우가 내려 집 앞마당이 잠겼을 때는 "물에 빠져 죽을지도 모른다는 공포"를 느꼈다. 여섯 살 4월에는 "우박을 동반한 사나운 폭풍"에 "흠씬 두들겨 맞는" 경험을 했다. 이렇듯 날씨는 숫자에 불과한 것이 아니다. 날씨는 우리 경험의 핵심을 이루며 시간이 흐른 뒤에도 과거를 되돌아보게 해준다. 어떻게 보면 기후는 우리의 기억을 지탱하는 뼈대나 다름없다. 과거의 경험을 토대로 지금 특정한 기대를 할 수 있는 건 그사이를 계절감이라는 인대가 연결해주기 때문이다. 일례로 우리는 겨울이 온다는 말에 특정한 의미가 있음을 안다. 심리학자 트레버 할리Trevor Harley도 이렇게 지적한다. "날씨는 기억을 구축하고 소환하는 틀을 제공한다. 다시 말해 날씨는 메타인지 차원에서 인식을 조직하는 역할을 한다."**8**

그런데 기후변화가 닥치면서 그런 기대의 근간에도 금이 갔다. 흄이 지적하듯 기후변화는 "앞으로의 날씨가 **어떠해야만 하는지** 알고 있다는 믿음을 뒤흔들기 시작"했다. 여기서 두꺼운 글씨체를 사용해 "어떠해야만 하는지"를 강조한 건 흄의 선택이었다. 즉 기대는 규범적 판단이라는 말이다. 기대는 원초적인 특성도 지니고 있다.

인류가 이 사실을 깨달은 건 비교적 최근의 일이다. 뷔르츠부르크에서 X선을 발견하고 유콘에서 금광을 발견한 몇 해 뒤인 1903년, 예일대학 대학원생 클라라 마리아 히치콕Clara Maria Hitchcock은 〈심리학 리뷰The Psychological Review〉에 자신의 박사학위 논문 '기대의 심리학The Psychology of Expectation'을 게재한다. 논문의 서론에서 히치콕은 자신의 친구나 동료들이 생각할 법한 방식으로 기대라는 개념을 정의한다. 그들은 기대를 "기억이 과거와 맺는 관계를 미래와 그대로 맺는 아주 단순한 정신 작용"이라고 생각할 것이다.**9** 그럴듯한 이야기라고 수긍하려는 찰나 히치콕은 독자의 예상을 깬다.

인간이 앞을 내다볼 수 없으며 미래를 향해 뒷걸음질 칠 수밖에 없다고 가정해보자. 그런 상황에서 과거는 어떤 의미를 지닐까? 심미적인 의미밖에 없어서 기쁨이나 고통을 주는 게 전부가 아닐까? 그 외의 실용적인 목적이 존재할 수 있을까? 그러므로 기억과 같은 고등한 사고 활동이 의식적인 차원에서 실용적인 목적을 수행하려면 최소한 동일한 만큼의 기대를 미래에도 쏟아야 한다.

히치콕은 기억을 경멸했다. 기억 자체를 경멸했다기보다는 초창기 심리학계에서 기억이 지나치게 큰 관심을 받는 현실을 경멸했다. 히치콕이 보기에 기억은 고인 채로 썩어간다. 지나간 과거를 추모하는 낡은 기념비에 불과하다. 그에 비하면 기대는 광채를 내뿜는다. 기대는 "각 사람의 영혼"에 "삶이 지속되리라는 확신, 자신의 존재가 이 순간으로 끝나지 않으리라는 확신"을 가져다준다. 이렇듯 히치콕은 기대에 인간을 안정시키는 기능이 있음을 밝혀냄으로써 심리학은 물론 인문학 전반에 대담한 화두를 던졌다. 히치콕 덕분에 기대라는 개념은 기억이라는 개념과 동등한 지위, 어쩌면 그보다도 높은 지위를 획득했다. 기억이 "비교적 수동적"인 반면 기대는 "의식을 능동적으로 활용하는 상태"가 분명하기 때문이다. 기억은 과거와 함께 선반에 놓인 채 누군가 불러주기만을 기다린다. 반면, 기대는 우리가 다가오는 미래를 마주할 수 있도록 도와준다. 히치콕은 이렇게 말한다. "모든 물리적·도덕적·학문적 발전은 기대하는 능력에 달려 있다."

"모든 발전"을 포함한다는 점에서 히치콕은 예외를 허락하지 않는다. 기대 없이는 변화를 불러일으키기는커녕 알아차릴 수조차 없다고 못 박은 것이다. 우리에게 필요한 대전제도 이것이다. 기후가 원래 어땠는지 모르는 이상 기후가 변한다는 개념도 존재할 수 없다.

예일대학교는 1892년이 되어서야 대학원에서 여학생을 받기 시작했다. 발견의 해가 도래하기 4년 전 일이다. 히치콕은 그런 예일대학에서 박사급으로 철학 연구를 진행한 최초의 여성 세 명 중 한 명이었다(물론 심리학자로서 논문을 내놓기는 했지만 연구 자체를 진행한 곳은 철학과였다. 히치콕이 연구한 분야는 당시에 일종의 "정신 철학"으로 여겨졌다). 오늘날 사람들이 보기에는 당시가 얼마나 혁명적인 순간이었는지, 히치콕이 얼마나 완고한 선입견을 구부러뜨렸는지 이해하기 어려울 수 있다. 하지만 당시는 남성들이 여전히 탑햇(귀족들이 쓰고 다니던 높고 요란한 정장용 모자-옮긴이)을 착용하고 7.6cm나 되는 셔츠 칼라를 우스꽝스러울만큼 빳빳이 세우고 다니던 시대였음을 기억하자. 사실상 히치콕은 20세기에 진보의 가능성이 얼마나 무궁무진했는지 보여주는 상징이나 다름없었다.

하지만 발전 가능성은 실제 발전과는 엄연히 다르다. 1900년 전후로 예일대학에서 철학 박사학위를 취득한 여성 3명 모두에게는 학생을 가르치거나 제자를 양성하는 역할만 주어졌다(예일대학 같은 엘리트 대학 기준으로는 연구직이 학문적으로 훨씬 명망이 깊었다). 이들은 학위논문을 발표한 뒤로 단 한 편의 논문도 내놓지 못했다. 시대의 기대를 구부리는데는 성공했을지언정 깨부수지는 못한 셈이다. 학계에서는 클라라 히치콕의 혁신적인 연구를 충분히 인정해주지 않았다. 심리학은 이제

막 독립적인 학문으로 자리 잡는 중이었고 당시 연구 추세는 경험주의(실험을 통한 증명)에 치중되어 있었기 때문이다. 히치콕의 논문은 실험 기반의 논문은 아니었기에 학계의 큰 관심을 끌지는 못했다.[10]

아레니우스부터 킨서, 히치콕까지. 여러 이름이 선반에 올라간 채 세상이 기억해주기만을 기다렸다. 사람들이 나름의 합의된 지식을 구축하지 못한 것도 쉽게 납득이 간다. 지식을 망각하기가 훨씬 쉬웠기 때문이다. 사람들은 기억과 기대가 협력하여 과거와 미래를 이어준다는 사실을, 예측은 지도와 같으며 기후는 문화라는 사실을, 문화를 잃어버린 세대는 역사라는 기나긴 밤을 하염없이 스쳐가는 열차에 불과하다는 사실을 망각했다. 조지프 킨서가 기후 예측에 관한 첫 글을 발표하기 5개월 전 클라라 히치콕은 유방암으로 사망했다. 둘이 살아서 만났다면 어떤 대화를 나눴을까? 하지만 안타깝게도 우리에게 남은 건 당시 인정받지 못한 그들의 글과 논문뿐이다.

급변하는 기후가 기억상실을 유발한다

신경과학 개론서에서 망각이라는 주제를 다루는 경우는 흔치 않다. 다루더라도 자연적인 노화에 따른 기억력 감퇴나 알츠하이머 같은 퇴행성 질환에 의한 기억력 상실에 관한 내용이 전부다. 시간이 흐를수록 점점 흐릿해지는 벽화처럼 망각 역시 자연스러운 기억력 감퇴 현상으로 여겨진다.

하지만 그건 사실이 아니다. 2012년에 스크립스연구소 소속 신경과학자 론 데이비스Ron Davis는 실험용 초파리를 관찰하던 중 특이한 현상을 발견했다. 파블로프가 종소리를 이용해 개를 훈련시켰듯 데이비스 역시 전기충격 기법을 사용해 초파리로 하여금 특정한 냄새를 피하도록 훈련시켰다. 여기까지는 학습과 기억에 관한 일반적인 설명에서 벗어나지 않았다. 하지만 데이비스는 초파리 뇌에서 도파민을 생성하는 특정 신경세포군을 활성화시키는 경우 학습한 내용을 영구적으로 잊게 할 수 있음을 확인했다. 뉴런이 기억이 저장된 영역에 "망각" 신호를 보내는 것만 같았다. 반면, 뉴런이 도파민을 내보내지 못하도록 차단하자 기억은 유지됐는데, 초파리는 전기충격을 떠오르게 하는 냄새를 계속해서 피했다.[11] 데이비스의 연구는 중대한 의의를 지닌다. 망각이 (수동적인 기억 감퇴 현상만이 아니라) 생명체의 능동적인 활동이며 그 활동이 특정한 뉴런 집단에 의해 중재된다는 사실을 밝혀냈기 때문이다. 적어도 초파리를 기준으로 보면 그랬다.

데이비스의 발견은 수많은 후속 연구를 불러일으켰다. 이후 10여 년 동안 학자들은 쥐에게도 능동적 망각 활동이 나타난다는 사실을 확인했다. 언젠가는 인간에게서도 똑같은 사실을 확인할 수 있을 것이다. 물론 포유류는 초파리보다 훨씬 복잡한 생물이다. 하지만 데이비스의 발견은 어느 종에게서든 비슷하게 적용되는 듯하다. 예컨대, 에든버러의 신경과학자들은 생쥐가 특정 사물의 위치를 망각하지 못하게 막는 방법을 증명했다.[12] 실험의 핵심은 생화학적 속임수였다. 자연적인 신경 활동에 인위적으로 개입한다는 뜻이다. 생쥐의 뇌를 확대해서 들여다보자. 뇌에 기억이 형성되려면 우선 연상 작용이 일어나야 한다. 물리적인 언어로 말하자면, 특정 뇌세포 사이의 연결이 강화되어야 한다. 이를 위해 뉴런은 단백질을 활용해 세포와 세포를 잇는 미세한 통로를 만든다. 이 통로를 거쳐 신호 전달 분자가 세포로 흘러 들어간다. 뇌가 이런 단백질을 제거하지 못하도록 화학적인 방해를 가할 수 있다면 생쥐의 기억을 부호화한 연결 역시 튼튼하게 유지될 것이다. 기억을 잊지 못하게 만들 수 있다는 뜻이다.

이 연구를 통해 기억이 두뇌에 물리적으로 기록된다는 사실이 다시금 증명됐다. 기억은 형체 모를 혼이 아니다. 기억은 특정한 감각, 언어, 감정을 담은 뉴런들이 연결을 강화한 채 무리 지은 결과물이다. 이와 같은 뉴런의 집합체를 '기억흔적engram'이라 부른다. 기억흔적을 유지시킬 수만 있다면 그것이 담고 있는 이야기 역시 계속 떠올릴 수 있다.

망각 이론에도 서서히 윤곽이 그려지기 시작했다. 망각은 더 이상 퇴행 과정이 아니었다. 오히려 기억 형성 과정과 끊임없이 경쟁하는 과정이었다. "기억을 지닌 생물종은 모두 기억을 잃습니다." 이 말은 인지신경과학자 마이클 앤더슨Michael Anderson이 최근 〈네이처〉와 진행한 인터뷰 내용을 잘 압축하고 있다. 인터뷰에서 앤더슨은 이렇게 말한다. "그걸로 끝입니다. 예외는 없어요. 생물이 단순하든 복잡하든 상관없습니다. 경험을 통해 지식을 얻을 수 있다면 그 지식을 잃어버릴 수도 있습니다. 이 사실에 비추어 볼 때 신경생물학계가 망각이라는 개념을 후순위로 미뤄왔다는 게 그저 놀라울 따름입니다."[13] 데이비스처럼 앤더슨 역시 망각이라는 주제에 관심을 모으기 위해 애쓴 신흥 신경과학자 중 한 명이다. 한 세기 전 클라라 히치콕이 기대라는 개념이 기억이라는 개념과 저 높은 곳에서 어깨를 나란히 할 수 있도록 이끌었던 것처럼 이 기억학자들 역시 망각의 위상을 높이는 데 크게 기여했다.

하지만 이 분야는 태동한 지 10년이 지났을 뿐이다. 사실상 플라톤부터 시작된 기억 연구의 오랜 역사를 기준으로 보면 점 하나에 지나지 않을 뿐이다. 게다가 능동적 망각 이론을 옹호하는 학자들이 이론을 뒷받침할 만한 증거를 끊임없이 제시하고 있음에도 근원적인 의문 하나가 해결되지 않은 채 남아 있다. **애초에 우리는 왜 잊어버리는가?**

기억은 진화적인 측면에서 가치가 있다. 신경과학을 박사급으로 공부하지 않더라도 기억(천적이나 동료나 은닉처에 관한 기억)을 가진 생명체가 야생에서 생존할 가능성이 더 높다는 사실은 쉽게 추론할 수 있다. 하지만 그런 생명체가 기억을 잊어버려야만 하는 진화적 이유를 설명하기란 쉽지 않다(실제로도 자기 기억력이 떨어지기를 바라는 사람을 만날일은 거의 없다). 그럼에도 능동적 망각 이론은 망각하는 능력이 기억하는 능력에 견주어서도 진화적인 이점이 있음을 암시한다.

토론토 소재 어린이병원Hospital for Sick Children의 신경과학자 폴 프랭클랜드Paul Frankland는 애초에 기억과 망각을 온전히 분리할 수 있다고 생각하는 것이 잘못됐다고 주장한다. 프랭클랜드의 설명에 따르면 우리의 뇌에서는 믿음을 생성하고 조정하는 보편적인 인지 작용이 일어나는데 이 인지 작용의 두 축을 담당하는 게 기억과 망각이다. 기억과 망각이 균형을 이루며 상호작용할 때 비로소 생존에 가장 이익이 되는 방식으로 세계관을 형성할 수 있다. 이런 관점에서 보면 망각 역시 학습 과정의 일부이다.

기억이 절대 사라지지 않는다고 가정해보자. 기억이 조금도 손실되지 않는다는 것은 뇌가 정보를 일반화할 수 없음을 의미한다. 그런 뇌는 잘못된 정보를 지울 줄도 모르고 변화하는 환경에 대응할 줄도 모른다. 문학가들은 수십 년 전부터 이 사실을 알고 있었다. 일례로 호르헤 루이스 보르헤스Jorge Luis Borges의 〈기억의 천재 푸네스Funes the Memorious〉에 등장하는 푸네스를 생각해보자. 해상도가 무한대에 가까운 정신에 갇힌 푸네스는 "매순간 견딜 수 없을 만큼 정밀하게 드러나는 다형적인 세계를 명징하게 바라보는 고독한 관찰자"이다.[14] 따라서 그는 모든 걸 완벽히 기억하는 저주에 빠졌다. 그로 인해 몸을 가누지도 못한다. 침대에 누워만 있다. 보르헤스는 사실상 푸네스를 통해 프랭클랜드의 주장을 80년 앞서 예고한 셈이다. "푸네스는 별다른 노력 없이 영어, 프랑스어, 포르투갈어, 라틴어를 배웠다. 추측컨대, 그럼에도 그는 사고를 제대로 할 수 없었다. 생각한다는 것은 곧 차이를 잊는 것, 일반화하는 것, 추상화하는 것이기 때문이다. 정보가 범람하는 푸네스의 세상에는 세세한 것들만이 끊이지 않고 이어질 뿐이었다."

프랭클랜드든 보르헤스든 핵심은 균형에 있다고 생각했다. 지나치게 많은 지식을 기억하면 정신이라는 열기구는 하늘에 뜰 수가 없다. 반대로 지나치게 많은 지식을 망각하면 정신은 구름 너머까지 훨훨 날아가고 만다. 결국 기억과 망각 사이에서 섬세하게 균형을 이뤄야만 세계의 구조를 알맞게 이해할 수 있다. 균형을 잡아야만 적절한 높이로 떠다니면서 원하는 곳으로 나아갈 수 있다. 망각은 신경가소성(뇌가 변화하는 세계에 맞춰 믿음 체계를 끊임없이 능동적으로 조정하는 성질)의 일환이다. 초파리나 생쥐한테만 적용되는 이야기가 아니다. 예를 들어,

신경과학자들은 지진 생존자들의 뇌를 관찰한 결과 그들이 이전보다 뛰어난 공간기억 능력을 지녔음을 발견했다.[15] 안정성에 대한 기대치가 낮아진 것이다. 더 이상 발밑의 땅을 신뢰할 수 없다면 그럴 수밖에 없다.

프랭클랜드의 주장에 따르면 망각이 일어나는 **비율**은 환경이 얼마나 예측 가능한가에 일정 부분 달려 있다.[16] "역동적인 환경에서는 시간이 지날수록 기존 정보의 유용성이 떨어지는 반면 고정적인 환경에서는 기존 정보의 유용성이 유지되기 때문에 망각이 일어나는 빈도가 낮을 수 있다." 능동적 망각을 수행하는 목적이 세계를 정확히 모델링하기 위함이라면 환경이 변화하는 경우 현실과 상충되는 특정한 믿음을 조정할 필요 역시 생겨난다. 즉 두뇌는 부정확한 지식을 억누르려 한다. 프랭클랜드 역시 이렇게 지적한다. "모든 기억이 균등하게 사라지지는 않는다."[17]

내가 보기에는 이 사실이 마이크 흄 같은 기상학자의 진땀을 빼게 하는 듯하다. 흄 입장에서는 기후가 어떠해야 한다는 예측이 엇나간 것이, 신경과학자 입장에서는 능동적 망각이 일어난 것이나 다름없는 셈이다. 에든버러의 연구자들이 쥐의 망각 작용을 차단하는 데 성공한 해에 흄은 기후변화가 "과거의 날씨에 바탕을 둔 기억을 혼란"시켰으며 "미래 예측의 근간을 불안정하게 만들었다"고 기록했다.[18] 신경과학의 언어로 말하자면, 환경에 대한 특정한 기대가 배반당할 때 망각을 통한 신경가소성이 유발되며 결과적으로 기존의 기억흔적에 접근할 수 없게 된다. 간단히 말해, 기후변화가 기억상실을 유발한다는 뜻이다.

기후가 일종의 기대라는 개념에 비추어 보면 프랭클랜드와 데이비스 같은 학자들이 밝혀낸 사실은 심리적 차원에서 기후 문제의 핵심이 그 역동성에 있음을 시사한다. 날씨 이야기(문화적으로 공유되는 날씨 기억)는 특정 환경에 대한 지식을 습득하도록 돕는다. 하지만 시간이 지나 이야기에서 제공하는 지식이 실제로 경험하는 환경과 크게 달라진다면 그 이야기는 더 이상 환경에 적응하는 데 도움이 되지 않는다. 결국 우리의 뇌는 그 간극을 좁히는 방향으로 적응한다. 기후변화가 우리의 뇌에다 세계가 원래부터 이랬다고 속삭이면 믿음 체계도 그에 맞춰 조정되는 식이다.

못 믿겠으면 직접 떠올려보자. 보통 여름이 얼마나 갈까? 3개월? 사실 2000년대에 들어선 뒤에야 그 정도로 길어졌다. 1950년대만 하더라도 북반구의 여름은 기후학적으로 8일이 채 되지 않았다. 우리가 여름이라 부르는 기간은 10년마다 약 4일씩 늘어났다. 기후학자들은 배기가스 배출량을 크게 줄이지 않는 이상 2100년에는 여름이 한 해의 절반에 달할 것으로 추산한다.[19] 반면 겨울은 2개월이 채 되지 않을 것이다.

미래 예측을 위한
기후평년값 갱신의 함정

발견의 해 다음 해인 1897년 7월, 광부 68명과 금 2t을 실은 증기선 SS 포틀랜드가 시애틀에 정박했다. 이를 취재한 〈시애틀 포스트인텔

리전서Seattle Post-Intelligencer)는 흥분이 잔뜩 묻어나는 헤드라인을 내걸었다. 헤드라인은 대문자 "GOLD(금)"에 느낌표 네 개를 반복해서 붙인 게 다였다. 이 사건을 계기로 탐광꾼들은 유콘으로 몰려갔다. 시애틀 상인들은 가게 앞에 밀가루, 베이컨, 옷가지를 3m 높이로 쌓아둔 채 돈을 끌어모았다. 금광을 찾아 시애틀에서 도슨시티까지 몰려간 광부 10만 명 중 3분의 1만이 소원을 이루었다. 현장에 도착했을 즈음에는 그 지역에 살던 사람 대부분이 금광을 차지한 뒤였기 때문이다.

기대는 보통 우리가 관찰을 통해 환경을 직접 경험함으로써 형성된다. 또한 기대는 환경에 관한 이야기를 **들음**으로써 형성되기도 한다. 20세기 탐광꾼들도 신문의 헤드라인을 보거나 증기선을 타고 유콘에 다녀온 광부들에게 소문을 듣고 기대를 품게 됐다. 기후학에서는 그런 이야기(기후가 어떠해야 하는지에 관한 이야기)를 가리켜 "기후평년값climate normals"이라 부른다. 기후평년값이란 "평균 날씨"를 정의하는 통계적 측정값을 의미한다. 기후가 변화한다는 사실을 이해하려면 기후 변동의 참고자료가 필요한데 기후평년값이 그 역할을 하는 셈이다. 기후평년값은 기온, 강수량 등 기상 관측 수치를 30년 단위로 평균을 낸 결과이다. 물론 관측소의 실수로 빠지거나 틀린 부분은 수정한다. 기후평년값은 특정 지역의 기후가 어떠한지 수학적으로 정의한다. 즉 우리의 기대치를 정한다.

기후평년값은 우리의 기대치를 조정하기도 한다. 20세기 초 세계기상기구(당시 국제기상기구)가 기후평년값을 도입한 이래로 평년값을 계산하는 기관에서는 **어느** 30년을 계산의 근거로 사용할지 정기적으로 갱신했다. 실제로 기상관측소는 10년마다 그렇게 해야 할 의무가 있다. 결국 기후평년값은 이동평균(추세가 어떻게 변화하는지 알아볼 수 있게 구간을 옮겨가며 구한 평균-옮긴이)에 해당한다.

일부 기상학자들의 경고에 따르면, 온난화가 진행 중인 세계에서 기후평년값을 지속적으로 갱신하는 관행은 편의대로 조건을 바꾸는 행위나 다름없다. 이에 대해 2011년 국립해양대기국NOAA 역시 "핵심 문제는 기후평년값이 지나간 시기를 기준으로 도출되었음에도 다가오는 시기를 예측하는 데 사용되고 있다는 점"이라고 지적한다.[20] 우리는 당연하다는 듯 기후평년값을 현재와 미래를 이해하는 데 사용한다. 하지만 지속적으로 변화해온 과거를 기준으로 기후평년값을 계산했음을 고려한다면 그렇게 하는 것은 사실상 기억을 끊임없이 새로 고치는 행위나 다름없다. 기후평년값을 자주 갱신할수록 기후는 변화하지 않는 것처럼 보일 것이다. 새로운 일상에 계속 적응해 나갈 뿐인 셈이다.

모두가 같은 문제의식을 지닌 건 아니기에 이런 편의적 관행은 널리 퍼져 있다. 2021년에 NOAA의 기상학자 마이클 팔레키Michael Palecki는 1991~2020년을 기준으로 한 미국 기후평년값을 발표하면서 이렇게 주장했다. "기후평년값은 두 가지 역할을 한다. 하나는 수치를 재는 것이고 다른 하나는 가까운 미래를 예측하는 것이다."[21] 기후평년값은 지금 환경이 어떠한지 이해할 수 있도록 돕는다. 팔레키가 지적하듯 새로운 기준치가 나올 때마다 "여행객이 알맞은 옷을 챙기는 것, 농부가 최적의 농작물을 기르는 것, 전기 회사가 계절별 에너지 사용량을 어림잡는 것"이 가능해진다. 만약 오늘날 농부들이 1931~1960년 기준 기후평년값으로 경작 계획을 세웠다가는 더스트

볼(1930년대 미국 중서부를 강타한 모래폭풍-옮긴이) 시기에 어울릴 법한 방식으로 농사를 짓고 말 것이다.

물론 미국의 경우에는 최신 기후평년값을 통해 미국이 10년 전보다 더 따뜻해졌음을, 동쪽에서부터 3분의 2에 해당하는 지역이 더 습해졌음을 확인하는 것이 가능하다. 하지만 팔레키처럼 갱신을 자주 해야 한다고 주장하는 전문가들조차 10년 전후의 평년값이 겹치는 기간이 존재하기 때문에 "기후 변동이 예상보다 더 완만하게 나타날 것"임은 인정한다. 결국 더 오랜 기간을 살펴봐야 온난화의 진행 정도를 뚜렷이 확인할 수 있다. 예컨대, 최신 기온 평년값을 20세기 평균 기온과 비교하면 인류가 합심해 조치하지 않으면 큰일 난다고 느껴질 만큼 충격적인 변화(1930년대에 킨서가 낌새를 차리고도 받아들이지 못했던 그 변화)가 있었음을 알 수 있다.

킨서가 기후평년값 때문에 기후변화를 인정하지 못한 건 아니었다. 기후평년값은 킨서가 기후변화에 관한 글을 처음 썼을 때 도입됐기 때문이다. 오히려 킨서의 의심은 동물적인 감각에 기반을 두고 있었다. 경험적으로 말이 안 된다고 느꼈던 것이다.

세계를 의심하는 건 좋은 태도다. 내면에 숨은 직감이라는 짐승을 믿는다는 뜻이기 때문이다. 가장 파격적이고 급진적인 생각은 무언가 어긋났다는 의심을 받아들이는 데서 나온다. 시대정신보다는 자아를 존중할 때 나온다. 진짜 문제는 다른 이들의 직감, 즉 세대의 기억을 무시할 때 생긴다.

기준선 이동, 점진적 소멸에 대한 점진적 순응

1995년에 해양생물학자 대니얼 파울리Daniel Pauly는 저널 〈생태 및 진화 동향Trends in Ecology and Evolution〉 편집부에 서신을 한 통 보냈고 저널 측에서는 해당 서신을 그대로 게재했다. 당시 어류학자로 활동 중이던 파울리는 학계 동료들 때문에 좌절감을 느끼고 있었다. 한 무리의 기억상실증 환자들과 일하는 듯했기 때문이다. 학계의 동향이 세대 차원의 기억상실을 불러일으키고 있었다. 파울리는 이를 가리켜 "기준선 이동 증후군shifting baseline syndrome"이라 불렀다.

이런 증상이 발생하는 본질적인 이유는 각 세대의 어류학자가 그 연구를 시작할 당시의 생물종 규모나 구성 상태를 기준선으로 받아들인 채 변화를 평가하기 때문이다. 다음 세대가 연구를 시작할 때면 생물종 규모는 이전보다 더 줄어든 상태겠지만 어차피 다음 세대 입장에서는 그 상태가 새로운 기준선이 될 뿐이다.

결국 "기준선은 점진적으로 이동"한다. 즉 "점진적인 소멸에 점진적으로 순응"한다.[22] 파울리의 경우에 한정하자면, 어류자원이 감소하거나 멸종해도 그 변화를 알아차리지 못하는 결과가 뒤따른다. 자연스럽게 어류자원 남획의 실질적인 영향을 평가하거나 유의미한 보존 및 회복 사업을 전개하기가 어려워진다. 과거부터 지금까지 상업용 어업이 어떻게 이루어졌는지 사진을 늘어놓고 보면 그 사실을 쉽게 확인할 수 있다. 참치만 하더라도 예전만큼 잡히는 모습을 찾아볼 수 없다.

파울리는 자신의 생각이 인간 심리 전반에 적용된다는 사실을 몰랐을 것이다. 1995년 이후 '기준선 이동'이라는 개념은 보존 정책은 물론 정치학 분야에 이르기까지 널리 이용되기 시작했다. 예컨대, 세계야생생물기금WWF에서 내놓은 2022년 기준 지구생명지수(포유류, 조류, 어류, 파충류, 양서류 등 3만 2,000종에 달하는 야생동물의 개체군 변화 추이를 추적한 지표)에 따르면 1970년 이후 야생동물 개체 수는 평균 70% 감소했다.[23] 너무나도 충격적인, 도저히 그냥 지나칠 수 없는 변화이다. 하지만 사람들은 일반적으로 그 변화를 정확히 측정하는 데 실패한다.[24] 기준선이 계속 움직이기 때문이다. 당연한 일이다. 결국 우리의 기대는 경험을 통해 형성되며 다른 존재의 경험은 우리 눈앞에 놓인 현실에 비하면 와닿지 않는다. 파울리의 지적대로 "오래전 큰 변화가 일어났지만 우리 인간이 그런 변화를 떠올릴 수단은 개인적인 일화뿐"이다.

기후변화를 마주한 지금, 파울리의 기준선 이동 이론은 이전 어느 때보다 공감을 불러일으킨다. 인류가 지구온난화에 반응하는 양상을 묘사하기에 "점진적인 소멸에 점진적으로 순응"한다만큼 적절한 표현이 있을까? 환경 변화는 매우 천천히 이루어지며 몇 세대에 걸쳐 이루어지기도 한다. 물론 기후평년값을 갱신하는 관행에 기준선 이동 증후군이 여실히 드러나 있긴 하지만 그렇다고 NOAA 탓만 할 수는 없다. 기후 건망증은 우리 모두에게 내재되어 있을 수밖에 없기 때문이다. 굳이 기준선을 옮길 필요도 없다. 다음 세대가 태어나는 것만으로도 이미 새로운 기대가 형성된다.

능동적 망각, 기후평년값 갱신, 기준선 이동이 한데 모이면 서로 악랄한 시너지를 일으켜 과거를 망각하게 만든다. 이 과정에는 은밀한 신경생물학적 작용(현재를 정확히 담기 위해 기존의 시냅스 연결이 약해지는 작용)이 있는가 하면 당신이 살면서 경험한 게 전부라는 슬프고도 소소한 진실 역시 존재한다. 이보다 벗어나기 힘든 기준선이 있을까? 오직하나의 몸으로만 살아가야 한다는 저주 때문에 각자 자신만의 기준점을 벗어나지 못한다. 할아버지 이야기에 아무리 주의를 기울여도 당신은 할아버지가 겪은 겨울을 다시 겪으며 부르르 몸을 떨 수 없을 것이다. 유콘에 직접 가보지 않고서는 탐광선이 유령선이 되리라는 사실을 알 수 없는 것처럼 말이다.

'기후 망각' 현상의
해독제인 '기후 공감'

이외쿨사우를론을 떠다니는 새파란 빙하를 보고 있자면 기후변화를 광고하는 네온사인을 보는 듯하다. 레이캬비크에서 동쪽으로 5시간 거리에 있는 이외쿨사우를론은 브레이다메르퀴르이외퀴틀 빙하가 녹아서 형성된 호수이다. 지난 100년 동안 브레이다메르퀴르이외퀴틀 빙하에서는 약 67km³(기자 피라미드 2만 5,000채를 합친 부피)에 달하는 얼음이 소실됐다.[25] 이 순간에도 얼음은 계속 갈라져 호수 속으로 뛰어드는 중이다. 호수 끝에 서면 유빙이 대서양을 향해 남쪽으로 떠내려가는 게 보인다. 그 뒤를 따라가면 다이아몬드라는 이름이 붙은 흑사 해변이 나오는데 그곳에서 천 년 묵은 얼음을 직접 손으로 건져낼 수도 있다. 매혹적이고도 소름 끼치는 광경이 아닐 수 없다. 제임스 본드 영화도 여기서 몇 편 찍었다는데. 망각이란 게 이런 느낌일까? 자연 경관도 무언가를 잊고 있는 것만 같다.

지금 내가 이 빙하호를 이해할 수 있는 건 기후변화에 관한 어느 안내문 덕분이다("기후변화"가 아이슬란드어로 로프츠-라흐-브레이-팅-가르 loftslagsbreytingar라는 사실을 알고 나니 괜히 마음이 따뜻해진다. 다섯 음절이 추운 날씨 탓에 옹기종기 몸을 비비는 모습 같기 때문이다). 안내문에는 배출빙하(계곡 지형을 만나 혓바닥처럼 쏟아져 나가는 형태의 빙하-옮긴이)의 1935년도 사진과 2015년도 사진이 나란히 놓여 있었다. 그 차이는 가관이었다. 한쪽에는 얼음이 가득하다면 다른 한쪽에는 바위덩어리밖에 없었다.

오래전 사진은 과거의 모습을 이해하는 데 도움이 된다. 사진은 기후평년값과는 정반대의 역할을 한다. 평균값을 매기는 것도 아니고 기준선이 바뀔 일도 없다. 설명문을 보니 7월에 찍은 사진이라고 한다. 내가 친구랑 이외쿨사우를론을 찾아간 달도 7월이었다. 그로부터 딱 86년 전이다. 1935년이면 킨서가 기후가 변하는지 막 의심을 품던 때이다. 사진을 자세히 들여다보니 두 사람이 있었다. 거대한 빙벽에 비하면 둘 다 손톱만 했다. 할아버지의 겨울이 이런 모습이겠거니 싶었다.

능동적 망각 이론은 환경에 대한 우리의 기억을 늘 신뢰할 수는 없음을 암시한다(기준선 이동 증후군과 기후평년값의 한계 역시 이런 불신을 증폭시킨다). 우리는 오래전 사진처럼 확실한 기록물이 남아 있기를 바란다.

사진을 반박할 수는 없기 때문이다. 저기에 빙하가 있었는데 지금은 없다는 사실을 명확히 알 수 있다. 어쩌면 고속도로에 있는 제한 속도 표지판을 죄다 기후변화 전후 사진으로 바꿔놓는 게 나을지도 모르겠다.

인간은 잊어버린 기억을 되찾을 수 있을까? 스크립스연구소의 론 데이비스는 가능하다고 답한다. 2021년 데이비스의 연구팀은 뇌가 기억을 곧잘 잊기는 하지만 망각이 삭제와는 다르다는 사실을 밝혀냈다. 기억이 영구적으로 사라지는 게 불가능한 건 아니지만 때때로 기억은 "일시적으로 반환이 불가능한 상태"에 빠지기도 한다. "일시적 망각"이 존재한다는 뜻이다.[26]

능동적 망각이 일시적으로 발생한다면 어떨까? 말이 혀끝에서 뱅뱅 도는 상태, 이미 알고 있는 지식이 잠깐 떠오르지 않는 상태를 떠올리면 된다. (생쥐가 요리사로 나오는 그 영화 제목이 대체 뭐더라?) 초파리의 경우에는 뇌의 양쪽에 하나씩 있는 세포가 일시적 망각 작용을 주관한다. 연구진은 양귀비 씨앗만 한 크기의 조직에서 이 신경세포를 발견했다. 세포는 초파리의 기억(이 경우에는 특정한 냄새를 피하도록 전기충격을 통해 각인시킨 기억)을 일시적으로는 억누를 수 있었으나 아예 소멸시키지는 못했다.[27] 데이비스는 세포를 활성화시킴으로써 라디오를 꺼버리듯 기억을 차단할 수 있었다.

물론 인간으로 하여금 기후 기억을 되찾게 만드는 건 영화 제목을 떠올리게 하는 것과는 차원이 다른 문제다. 우리에게는 다시 떠올려야 할 시대적·지리적 기억이 존재하지만 지금까지 살펴본 것처럼 인간의 뇌는 그렇게 하는 데 방해가 되는 방식으로 작동한다. 게다가 마이크 홈이 지적하듯 장거리 이동이 쉬워진 결과 "세대 간의 응집력이 더욱 약해지면서" 기후에 대한 기억 역시 약화됐다.[28] 위치가 계속 바뀐다는 건 장소가 기억 속에만 존재한다는 뜻이고 그런 기억은 금방 잊히기 때문이다.

하지만 최근 폴 프랭클랜드는 "망각은 신경가소성에 따른 능동적인 활동이며 반드시 기억흔적의 손실을 유발하지는 않는다"라고 지적했다. 데이비스의 연구와 같은 맥락에서 프랭클랜드는 망각이 꼭 영구적인 현상은 아님을 강조한다. "망각은 비가역적이지 않고 적응력을 지니고 있으며 환경 변화에 따라 조율되고 예측이 실제 환경과 불일치할 때 촉발된다."[29] 세계가 이러저러하다고 생각했는데 실제로 그렇지 않으면 우리의 뇌는 그에 맞춰 적응한다. 한마디로 학습한다. 하지만 그렇다고 지나간 세계에 대한 기억이 사라지는 건 아니다. 쓸 일이 줄어들 뿐이다.

여기서 우리는 일말의 가능성을 찾을 수 있다. 현 위기에 대처하도록 집단 기억을 조성할 만한 유용한 도구가 우리 손에 쥐어져 있기 때문이다. 신경과학 실험실에서 찾을 수 있는 도구는 아니다. 우리는 이 도구를 가리켜 "역사"라 부르기로 했다. 역사는 객관성으로 유명한 학문은 아니다. 하지만 애초에 우리가 추구해야 할 목표도 객관성이 아닐지 모른다.

물론 인간의 뇌는 주변 환경을 정확히(어쩌면 객관적으로) 모델링하도록 진화해왔다. 데이비스나 프랭클랜드 같은 신경과학자들도 지나간 세계를 잊어버리는 데(역동적인 환경에 맞춰 기대를 안정화하는 데) 진화적 이점이 있음을 증명해왔다. 하지만 석유를 채굴하는 속도만큼 빠르게 변화하는 세계를 이해하기에 진화는 너무 헐거운 틀이다. 게다가 객관성이 무슨 의미가 있나? 결국 모든 것은 각자의 해석에 달려 있다. 따라서 지구온난화에 대응하려면 현재에 적응하는 것 이상의 무언가가 필요하다. 과거부터 미래까지 관통하는 장기적인 안목이 필요하다.

역사는 지난날을 애도하는 일이기도 하지만 앞날을 향해 진화하는 일이기도 하다. 어쩌면 인간을 인간답게 만들어주는 요소 중 하나가 생물학적 한계를 극복하는 능력일지도 모른다. 그러나 이런 잠재력을 알아차리려면 스스로를 뛰어넘어 과거를 향해 그리고 타인의 삶을 향해 시선을 돌릴 줄 알아야 한다. 대니얼 파울리 역시 1995년에 처음 기준선 이동 증후군에 관한 글을 쓰면서 개인적인 일화와 전통적인 지식의 중요성을 강력히 변호했다. "예컨대 천문학을 이루는 뼈대에는 흑점, 혜성, 초신성 같은 현상을 관찰한 고대 사회(수천 년 전의 수메르 문화나 중국 문화)의 기록이 포함된다. 이런 기록은 그와 관련된 가설을 검증하는 데 도움이 된다."[30] 파울리가 천문학을 높이 평가한 이유는 천문학이 타인의 경험, 그것도 먼 과거를 살던 사람의 경험을 진지하게 받아들였기 때문이다.

결국 그런 게 공감 아닐까? 공감에 관해 레슬리 제이미슨Leslie Jamison은 이렇게 말한다. "공감Empathy이라는 단어는 '감정 속으로'를 뜻하는 그리스어 엠파테이아empatheia에서 유래했다. 공감은 관통하는 것, 일종의 이동을 내포한다."[31] 역사와 공감이라는 도구는 우리의 뇌가 스스로의 틀에서 벗어나 인식의 범위를 확장하도록 돕는다. 제이미슨은 이렇게 덧붙인다. "공감의 전제조건은 당신이 아는 게 없다는 사실을 아는 것이다. 공감하는 것은 당신의 시야 너머로 무한히 뻗어나가는 맥락의 지평을 인정하는 것을 의미한다."

우리의 시야는 대개 고정적이다. 따라서 기후 망각 현상의 해독
제라고 할 수 있는 기후 공감은 자신의 환경뿐만이 아니라 타인의 환
경, 과거의 환경에도 꼭 맞는 틀을 필요로 한다. 파울리가 일화와 역사
의 중요성을 강조한 것 역시 기후 공감을 달성하는 데 사회적이고 집
단적인 차원의 노력이 요구된다는 사실을 시사한다. 기후 공감을 이
루려면 기억 이론을 학문적으로 파고든다거나 기후평년값 공식을 새
롭게 만들기보다는 과거를 기억하고 이야기를 풀어내는 것이 더 중요
하다.

실제로 그런 노력을 기울이는 이들이 존재한다. 일례로 영국의 지
리학자 조지나 엔드필드Georgina Endfield와 사이먼 네일러Simon Naylor는
날씨 기억을 더욱 오랜 기간 존속시키기 위해 애썼다. 그들은 영국인
의 날씨 체험기와 기후변화 인식을 수집하여 정리하려는 디지털 실험
의 일환으로 '날씨기억은행Weather Memory Bank'이라는 인터넷 플랫폼을
만들었다. 이곳에는 방문객으로 하여금 기후에 대해 고찰하도록 만드
는 다양한 인터뷰 영상과 토의 질문이 가득 들어 있다(프로젝트가 출범한
곳이 영국이라는 점이 참 적절하다. 심리학자 트레버 할리Trevor Harley의 말대로 영국은
날씨 이야기에 대한 일상적 관심이 "거의 집착에 달하는" 곳이기 때문이다[32]).

내가 고른 영상에서는 70대로 보이는 영국인 데렉과 빅이 우비를
입은 채 운치 있는 철제문 앞에 서서 인터뷰에 응하고 있었다. 인터뷰
진행자는 카메라 뒤에서 질문을 마구 쏟아냈다. 언뜻 보면 허공에서
목소리가 나오는 것만 같았다.

진행자: 여러분이 사는 곳의 날씨를 어떻게 묘사하시겠어요?

데렉(으로 추정): 비 오고 춥고.

빅(으로 추정): 축축하고.

데렉: 끔찍하지.

빅: 바람은 또 어떻고.

데렉: 그러니까.

빅: 지금도 봐.

진행자: 좀 더 넓게 보면 어때요?

빅: 달라졌지. 그것도 많이. 아주 많이 변했어. 지금이 5월이니까 이제 6월로 넘어가는 건데 아직도 정원에 나가지 못한다니까. 풀이 죄다 젖어 있으니 별 수 있나. 너도 그렇지 않냐? 우산이랑 외투를 챙기지 않으면 어디 휴가도 못 떠나잖아.

놀랍게도 영화 〈돈 룩 업〉의 한 장면이 아니다. 날씨가 변했다고 느낀다는 말이든 우산꽂이에 우산이 늘어간다는 말이든 빅의 말은 진실이다. 하지만 이 정보를 가지고 무엇을 해야 할지는 모르겠다. 어쩌면 다음 세대가 무슨 일이든 해줄지도 모르겠다. 시애틀에서 노트북 앞에 앉아 날씨기억은행 인터뷰에 자원한 영국인들의 영상을 하나둘 클릭하고 있자니 뭔가 부족하다는 느낌이 든다. 사실 기후변화의 영향력 아래 살아가는 삶 대부분은 뭔가 부족하다는 느낌이 드는 삶 아닐까 싶다.

자신들이 역사가로서 기후 공감에 어떻게 기여할 수 있을까 고민한 사람들은 우화를 이용하는 데 초점을 맞춰왔다.[33] 예컨대, 과거를 연구하는 자들은 세상 사람들에게 몰락의 우화(가뭄, 홍수, 흉작 등 자연의 변덕에 굴복한 고대 사회 이야기)를 들려줄 수 있다. 오늘날 우리 사회도 필요한 변화를 하지 못한다면 스러질 수 있음을 보여주는 것이다. 하지만 역사가 데이비드 글래스버그David Glassberg가 경고하듯 몰락에 초점을 맞춘 이야기는 일종의 마비 상태를 초래할 수 있다. 몰락이 정해졌다는 우울한 예측에 아무런 행동도 하지 못하게 되는 셈이다. 미래가 이미 정해졌다면 굳이 변화하려 애쓸 필요가 없지 않은가? 그러므로 글래스버그는 역사가가 지속가능성의 우화 역시 이야기해야 한다고 강조한다. 역사가는 인간이라는 종이 세계와 조화로운 관계를 맺는 이야기 역시 들려줘야 한다.

하지만 이 역시 불만족스럽다. "지속가능성의 우화는 대중으로 하여금 '전통적인' 사회가 누렸다는 자연과의 조화를 되찾을 수 있다는 희망을 품게 만든다. 그러나 지속가능성에 대한 이야기는 그 저변에 이상화된 과거를 향한 향수가 깔려 있다는 점에서 현실과는 동떨어진 균열의 이야기나 다름없다."[34] 자연과 토착적이고 호혜적인 관계를 맺던 과거를 냉철한 시선 없이 무작정 미화하는 것은 향수병(어쨌든 "병")에 불과하다.[35]

따라서 글래스버그는 회복의 이야기가 필요하다고 강조한다. 역사를 보면 인간이 자연재해, 전염병, 전쟁을 겪고도 다시 일어서는 사례가 무궁무진하다. 이와 같은 회복의 이야기는 "과거를 낭만적으로 그리지도 않고 디스토피아적인 미래를 피하기에는 너무 늦었다는 인상을 주지도 않는다는 점"에서 몰락이나 지속가능성에 관한 이야기와는 다르다.[36] 회복의 이야기에서는 환경에 적응하고 환경을 재건하는 인간의 역량이 돋보인다. 이야기를 듣는 우리는 변화가 가능하며 변화를 위해 구세주나 환상에 의존할 필요가 없음을 깨닫는다.

친구와 아이슬란드에 방문했을 때 레이캬비크 북동쪽의 녹아내린 빙하 오크이외퀴틀을 찾아갈 기회는 없었다. 남쪽에 위치한 브레이다메르퀴르이외퀴틀과 달리 오크이외퀴틀은 애초에 크기가 작았다. 2014년 기준으로는 부피가 너무 줄어든 나머지 빙하학자들로부터 더 이상 빙하의 기준을 만족시키지 못한다는 판정을 받았다. 드문드문 얼음이 얇게 깔려 있을 뿐 사실상 바위나 다름없었다. 오크이외퀴틀은 탄생한 지 약 700년 만에 빙하로서의 지위를 잃고 말았다.[37]

그로부터 몇 해 뒤 소식을 들은 환경운동가들은 오크이외퀴틀의 삶과 죽음을 다룬 단편 다큐멘터리 영화를 제작했다. 그들은 아이슬란드 현지인을 대상으로 바뀐 자연 경관에 대해 어떻게 생각하는지, 빙하의 죽음이 어떤 의미를 지니는지 인터뷰했다. 그런 다음 오크이외퀴틀이 자리 잡고 있던 순상화산 위에서 빙하 장례식을 열었다.

장례식에 참석한 아이들은 빙하가 놓여 있던 넓적한 현무암 위에 청동으로 된 기념판을 간이 묘비 삼아 붙였다. 망각에 저항하려는 몸부림이었다. 형식만 다를 뿐 날씨기억은행과 취지는 같았다. 장례식은 우리가 구해야 할 존재가 우리 말고도 존재한다는 사실, 죽음이 반드시 상실을 의미할 필요는 없다는 사실을 전달했다. 아이슬란드 작가 안드리 스나이르 망나손Andri Snær Magnason이 인터뷰를 통해 밝힌 것처럼 현대인의 삶에서 가장 충격적인 부분은 지구의 시간과 인류의 시간 사이의 경계가 흐려지고 있다는 점이다. 우리는 족히 몇 세기에 걸쳐 전개된 이야기를 이제 한 세대 안에서 지켜볼 수 있게 되었다.

빙하의 이야기를 다시 쓸 수 있을까? 당신이라면 망각의 이야기를 어떻게 기록하겠는가? 오크이외퀴틀의 자리에 놓인 기념비에는 망나손의 추도문이 아이슬란드어와 영어로 적혀 있다.

미래에 보내는 편지

오크는 빙하의 지위를 잃어버린 최초의 아이슬란드 빙하이다.
다가올 200년 동안 다른 모든 빙하도 같은 전철을 따르게 될 것이다.
이 기념비가 보여주듯 우리는 지금 무슨 일이 벌어지고 있는지,
무슨 일을 해야 하는지 알고 있다.
우리가 해야 할 일을 했는지는 미래의 당신만이 안다.

2019년 8월

이산화탄소 농도 415ppm

2장
인지
뇌는 자연에 스며들어 있다

우리는 유리를 들여다보듯 마음에 난 창문 너머를 어렴풋이나마 들여다볼 수 있다. 그런데 그곳에서 우리가 발견한 건 세상의 모습과 무척 닮아 있었다.

_로저 셰퍼드Roger Shepard, 《마음의 시각Mind Sights》

대지와 나는 한 마음을 공유합니다. 대지의 생각이 곧 우리 몸의 생각입니다.

_니미푸족 추장 조셉, 〈미 정부에 보내는 선언문〉(1877)

발밑에 뼈가 깔린 걸 보고 나서야 내가 서 있는 곳이 무덤임을 알아차렸다. 이곳은 워싱턴주 킷샙 반도의 어느 해변이다. 평소 같으면 쪽빛이었을 해변이 잿빛을 띠었다. 성게는 특유의 진보랏빛을 잃은 채 집결 명령이라도 떨어졌던 것처럼 몇 킬로미터에 걸쳐 겹겹이 줄을 지었다. 바위게들은 단단한 껍데기 속에서 서서히 익었고 불가사리는 형태도 알아보기 힘들 정도로 곤죽이 돼서 모랫바닥에 눌어붙었다. 대학살의 현장은 해산물 파티라도 열린 것처럼 비린내를 풍겼다. 보고에 따르면 이곳 해변에서는 2021년 6월 말에 닥친 폭염 때문에 일주일 만에 10억 마리에 달하는 해양생물이 죽었다고 한다. 그동안 시애틀의 섭씨 42도는 피닉스의 기온에 맞먹었다. 그로부터 북쪽으로 322km 떨어진 브리티시컬럼비아주에서는 기온이 섭씨 49도를 기록했다. 기록적인 폭염이 사실상 불쏘시개나 다름없는 리튼을 강타하자 마을의 90%가 불길에 휩싸였다. 킷샙 해변을 따라 걸음을 내디딜 때마다 발밑에서 "바스락" 소리가 들렸다.

내 곁에는 얼마 전 국립공원관리청에서 은퇴한 다이앤 크롤Dianne Croal이 길동무로 있었다. 크롤은 강 너머로 나무가 폭발하는 광경도 본 적이 있다고 했다. 흔히 자연 연소라 부르는 현상이다. 폭염이 닥치면 소나무는 기폭제로 탈바꿈한다. 나무껍질 아래 테르펜이라는 물질에

열이 가해지면 어마어마한 에너지가 나오기 때문이다. 해질녘에 강물
이 일종의 돋보기처럼 알맞은 각도로 햇빛을 쏘아 보내면 이 에너지
는 수류탄급 폭발을 일으킨다. 송진이 원료인 테르펜 기름에 불이 잘
붙는 이유도 이 때문이다. 크롤은 잠깐 멈춰 선 다음 안경 안으로 눈을
동그랗게 뜬 채 단전에서부터 소리를 끌어내 "슝, 펑!" 하는 폭발음을
냈다. "그렇게 무서운 소리는 평생 들어본 적이 없어요."

무더운 곳에서 나타난
뇌의 이상 신호

방금 지르밟은 게 껍데기를 내려다보며 나도 산 채로 구워지고 있다
는 사실을 언제쯤 깨달을 수 있을지, 아니 깨달을 틈은 있을지 생각했
다. 그 과정은 게가 그을음도 없이 삶아진 것처럼 서서히 진행될까? 아
니면 소나무가 폭발하듯 순식간에 이루어질까? 여기에 비추어 기후변
화를 바라보면 기준선 이동 증후군이 일상적으로 "삶은 개구리 증후
군"이라 불린다는 사실에는 아이러니가 숨어 있다. 문득 노먼 맥워스
Norman Mackworth와 그의 실험체가 된 전보기사들이 떠올랐다. 개구리를
끓는 물에 집어넣은 것으로 이름을 알린 사람이 맥워스였기 때문이다.
    이야기의 전말은 이랬다. 1945년 혹은 1946년(정확한 연도는 알 수
없다)의 어느 아침, 케임브리지대학 실험실에는 영국 공군 장병 다섯
이 윗옷을 벗은 채 앉아 있었다. 이들은 통신병으로 훈련받은 병사들
이었으며 중동이나 인도양으로 3년 동안 파병을 나갔다 막 귀환한 상

태였다. 아텐이나 실론에서 근무할 때만큼의 긴장감은 없었겠지만 해야 할 일은 같았다. 각자 책상에 일렬로 앉아 헤드폰에서 나오는 모스부호 신호를 전사하는 것이었다. 톤 신호가 젊은 병사들의 귀로 흘러 들어갔고 그들은 귀에 들리는 대로 단어를 휘갈겨 썼다. J49Y4, B8C9M, 126T6, B7LUB. 이처럼 무의미해 보이는 단어는 SYKO라 불리는데 각 메시지는 총 250개의 SYKO로 이루어졌다. 병사들에게는 3시간마다 9개의 메시지가 주어졌고 그들이 전사한 내용은 분당 22개의 단어로 천공용 종이테이프에 찍혀 복도에 있는 송신기로 전달됐다. 그들은 땀이 흐르는 걸 막으려고 이마에 수건을 둘렀다. 방에 설치된 건구온도계는 섭씨 41도를 가리켰다.[1]

실험실 온도가 높았던 건 의도대로였다. 실제 전장이 뜨거운 곳이었기 때문이다. 실험에 참가한 병사들은 해외 파병 시절 일반적으로 섭씨 27도가 넘는 환경에서 생활했다. 갑판 아래서 근무하는 영국 해병은 상황이 더 열악했다. 당시 영국 함선에는 냉방 시설이 없었고 선내 온도는 섭씨 38도 이상에 달했다. 현대 전쟁에는 기술적인 노력이 많이 요구됐기 때문에 이런 열기는 더욱 가혹하게 느껴졌다. 최신 계기판을 읽을 줄 알아야 했고 레이더 화면도 들여다봐야 했으며 신호를 전사하고 해독할 줄 알아야 했다. 실수를 할 수밖에 없었다. 장시간 장거리에 걸쳐 광활하고도 검푸른 바다 위를 비행하던 영국 공군의 조종사들 역시 서서히 피로에 굴복했고 바로 아래 독일 잠수함이 있다는 레이더 신호도 놓칠 만큼 집중력을 잃었다. 마침내 장교들도 조종사가 몇 시간이고 계속 화면을 뚫어져라 들여다봐야 할 때, 통신병이 온실 같은 칸에 옹기종기 갇혀 쉴 새 없이 전보를 쳐야 할 때 무슨 문제가 생기는 건지 의문을 품기 시작했다. 그전까지는 병사들에게 심리적으로 얼마나 가혹한 요구를 해왔는지 몰랐던 셈이다. 바로 이런 의문이 맥워스라는 청년을 불러들이는 계기가 됐다.

주의력 연구에 관심이 많았던 신예 심리학자 맥워스는 '환경이 피로도와 지능에 어떤 영향을 미칠까?'라는 의문에 큰 흥미를 느꼈기에 국가의 부름에 응했다. 살펴본 것처럼 실험대상은 군인이었다. 맥워스는 군인이 맡은 업무와 군인 주변 환경을 통제함으로써(환경 변수를 하나씩 조작함으로써) 각각의 외부 요인이 인간의 인지기능에 어떤 영향을 미치는지 구별해냈다. 앞서 살펴본 모스부호 실험 역시 맥워스의 초창기 연구 중 하나였다. 젊은 군인들을 실험실에 집어넣고 뜨겁게 달군 결과, 높은 온도 앞에서는 오랜 훈련도 소용없다는 사실을 확인했다. 고온이 인지능력을 떨어뜨린다는 단순하고도 명확한 상관관계를 밝힌 것이다. 병사들에게 별다른 건강 문제는 없었다. 오로지 열이 그들의 지능지수를 서서히 빨아먹는 것만 같았다. 맥워스는 온도를 점진적으로 높였다. 그러다 섭씨 33도가 되자 업무 수행도가 떨어지는 걸 그래프로 표현할 공간이 없을 정도로 전사 실수가 빈번히 발생했다. 결국 맥워스는 종이 밖으로 향하는 화살표만 하나 그려 넣었다. 껍데기 속에서 게가 익듯, 주전자 속에서 개구리가 삶아지듯 그들의 정신도 녹아내렸다.

1, 2차 세계대전 사이에 기상국 국장을 역임하고 변화하는 기후에 관해 글을 쓰기도 한 조지프 킨서를 맥워스가 알고 있었는지 의문이다. 20세기로 접어들며 기대의 심리학 연구에 불을 지핀 예일대학 박사 클라라 히치콕에 대해서도 들어봤는지 모르겠다. 하지만 우리는

이들의 연구를 하나로 꿰는 가느다란 실 한 가닥을 찾을 수 있다. 환경의 변화가 정신의 변화와 관련되어 있다는 생각이다. 히치콕은 우리가 세계관을 능동적으로 수정하지 않으면 삶이 불가능하다고 믿었다. 킨서는 우리가 세계를 변덕스런 기후를 지녔다고 바라보는 게 가능하다는 증거를 제시했다. 과연 정신도 그에 맞춰 반응할까? 이 의문에 자기도 모르는 새 이끌린 맥워스는 실험을 통해 잠정적인 해답을 찾아냈다. 그래, 정신도 반응한다. 그것도 안 좋은 쪽으로 말이다.

내가 마지막으로 맥워스를 떠올린 건 코로나19가 닥치기 직전의 추수감사절, 필라델피아의 공립학교 교사인 소피 데이트Sophie Date에게 연락했을 때였다. 당시 소피는 명절을 쇠러 차를 몰고 뉴욕주로 가는 중이었다. 소피는 말했다. "장담하는데, 교사로 살면서 가장 힘든 일 중에 하나가 에어컨 없이 수업하는 거예요."[2] 아마 맥워스도 공감했을 것이다.

소피는 계속해서 전년도가 어땠는지 이야기했다. 소피처럼 필라델피아 공립학교 지구에서 일하는 교사 입장에서는 2018학년도가 시작부터 만만치 않았다. 8~9월 필라델피아 북동부에 전대미문의 폭염이 닥쳤기 때문이다. 국립기상국 소속 기상학자 딘 아이오비노Dean Iovino는 당시 바닷물을 가리켜 "목욕물" 수준이라 칭하기도 했다.[3] 열지수가 세 자리를 넘어선 9월 4일까지 필라델피아 교육지구에는 교실 내 온실효과가 염려된다는 이유로 다섯 차례나 조퇴 권고가 떨어졌다. 소피는 설명한다. "섭씨 38도가 넘는 건물에 교사랑 학생을 가둬두는 게 윤리적인 차원에서 문제가 있다고 판단한 거죠. 그해에는 눈이 온 날보다 폭염이 닥친 날이 더 많았을 거예요." 해당 교육지구의 건물은 대부분 오래됐기 때문에 당시 중앙냉방 시설을 갖춘 곳은 25% 남짓이었다. 필라델피아 시의원 헬런 김Helen Gym은 이를 "비인간적"인 환경이라 비판했다.[4]

비인간적인 환경이라고 매일 조퇴만 시킬 수는 없는 노릇이다. 소피는 세계사 수업을 하러 교실에 들어가 학생들의 얼굴과 무지막지한 열기를 동시에 마주할 때면 교실이 지식의 산실이라기보다는 소각장처럼 느껴졌다고 말한다. 안전상의 이유로 창문을 한 뼘 정도밖에 열 수 없기 때문에 선풍기 두 대를 돌려봐야 실내 기온은 섭씨 38도를 웃돌았다. 학생들은 학교 규정 때문에 반바지를 입을 수도, 샌들을 신을 수도 없었다.

"곧장 땀이 쏟아지죠. 애들은 죄다 고개를 푹 숙이고는 너무 힘들다고 볼멘소리를 해요." 물론 소피도 지쳤다. 하지만 교사로서 맡은 책임이 있고 학생들에게 가르쳐야 할 고대문명도 많기 때문에 소피는 교실 앞에 어떻게든 섰다. "그러고는 수업을 시작하죠. 수업 내내 땀이 뻘뻘 나요." 파라오의 무덤, 삐뚤빼뚤한 상형문자, 안티키테라 기계, 피사로의 아타우알파 숙청 사건 등을 설명하는 동안 학생들의 눈은 뜬 듯 감은 듯 게슴츠레했다. 소피는 리넨으로 된 옷이나 어두운 색옷을 입었다. 매일 밤 집에 돌아오면 곧바로 샤워를 하고 옷을 빨았다. 매 수업마다 옷이 땀에 젖었기 때문이다.

미국에는 소피를 포함해 교사가 약 310만 명이다. 그들이 매년 가르치는 학생은 약 5,500만 명에 달한다. 물론 각각의 학생이 부나 권력이나 트라우마의 정규분포 중 어디에 속할지는 확률에 달려 있다. 소피가 근무하는 필라델피아 교육지구에서는 학생 15만 명의 복지를 위해 고용한 도서관 사서가 7명에 불과하다. 학교 내의 식수대에는 대개 물을 마시지 말라는 경고문이 붙어 있다. 파이프가 납으로 만들어졌기 때문이다.

파이프의 중요성을 간과하지 말자. 물론 주변에 납으로 된 수도관이 없다고 높은 사회적·경제적 지위가 보장되는 건 아니겠지만 신경독성 물질이 없는 깨끗한 물은 어느 정도 도움이 된다. 백인으로 태어나는 것, 부유한 동네에서 사는 것, 대중교통을 자유롭게 이용하는 것, 대학 학위가 있는 부모 밑에서 태어나는 것이 유리한 것과 같다. 그러나 서서히 진행되는 납 중독은 물리적 환경이 학생의 교육 및 경제 수준에 어떠한 영향을 미치는지 보여주는 훌륭한 사례에 해당된다. 논리는 단순하고도 가혹하다. 불운하게도 당신이 파이프나 페인트가 낙후되고 유독한 지역에서 유년시절을 보낸다면, 어쩔 수 없이 그 물을 마시거나 호기심에 페인트 조각을 입에 대본다면, 그 대가로 당신의 학습능력을 어느 정도 내줄 수밖에 없다. 어떤 수준의 납 중독이라도 아이에게는 위험하다. 지극히 미세한 양일지라도 뇌의 성장을 억제하고 지능지수를 낮추며 주의력 결핍 장애를 불러일으킬 수 있다.[5] 현재 미국에는 최소 100만 명 이상의 아이들이 납 중독에 의한 신경학적 손상을 입은 것으로 추산된다.

"낙후된 교육 시스템 내에서 일한다는 게 그런 거예요. 흔히들 배우고 가르치는 게 중요하다고 하죠. 문제는 배우고 가르치는 데 도움이 되지 않는 환경을 조성해놓고 그런 요구를 한다는 거예요." 소피는 정부가 공립학교 시스템에 제대로 투자한 적이 없음을 비판하는 동시에 자연이 불러일으키는 혼란에 대비할 필요성 역시 역설한다. "집을 지으라고 해놓고는 나무나 못은 하나도 주지 않고 망치만 던져준 것 같아요."

그래도 납 파이프나 망치는 손에 쥘 수라도 있으니 그 위험성이 쉽게 납득이라도 간다. 하지만 혼자 불타는 나무나 모래가 아닌 불가사리 시체로 가득한 해변 등 기후변화의 사례는 너무도 기이하고 충격적이다. 게다가 지구온난화의 공격은 은밀한 장난과는 다르다. 그 심각성은 연구를 통해 그대로 드러난다. 이미 1950년대부터 우리는 금붕어, 지렁이, 쥐, 금화조 등으로 실험을 진행해 높은 열이 장기기억을 손상시킬 수 있음을 알아냈다.[6] 소피의 교실이나 맥워스의 실험실을 생각해보면 그러한 면에서는 우리 역시 동물과 다를 바 없다. 기온이 올라가면 우리에게 주어진 기회는 줄어든다. 무더운 곳에서는 우리의 뇌가 제대로 작동하지 않는다.

폭염과 대기오염으로 인한 인지능력 저하

UC샌디에이고 환경경제학 교수 조슈아 그래프 지빈Joshua Graff Zivin은 이렇게 말한다. "문제는 측정의 어려움이 있다는 거죠. 물론 측정하기 어렵다고 없는 일이라고 할 수는 없지만 그에 관해 이야기하기가 어려워지는 건 사실입니다."[7] 그는 등산가가 새로 등반할 정상을 바라보듯 이 난제를 대했다. 정상에서도 아름다움을 찾을 수는 있겠지만 대부분의 즐거움은 계획하고 준비하고 등반하는 과정에 있다.

번개를 맞은 적이 있나 의심이 갈 만큼 개성 넘치는 외모를 한 지빈은 버클리대학 대학원생 시절 초기에 환경 표준을 기획하고 충족시키는 가장 효율적인 방식이 무엇인지 탐색하는 일을 맡았다. 당시는 그린데이와 오프스프링이 펑크 시대를 열었던 1990년대 중반이었다. 하지만 지빈의 일상은 대량의 데이터를 무차별적으로 분석하는 일로 점철돼 있었다. 이제 와서 돌아보면 그처럼 따분한 일도 없었다. 정신이 이리저리 방황하는 찰나 문득 사람들은 어떤 물질에 독성이 있는지 없는지를 어떻게 판단하는지 궁금해졌다. 사실 초콜릿도 너무 많이 먹으면 몸에 안 좋다. 그런데도 환경보호국_{EPA}은 DDT(유기염소 기반의 살충제-옮긴이)를 규제하듯 카카오닙스를 규제하지는 않는다. 지빈은 궁금증을 해소하려고 독성학을 속성으로 공부했다. 그리고 그 과정에서 화학물질의 용량반응곡선(특정 물질의 섭취량에 따른 치사 여부를 경험적으로 관찰해 나타낸 관계)이라는 개념을 알게 됐다. 또 독소와 독물의 차이점(모든 직사각형이 곧 정사각형은 아닌 것과 유사)도 배웠다.

새로운 지식을 갖춘 지빈은 환경규제 지침서를 꼼꼼히 해석했고 그 결과 진실 하나를 발견했다. 환경 표준이 충격적일 만큼 모호해서 세세한 구분을 하지 못한다는 점이다. 환경 표준은 가시적이고 명백한 위험성(사망 혹은 심장마비)에만 집중했다.

지빈은 건강에 치명적인 결과가 나타난다는 증거가 있어야 환경 당국이 정책 수립에 힘쓸 유인이 생긴다는 사실에 깊은 인상을 받았다. 그러나 지빈이 대학원생이던 1990년대 말 미국에서는 그런 증거를 찾아보기가 상대적으로 쉽지 않았다. 지빈은 이렇게 말한다. "물론 화학물질이 초래하는 건강 문제가 사망이나 심장마비밖에 없다고 생각하지는 않겠죠. 측정 가능한 문제가 그런 것밖에 없다고 생각하는 거예요." 지빈은 뭐가 빠진 건지 궁금했다. 하지만 2차 세계대전 중에 노먼 맥워스를 시켜 군인들을 조사했던 영국군 장교들과 달리 지빈은 달리 기댈 곳이 없었다. 그래서 그는 블루베리 농장을 연구하기 시작했다.

어느 농장에서 수확할 일꾼 100명을 고용했다고 해보자. 그중 2명은 살충제에 노출돼 병이 들었다. 둘은 다음 날 출근을 하지 못하고 다른 조건이 동일하다면 농장의 경제적 산출량은 2% 감소할 것이다. 따라서 해당 살충제를 유독물질로 지정하는 것이 모두(특히 병상에 누운 사람들)에게 유익하다. 지빈 역시 동의한다. 하지만 그는 대기오염이나 열기처럼 훨씬 은밀하고 미묘한 스트레스 요인 역시 조사할 필요가 있다고 생각했다. 전체 인구에 미치는 영향을 종합하면 DDT 같은 명백한 유독물질에 비해 건강과 생산성에 미치는 영향이 훨씬 클 것이기 때문이다. 르네상스 시기에 독일에서 활동한 스위스 출신 의사 파라켈수스Paracelsus가 말한 대로다. "솔라 도시스 파킷 베네눔Sola dosis facit venenum." 복용량만이 유독한지 아닌지를 결정한다.

지빈과 파라켈수스의 논리를 이해하기 위해, 앞서 언급한 일꾼 100명이 오존 농도가 10ppb만큼 상승(일상적인 관측 기술로는 차이를 감지하기 어려운 변화)한 날에 근무한다고 가정해보자. 오존 농도가 미치는 생화학적 영향 때문에 1인당 산출량이 3% 감소한다면 어떨까? 모두가 계속 출근하더라도 생산성에 미치는 악영향은 살충제의 영향력을 넘어선다. 물론 노동인구 규모가 충분히 커지면 1인당 산출량이 소폭 하락하는 건 다른 수많은 변수 때문에 티가 나지 않을 가능성이 높다. 게다가 뜬금없이 오존 농도를 측정해야겠다고 생각할 사람도 거의 없다. 그럼에도 지빈의 초기 연구는 그처럼 사소하고 모호해 보이는 영향이 무시할 수 없는 수준임을 잘 보여준다. 일례로 캘리포니아주 센트럴밸리의 블루베리 농장과 포도 농장을 조사한 결과 지빈과 그의 동료는 지상 오존 농도가 10ppb 상승하는 경우 생산성이 5% 이상 낮아진다는 사실을 발견했다.[8] 일꾼들은 계속 농장에 나갔지만 이전만큼 효율적으로 일하지 못했다.

지빈은 동료 연구자들과 함께 새로운 연구 분야를 갈고닦는 와중에 보이지 않는 것을 더욱 깊이 파고들었다. 그래야만 했다. 자신이 몸담고 있는 분야가 눈에 보이는 것에만 치중하고 있었기 때문이다. 오존은 산화질소(자동차 배기가스나 합성비료 등에서 발견되는 물질)가 화석연료를 사용할 때 생성되는 휘발성 유기화합물과 상호작용을 일으켜 형성된다. 오존 분자는 인간의 기도를 자극하며 폐에 결함을 일으킨다. 농장 일은 야외에서 수행하는 고된 노동이다. 이 둘이 합쳐지면 생산성이 떨어지리라는 예측은 누구든 어렵지 않게 할 수 있다. 하지만 평균적으로 미국 성인은 전체 시간 중 약 90%를 실내에서 보낸다. 미국인 1억 명 이상이 서비스직에 종사하고 2,000만 명이 정부부처에서 근무한다. 지빈은 이처럼 실내에 머무르는 사람들의 생산성에도 환경이 영향을 미치리라 추측했다.

증거가 메뚜기 떼처럼 쏟아졌다. 대기오염은 과일 포장 업무를 하는 사람이든 콜센터 직원이든 모두의 업무 능률을 낮췄다.[9] 기온이 높아지자 학생들의 수학 점수가 곤두박질쳤다(지역이나 재산 같은 변수는 물론 각 학생의 이전 성적까지 고려했다는 점에서 사실상 완벽한 통제가 이루어진 연구였다).[10] 보스턴에 폭염이 닥쳤을 때 진행된 연구에서는 에어컨이 없는 기숙사에서 생활하는 대학생이 에어컨이 있는 기숙사에서 생활하는 대학생에 비해 인지능력 테스트에서 13% 정도 낮은 반응 속도를 보였다.[11] 콕 집어 말할 수 있는 독소는 없었다. 열기가 유독했을 뿐이다.

노먼 맥워스는 한 번에 5~10명 정도를 대상으로 연구를 진행할 수밖에 없었지만 이후의 환경경제학자들은 수십만 명을 대상으로 연구했다. 예를 들어, UCLA의 경제학 교수 박지성은 최근 뉴욕시 학생 100만 명분의 데이터를 취합해 지난 15년 동안 최소 50만 명이 시험 날 평소보다 높은 기온 때문에 시험을 망쳤다는 사실을 도출해냈다.

박 교수가 뉴욕시를 대상 지역으로 설정한 이유는 그곳이 실험에 가장 이상적인 교육 환경이었기 때문이다. 뉴욕시는 인구가 많고 여러 교육지구에 걸쳐 다양성이 풍부하며 6월에 2주 동안 모든 학생이 같은 시간에 응시해야 하는 의무시험이 있다. 하지만 이처럼 균일한 조건에도 불구하고 기온의 영향을 측정한 결과는 균일하지 않았다. 특히 경제적 기반이 취약한 공립학교에는 에어컨이 없는 경우도 많았기 때문이다. 조사 당시 뉴욕시의 공립학교 중 3분의 2만이 냉방시설을 갖추고 있었다. 나머지 3분의 1은 필라델피아의 소피네 학교처럼 폭염 앞에 속수무책이었다. 박 교수는 미국 내 교육 인프라 투자비용에 불평등이 존재한다고 지적하면서 인종별 교육 성취도 격차 중 대략 5%가 폭염에 의한 인지능력 감퇴 때문이라고 보았다.[12]

이런 현상은 전 세계적으로 나타난다. 지빈은 동료 연구진과 중국에서 대학입학시험 가오카오(미국의 SAT처럼 인지적 압박이 큰 시험)를 치른 학생 1,400만 명을 관측한 자료를 수집했다. "중국에서 대학 입시를 결정짓는 유일한 요인"이라 할 수 있는 가오카오는 매년 6월에 한 번

치러진다. 지금까지 살펴본 다른 환경경제학 연구들과 마찬가지로 이번에도 기온이 1표준편차만큼 증가할 때 가오카오 성적은 1% 감소했다.[13] 비슷한 상황에서 최상위 대학에 합격할 확률은 2% 감소했다. 따라서 연구자들은 "현행 시스템 하에서는 상대적으로 더운 지역에 거주하는 학생들이 부당하게 불이익을 받을 수 있다"고 결론지었다. 인도에서도 유사한 결과가 나타났다. "더운 날이라고 지능이 낮아지는 것은 아니다. 단지 지능을 온전히 활용하기 어려울 뿐이다."

일련의 연구를 거치며 지빈의 예측대로 열기가 감지하기 어려운 유독물질이 될 수 있다는 사실이 점차 받아들여지기 시작했다. 폭염은 소리 없이 손상을 누적시켜 우리의 인지능력을 죽음에 이르게 할 수 있다. 지빈이 강조하듯이 폭염의 사촌 격인 대기오염 역시 비슷한 특성이 있다.

폭등하는 기온 앞에서
객관적 판단은 허상일 뿐

앞서 살펴본 연구들은 이스라엘 학자 아브라함 에벤스타인Avraham Ebenstein으로부터 어느 정도 영감을 받았다. 에벤스타인은 2016년에 발표한 논문에서 미세먼지 농도가 증가할수록 이스라엘 고등학생의 시험 성적이 급감한다는 사실을 밝혀냈다.[14] 평소 대기 질에 비해 미세먼지 농도가 1표준편차만큼 오를 때마다 바그루트(이스라엘의 SAT이자 가오카오) 성적은 0.9점씩 떨어졌다. 미세먼지 노출도가 최고 수준에 달하면 학급당 학생 수를 31명에서 25명으로 줄여도 악영향을 상쇄시키지 못했다. 이게 얼마나 심각한 일인지 느낄 수 있도록 에벤스타인은 시험기간에 미세먼지 농도가 높아지면 대학 입학률과 이후 임금 수준이 떨어진다는 사실을 증명했다(시험기간 이외의 기간에는 이런 상관관계가 나타나지 않았다).

뒤이어 UCLA의 박 교수는 시험이 섭씨 32도인 날에 치러지는 경우 평균 수준의 학생이 해당 과목을 통과할 확률이 약 10% 감소한다는 사실을 계산해냈다. 물론 어느 과목이든 낙제점을 받으면 제때 졸업할 가능성 역시 떨어진다. 박 교수의 설명에 따르면 기온이 1표준편차(당시 샘플 기준으로는 화씨 4.5도) 증가하면 제때 졸업할 가능성은 평균에 비해 약 4.5% 감소한다. 시험 날 화씨 1도가 오를 때마다 졸업할 확률이 1%p 내려간다는 뜻이다.

이런저런 수치가 많이 등장했는데 잠깐 큰 그림을 짚고 넘어가자. 무궁무진한 미래를 앞둔 고등학생들은 폭염과 대기오염에 가장 취약한 인구집단 중 하나다. 하지만 폭염과 대기오염의 표적이 교실에 국한되지는 않는다. 버클리대학의 환경경제학자이자 지빈의 연구 동료이기도 한 솔로몬 흐시앙Solomon Hsiang은 내게 이렇게 말했다. "바위 하나를 뒤집을 때마다 매번 새로운 무언가를 발견하는 느낌이에요. 기후가 영향을 미치지 않는 곳이 없어요."[15] 과장이 아니다. 사회과학자들이 밝혀낸 바에 따르면 기온이나 대기 질 같은 환경적 요인은 불면증을 겪을 확률부터 시작해 야구 심판이 실수할 확률, 투자자가 위험부담이 큰 결정을 내릴 확률은 물론 캐나다 국회의원이 하는 말의 복잡성에 이르기까지 곳곳에 영향을 미친다. 오타와대학의 연구진은 기온이 출입국관리소 심사관에게 미치는 영향을 조사했는데 여기서 밝혀진 사실 역시 충격적이었다.

미국에서는 망명 심사가 43개 도시 곳곳에 산개한 250여 명의 심사관에 의해 이루어진다. 물론 규정상으로는 법무장관에게 심사관을 감독할 권한이 있지만 실질적으로 망명 심사는 오로지 심사관의 재량에 달려 있다.

경제학자 앤서니 헤예스Anthony Heyes가 이끄는 오타와대학 연구진은 망명 심사 과정이 스트레스 하에서 어떤 양상을 보일지 시험하고자 했다. 이런 종류의 판단, 즉 "대부분 당시 기온과는 무관한"[16] 판단이 실제로도 그처럼 무관해 보이는 요소에 영향을 받지 않을까? 여느 뛰어난 경제학자들처럼 헤예스 역시 관련 사례를 수십만 건 수집했다. 4년치 판결 20만 건을 모아 기온이 미치는 영향만을 분리해 계산한 결과 실외 기온이 화씨 10도 증가할 때마다 심사관이 망명 신청인에게 우호적인 판결을 내릴 확률이 7% 가까이 떨어졌다. 연구진은 덧붙였다. "다시 말해 이번 샘플을 관대함의 측면에서 살펴보자면, 상위 25%에 속하는 심사관과 하위 25%에 속하는 심사관의 승인 확률 차이가 7.9%에 달한다."[17] 기온 앞에서 객관성은 허상에 불과했다.

요행으로 얻어낸 결과가 아니었다. 에벤스타인이 그랬던 것처럼 헤예스 역시 노출 당일에 나타난 영향에만 초점을 맞췄다. 다음 날 기온이 얼마나 높았는지, 해당 지역의 평균 기온이 어땠는지 등은 고려 대상이 아니었다. 심사가 이루어지는 당시의 기온만이 상기한 영향을 미쳤다. 헤예스는 나랑 통화하면서 연구 결과가 언뜻 자의적으로 보여서 골치가 아프다고 말했다. 진위 여부를 재차 확인할 수단이 필요했던 셈이다. 그래서 헤예스는 캘리포니아주에서 이루어진 가석방 심사 자료를 잔뜩 수집해 연구를 한 번 더 반복했다. 결과는 어땠을까? 출입국 심사와 마찬가지로 가석방 심사에서도 기온이 오를수록 심사위원이 가석방을 허가할 확률이 곤두박질쳤다. 이는 미국에서 가장 냉철하다는 결정권자들마저 은연중 변덕의 노예가 될 수 있음을 밝혀냈다. 논문에서는 기온이 영향력을 발휘하는 양상이 "은밀하고도 치명적"이라고 지적했다.[18]

은밀하고도 치명적인 영향이 사방으로 퍼진다니. 샌프란시스코의 어느 카페에서 만난 버클리대학의 흐시앙 교수는 내게 "체스 선수에 관해 흔히들 하는 이야기"를 들어본 적 있냐고 물어왔다. 따로 들어본 적은 없었지만 뭔지 알 것 같았다. 흐시앙이 나지막이 읊조렸다. "인간은 참 예민한 기계란 말이죠."

예민한 기계라……. 나는 킷샙 해변에서 성게 하나를 집어든 다음 그 섬세함에 감탄한다. 내가 보고 있는 게 유골이라는 걸 되새겨야겠다. 살아 있는 연잎성게는 크고 작은 보랏빛 가시로 뒤덮여 있어 바람에 나부끼는 라벤더 농장을 보는 것 같다. 발 대신 다섯 겹으로 된 관족이 달려 있고 아리스토텔레스가 등불 같다고 생각한 턱도 다섯 부분으로 이루어져 있다(이런 이유 때문에 성게의 턱은 지금도 아리스토텔레스의 등불이라 불린다). 연잎성게는 해조류를 먹고 산다. 번식은 정자나 난자를 구름처럼 자욱하게 뿜어내면 해류가 수정을 돕는 식이다. 성게 이빨을 뽑아서 늘어놓으면 하늘을 나는 새 떼를 닮았다(그래서인지 기독교 문화권에서는 성게 이빨을 "평화의 비둘기"라 부르기도 한다). 지금 내 손에 들려 있는 성게 뼈는 학계 용어로 "개각(겉껍데기)"이라 불린다. 학생들이 시험test을 보듯 우리도 겉껍데기test만 보는 경향이 있다.

하지만 겉껍데기(SAT 점수, 망명 심사, 체스 말의 움직임) 아래에는 예민한 기계가 숨어 있다. 인지 주의력, 즉 집중하는 능력은 의식의 소용돌이에서 우연히 생겨난 능력이 아니다. 집중력은 인간의 뇌가 수십만 년에 걸쳐 갈고닦은 섬세한 발레와 같다.

폭염에서 살아남기 위해 멍청해지는 뇌

지난 30여 년에 걸쳐 신경과학자들은 집중이라는 협연 과정이 크게 세 가지 두뇌 신경망의 분담에 의해 이루어진다는 사실을 밝혀냈다. 첫째는 각성과 경계 상태를 불러일으키는 원시적인 각성 신경망이고 둘째는 감각 정보를 처리해 공간 내 주의력의 방향을 결정하는 정향 신경망이며 셋째는 주의력을 지속시키는 역할을 하는 실행 조절 신경망이다. 이들은 주어진 과제에 따라 번갈아 작동하면서 인지적 충돌을 해결한다.

각자 고유한 역할이 있는 만큼 각각의 주의 신경망은 해부학적으로도 서로 다른 두뇌 영역에 자리 잡고 있다. 원시부터 존재한 각성 신경망은 피질 하부 깊숙한 곳, 대표적으로는 뇌간 바로 위 중계소 역할을 하는 시상 영역에서 촉발된다. 반면, 정향 신경망은 감각 정보를 통합하는 영역이 담당한다. 대표적으로는 두뇌 최상부 좌우에 심장 모양으로 짝을 이룬 채 시각 정보와 촉각 정보를 결합하는 역할을 하는 상두정소엽과 시각적 추적 기능의 정확도를 높이는 역할을 하는 전두 안운동야가 있다. 실행 조절 신경망은 이마 뒤쪽, 진화 역사상으로는 비교적 최근에 생겨난 전방 피질 영역에 집중되어 있다.[19] 오류를 감지하고 모순을 해소하는 역할을 하는 전대상피질이 여기 포함된다. "대상cingulate"이라는 단어가 띠를 뜻하는 라틴어에서 유래한 만큼 대상피질은 좌뇌와 우뇌 사이의 신경 연결망을 감싼 형태다.

신경과학자들이 신경망의 위치를 특정할 수 있게 된 계기는 두개골을 절개하지 않고도 뇌를 들여다볼 수 있게 된 덕분이다. 어느 장기든 기능하려면 산소가 필요하다. 특정 시점에 더 활발하게 작동하는 뇌 부위는 상대적으로 더 많은 산소를 필요로 한다. 따라서 산소 분자를 운반하는 헤모글로빈의 움직임을 추적하면 어느 영역이 힘을 특히 더 쓰고 있는지 대략적으로 파악할 수 있다. 적혈구의 기본 구성 요소이자 적혈구를 빨갛게 만드는 헤모글로빈은 특정 뇌 영역에 산소를 넘겨주고 나면 자력을 살짝 잃는다. 그러므로 충분히 강력한 자석만 있다면 뇌를 향해 전파를 쏴서 헤모글로빈에 의해 형성된 자기장을 동요시킨 뒤 그 움직임을 측정하는 식으로 산소를 지닌 헤모글로빈과 산소를 잃은 헤모글로빈을 구별할 수 있다. 이 과정을 반복해 얻은 데이터를 엮고 또 엮으면 뇌 전반에 걸친 혈류의 움직임(사실상 신경 기능의 활성화 양상)을 추적할 수 있다. 이처럼 깨어 있는 사람의 뇌에 수술칼을 대지 않고 분석하기 위해 주로 사용하는 도구가 기능성자기공명영상fMRI이다. 그렇다면 fMRI를 활용해 폭염이 뇌에 어떤 영향을 미치는지 알아보면 어떨까? 결과적으로 신경과학자들은 높은 기온이 셋 중에서도 실행 조절 신경망의 기능만을 방해한다는 사실을 밝혀냈다.

출입국 심사관, 체스 선수, 고등학생의 공통점 하나는 상대적으로 복잡한 인지 작업을 수행한다는 점이다. 열기가 우리 뇌에 미치는 영향은 단순 기억 반환이나 형상 인식 같은 기초적인 행위보다는 산술 추론, 동작 협응, 실행 기능 등 복잡한 과제에서 도드라지게 나타난다. 광활한 사고의 바다에 뜨거운 열기가 내리쬐면 그중에서 가장 귀중한 부분들이 제일 먼저 끓어오르는 셈이다.

카타르에서 스포츠의학 연구자로 활동 중인 나디아 가와Nadia Gaoua 는 실험을 통해 사람들이 극도의 더위에 노출되는 경우 복잡한 시각 패턴을 구분하거나 특수한 공간 연속체를 기억하기 어려워한다는 사실을 발견했다. 반면, 서로 어울리는 도형을 맞추거나 알맞은 화살표 키를 누르는 것처럼 단순한 과제를 수행하는 데는 어려움이 없었다.[20] 이에 덧붙여 중국의 신경과학자들은 실험참가자를 극도의 열에 노출시킨 뒤 전대상피질로 공급되는 혈류량이 감소하는 현상을 관측했다.[21] 이들은 높은 기온이 실행 조절 기능을 담당하는 두뇌 영역 간의 연결을 약화시킨다는 사실도 밝혀냈다.[22] 요컨대, 인간이 고온에 노출되면 전대상피질은 띠를 풀어버리고는 다른 영역에서 무슨 일이 벌어지든 내버려둔다. 결국 뇌의 작용은 아무런 조율 없이 중구난방으로 이루어진다. 허리띠가 풀리니 사고능력도 와르르 무너지는 셈이다.

현대판 노먼 맥워스로 기온과 인식의 관계를 파헤치고 있는 가와의 설명에 따르면 열기는 인간의 뇌에 추가적인 인지 부하를 일으킨다. 집중을 유지하는 일 자체가 이미 정신없는 저글링이나 다름없는데 폭염이 닥치면 거기에 공 하나가 추가되는 것이나 마찬가지다. 자연스레 공이 손 밖으로 미끄러질 수밖에 없다. 실제로 가와가 뇌의 전기적 활동을 측정한 바에 따르면 기온이 높아질수록 뇌에 가해지는 인지적 부담도 늘어났다.

연구결과를 종합해보면 인간의 뇌가 고온에 적응하는 데 그리 뛰어나지 않다는 암울한 결론을 내리기 쉽다. 인간이 더 이상 환경에 적응할 수 없는 지점에 도달해 인지능력을 잃어버리는 것만 같다. 하지만 이런 해석에는 허점이 있다. 인간의 뇌가 어떻게든 지키려 애쓰는 최우량자산을 간과했기 때문이다. 애초에 뇌가 작동하는 것 자체가 생물학적 기적임을 잊어서는 안 된다. 신체 중에서도 뇌 조직은 열에 민감한 부분 중 하나이다. 기온이 높아지면 뇌세포는 뇌의 핵심 에너지원인 포도당을 에너지로 변환하는 데 어려움을 겪는다. 고열은 뇌를 과도하게 흥분시켜 발작을 유발할 수 있고 타우단백질이 잘못 접혀 서로 엉키게 만들 수도 있다(이는 알츠하이머의 원인이 된다). 섭씨 39도부터는 뇌 조직 구조에 변형이 일어난다. 세포 역시 형태가 일그러진다. 온도가 카타르의 7월 평균 기온 수준까지 오르면 뇌세포의 일부는 영구적으로 기능을 잃는다.[23]

이런 결과를 피하려면 상당한 에너지가 필요하다. 그렇기에 체내 온도는 끊임없이 변화할 수밖에 없다. 내부 온도를 조절하려는 뇌의 노력은 요란하기 그지없다. 매일 매 순간 무질서를 막기 위해 생사가 달린 전쟁을 치른다 해도 과언이 아니다. 뇌는 인간의 몸에서 총질량의 2%밖에 차지하지 않지만 몸에 들어오는 포도당 5분의 1과 산소 4분의 1을 소비한다. 뇌에 의해 신진대사를 거친 에너지는 전부 열로 방출된다. 뇌가 1분당 생성하는 열에너지는 평균적으로 900J(15w 전구를 1분 밝히는 데 필요한 에너지)에 달한다. 뇌가 일주일 동안 배출하는 열을 한 군데 담을 수 있다면 그 열로 물을 데워 10분 동안 샤워를 할 수도 있다. 따라서 뇌를 시원하게 유지하려면 신경계와 순환계가 열심히 일해야 한다. 당연히 날씨가 더워지면 그만큼 더 열심히 일해야 한다. 기온이 겨우 몇 도 높아진다고 고등한 인지능력을 갖다 버려야 한다는 게 이해하기 어려울 수 있겠지만 그건 순전히 두뇌 밖에서 바라보는 우리만의 시각이다. 머리통 안에서는 안정성만큼 중요한 게 없다. 집에 불이 나면 기본적인 필수품만 챙겨서 달아나는 게 당연한 이치다. 요컨대, 기온이 높아진다고 뇌가 기능을 멈추는 게 아니다. 평소랑 다른 문제, 생존에 필수적인 문제에 힘을 쏟을 뿐이다.

이런 관점에 비추어 보면 열기 속에서 느껴지는 불편함이나 인지능력의 저하는 우연의 산물도 아니고 불완전성의 증거도 아니다. 그런 불쾌감은 오랜 진화의 역사를 거쳐 설정된 심리적 화재경보이다. 이를 가리켜 감각 전도 현상alliesthesial effect(환경 자극이 체내 평형을 깨뜨리는지 여부에 따라 쾌적하거나 불쾌하게 받아들여지는 현상)이라 부른다.[24] 이와 같은 생리적 정상 상태를 유지하기 위해 인간의 뇌는 무슨 짓이든 할 수 있다. 그리고 거기에는 인류가 어렵게 획득한 인지능력을 과감히 희생하는 것까지 포함된다.

환경에 민감한
생물학적 유기체

게 껍데기와 죽은 성게를 밟으며 워싱턴해변을 따라 걷는 동안, 머릿속으로는 자연 발화하는 나무와 노먼 맥워스 생각에 더해 폭염 때 인지능력이 떨어지는 이유가 생명을 유지하려는 뇌의 부단한 사투 때문이라는 사실을 곱씹었다. 그러자 희망 한 줄기가 희미하게 비쳤다. 게나 성게와 달리 우리 인간은 종으로서 생존하기 위해 세대를 거듭한 진화에 의존해야만 하는 것은 아니기 때문이다. 우리는 지금 우리 세대 내에 적응할 계획을 세우고 그것을 실천할 수 있다. 하지만 그러려면 우선 문제를 있는 그대로 인정할 줄 알아야 한다.

그 문제란 우리가 스스로를 속이고 있다는 점이다. 속임수의 중심에는 기온이 겨우 몇 도 오른다 한들 우리가 그 부담을 실질적으로 느끼지는 못한다는 착각, 우리의 행동에 영향을 미칠 수 있는 건 다른 인간의 행동밖에 없다는 착각이 자리 잡고 있다. 솔로몬 흐시앙도 이렇게 지적한다. "경제학계를 봐도 사람들은 물질세계를 고려하는 법을 배우지 않아요. 인간의 결정이나 생각이나 동기를 고려하는 법만 배우죠. 사람들 마음만 바로 잡으면 뭐든 가능하다는 믿음이 있는 것 같아요." 나디아 가와, 조슈아 그래프 지빈, 솔로몬 흐시앙 같은 학자들이 연구를 통해 입증했듯이 그와 같은 합리적 행위자 모델은 허상에 불과하다.

이 허상을 깨부수려면 우리 인간이 세계에 스며들어 살아가는 존재임을 인정해야 한다. 이 책의 독자라면 이미 이런 사고방식에 익숙한(혹은 이런 사고방식을 지니기를 원하는) 사람일지도 모른다. 하지만 시야를 넓혀 서양사회 전체를 바라보면 인간과 세계가 밀접히 얽혀 있다는 생각은 그리 익숙한 개념이 아니다. 오히려 서양의 개인주의 문화는 세계로부터 분리된 독립적인 상태일 수 있다는 믿음에 기반을 두고 있다. 그러나 우리 각자는 외딴 섬이 아니다.

심지어 학계에서도 환경이 인간의 뇌에 미치는 영향을 생산성이나 경제적 산출량 측면에서만 바라보는 풍조가 존재한다. 경제학 화법대로 말하자면, 기후변화에 적응하는 데 투자하는 것은 곧 "인적 자본"에 투자하는 것이다. 모든 논증은 이 전제에서 출발한다. 지빈은 이렇게 말한다. "세계 각국에서는 환경부가 상무부의 도움에 힘입어 이렇게 주장할지도 몰라요. '환경 규제가 성장을 억제하는 줄로만 아셨겠지만 사실 규제는 경제 성장을 위한 투자랍니다.' 환경 규제가 고속도로를 놓는 거랑 똑같다는 거죠."

이 정도만 해도 나쁘지는 않다. 하지만 이런 식의 설득에는 귀중한 무언가가 빠진 듯하다. 인간과 세계가 친밀하고 호혜적인 관계를 맺고 있다는 사실이 빠져 있다. 인간이 세계에 스며들어 있다는 사실이 빠져 있다. 환경과 몸과 정신이 물 흐르듯 자연스럽게 연결돼 있다는 사실이 빠져 있다. 우리의 생각이 뇌에서 시작해 척수와 시냅스를 지나 근육에 닿고 결국 공책 위의 잉크로 옮겨진다는 사실이 빠져 있다. 무엇이든 인적 자본의 논리로 환원하면 이와 같은 신뢰의 도약이 불러오는 마법을 놓치고 만다. 애초부터 지식의 바다를 끓게 만든 건 무한한 성장이 가능하다는 신화 때문이었음을 잊지 말아야 한다.

그렇다고 지나치게 낭만적인 시각을 가질 필요는 없다. 경제 전문가들의 주장이 나름 전략적인 논증임은 나도 이해한다. 그럼에도 전 세계 수억 명의 학생이 책상 앞에 앉아 있는 모습, 연필을 쥔 모습, 눈을 찡그린 채 칠판을 바라보는 모습, 처음으로 동명사나 빗변 같은 개념을 배우는 모습을 떠올려보면 아무리 객관적으로 이야기하려 해도 교육에 어마어마한 양의 인력이 들어간다는 사실, 잠재력을 온전히 탐색할 기회조차 얻지 못하는 사람이 존재한다는 사실을 외면하지는 못하겠다. 적어도 그만큼은 우리 모두가 기억해야 하지 않을까. 오타와대학의 경제학자 앤서니 헤예스는 앞으로 새로운 연구 강령, 즉 경제학과 생물학을 융합하는 기조가 탄생할지도 모른다고 기대한다. 이런 흐름은 "경제학 교과서에 등장하는 행위주체"를 "주변 환경에 민감한 생물학적 유기체(물렁물렁한 기계wet machines)"로 바라보고자 할 것이다.[25] 더위에 열이 오르고 바싹바싹 타들어가는 우리 모습을 보면 애초에 우리가 스스로를 그렇게 바라보지 못한 게 신기할 따름이다.

지금까지도 자주 인용되는 〈뉴 퍼스펙티브즈 쿼털리New Perspectives Quarterly〉와의 1999년 인터뷰에서 싱가포르의 국부이자 초대 총리인 리콴유는 싱가포르가 번영할 수 있었던 비결이 무엇이냐는 질문에 에어컨을 꼽으며 이렇게 말했다.

에어컨은 저희에게 가장 중요한 발명품이었습니다. 어쩌면 역사상 가장 뛰어난 발명품일지도 모르죠. 에어컨은 열대지역에서도 개발을 가능하게 함으로써 문명의 본성을 바꿔놓았습니다. 에어컨이 없으면 그나마 시원한 새벽이나 해질녘에만 일을 해야 합니다. 제가 총리가 되고 나서 가장 먼저 한 일도 관공서에 에어컨을 설치하는 것이었죠. 그것이 공공부문 효율성을 끌어올린 비법이었습니다.[26]

필라델피아의 소피네 학교 졸업생 역시 리콴유와 같은 생각을 했다. 그들은 2018년 폭염을 겪은 뒤 기금을 모아 모교 교실마다 에어컨을 달아줬다. 소피는 이제 환경 문제나 건물 안전 문제가 노동조합을 동원할 때나 계약 협상을 할 때도 핵심 화제가 됐다고 말한다. 하지만 모든 교육지구에 강력한 교원 노동조합이 있는 것도 아니고 모든 학교에 재정 지원을 해줄 동창회 조직이 있는 것도 아니다. 게다가 교육적 성취도나 경제적 이동성을 논하는 데는 기후 말고도 많은 요소가 관련된다. 사실 리콴유의 인터뷰에서 에어컨은 질문에 대한 두 번째 대답이었다. 첫 번째 대답은 싱가포르 내에 서로의 문화를 존중해야 한다는 사회적 합의가 존재한다는 점이었다. "그런 존중 없이는 사회 전반에 걸친 발전이 이루어질 수 없습니다. 동료를 쓰러뜨린 다음 당신처럼 행동하게 강요하고 당신이 정해준 금기를 지키게 만들면 온 사회가 산산조각날 것입니다. 결국 자기 방식대로 살아가도록 서로 합의하는 것이 사회의 전제조건이라 할 수 있죠." 하지만 미국 같은 국가에서는 그와 같은 전제조건이 확립되어 있지 않다.

첫 번째 허상을 깨부수는 데 성공할지라도 아직 두 번째 허상이 남아 있다. 우리는 인간의 적응력이 무한하다는 거짓말로 스스로를 기만한다. 물론 단기적인 대응책이 온열 스트레스를 어느 정도 완화하는 데 도움이 될 수 있다. 하지만 어느 정도가 다이다. 예컨대, 나디아 가와는 카타르 사람들이 이마에 냉찜질을 하면 고온으로 인한 인지능력 저하를 어느 정도 회복시킬 수 있음을 밝혀냈다.[27] 또 어느 재밌는 심리학 연구결과에 따르면 폭염 중에 시원한 풍경이 담긴 이미지를 보는 것만으로도 인지 조절 능력을 어느 정도 증진시킬 수 있다.[28] 하지만 이런 사례는 모두 임시방편일 뿐이다. 연구자들은 전통적인 적응 방식으로는 지구온난화가 야기하는 건강 손실을 기껏해야 절반 정도밖에 상쇄하지 못할 것이라고 추정한다.

더군다나 진화에 기댈 수도 없다. 진화(예컨대 땀샘을 늘리는 것)는 여러 세대를 거쳐야 가능한 일이다. 특히 습도가 높아 땀이 증발하지도 않는 열대지역에서는 폭염이 점점 더 위험한 현상이 될 것이다. 최악의 탄소 배출 시나리오를 가정하면 앞으로 50년 이내에 세계 인구 3분의 1이 사하라사막(그중에서도 가장 뜨거운 지역)만큼 무더운 환경에서 살아가리라 추정된다.[29] 우리 몸이 그토록 짧은 기간 내에 그처럼 혹독한 환경에 적응할 수 있을 리는 만무하다. 흐시앙도 이렇게 말한다. "당신이 할 수 있는 거라곤 옷을 벗고 또 벗는 것밖에 없어요."

소피 데이트는 이렇게 지적한다. "에어컨이 모든 문제를 해결할 수는 없어요. 에코백도 마찬가지죠." 게다가 에어컨 사용을 늘리는 데는 착잡한 아이러니가 존재한다. 에어컨이 늘어나면 전력 최대 수요도 증가한다. 자연스레 발전소를 증축할 필요성이 대두된다. 결과적으로 (현재 에너지원별 비중을 고려할 때) 화석연료 사용이 늘어난다. 전형적인 악순환이다. 인류가 재생에너지 위주로 돌아가는 유토피아 같은 미래를 마주할지라도 에어컨은 여전히 만능 해결책이 되지는 못할 것이다. 앤서니 헤예스를 비롯한 학자들이 지적하듯 폭염의 영향은 실내로까지 이어질 수 있기 때문이다. 흐시앙은 이렇게 말한다. "열기를 실질적으로 막을 수 있는 시간이 얼마나 될까요? 또 그 열기는 얼마나 오래 지속될까요? 당신이 집을 나선 다음 땀을 뻘뻘 흘리면서 교실까지 뛰어가 자리에 앉아서 시험을 본다고 해보죠. 시험이 끝날 때까지도 당신 몸은 열평형 상태에 도달하지 못할 거예요."

이런 딜레마가 결국 나를 사막으로 이끌었다.

기후 손상을 회복시키는
생태기후 디자인

피닉스 외곽에 위치한 70평짜리 건물 제로스튜디오Xero Studio가 한때 치과였다는 사실을 아는 사람은 드물 것이다. 겉보기에는 의료시설이라기보다 우주선이나 화물 컨테이너를 닮았기 때문이다. 제로스튜디오는 얇은 나무판자가 기하학적으로 이어져 신비스러울 만큼 감각적으로 느껴지는 건축물이다. 나무로 된 칸살 외벽 안쪽에는 절제된 분위기의 사무실이 사막의 뜨거운 열기에 맞서 굳건히 서 있다. 창문도 창문이지만 문의 위치를 고려해 편성한 채광창은 연중 9개월 동안 자연 환기가 가능하게 해준다. 그 덕분에 사무 공간과 회의 공간으로는 시원한 공기가 유입되고 뜨거운 공기는 지붕을 통해 배출된다. 해가 지나가는 경로를 세심히 고려했기 때문에 스튜디오에는 연중 대부분 자연광이 적당량 비친다. 사무실 밖에는 목재 칸살 가벽이 과도한 빛과 열기가 들어오지 못하게 막아주고 커다란 산울타리가 한쪽 벽면에 한 번 더 그늘을 드리운다. 치과 시절의 석조건물을 그대로 살리는 데 더해 태양전지판을 활용해 에너지를 수급하고 관개 시설이 필요 없는 정원을 조성하며 물을 재활용하는 시스템을 구축함으로써 제로스튜디오는 세 가지 면(에너지, 물, 폐기물)에서 넷제로(순배출량 '0')를 달성했다. 세계 어딜 봐도 이런 건축물은 흔치 않다. 설계에 참여한 건축가들은 제로스튜디오를 재생 디자인, 생태기후 디자인(기후 손상을 완화하는 데 그치는 게 아니라 회복하는 데까지 나아가는 건축 디자인)의 대표 사례로 꼽는다.

제로스튜디오는 크리스티아나 모스Christiana Moss와 모스가 2003년에 공동 설립한 건축 회사의 보금자리 역할을 한다. 모스는 새로운 건축양식을 시도하기에 사막만큼 이상적인 장소는 없었다며 내게 이렇게 말했다. "여기서는 자연환경을 무시하려야 무시할 수가 없어요."[30] 뉴욕시에서 자란 모스는 기후변화의 영향력은 물론 기후변화를 심화하는 데 기여한 건축 디자인 관행의 한계를 뼈저리게 인식했다. 어릴 적에는 시원하다고 느낄 정도였던 지하철역이 요즘에는 찜통같이 더웠다. 모스는 최근에야 그 원인이 에어컨임을 깨달았다. "지하철 안에 에어컨을 트니까 지하철역으로 뜨거운 공기가 뿜어져 나왔던 거죠. 그런데도 우리는 똑같은 실수를 반복하고 있어요." 제로스튜디오는 달라야 했다. 이건 모스의 건축 철학을 실천으로 옮길 절호의 기회였다.

모스가 추구하는 가치 중 하나는 "전면적 지속가능성"이다. 3중 넷제로 건물은 갑부나 건축 회사의 전유물이 되어서는 안 된다. 사실 그럴 필요도 없다. 모스는 이렇게 말한다. "무슨 로켓이라도 띄우자는 게 아니잖아요. 지극히 간단한 것들만 똑똑하게 처리하면 돼요." 모스가 생각하기에 기후 포지티브 디자인(탄소 감축에 기여하는 디자인-옮긴이)의 핵심은 주변의 자연환경을 끌어다 쓰는 것이다. 태양으로부터 에너지를 끌어다 써야 한다. 열과 빛이 건축 부지를 어떤 식으로 통과하는지 이해한 뒤 자연 대류에 어울리는 건물을 설계해야 한다. 적절한 시간에, 즉 밤에 창문을 열어야 한다. 낙엽수를 심고 그 그늘을 이용해야 한다. 요컨대 "자연에 대항하는 대신 자연과 협력"해 일해야 한다.

첨단과학까지 필요한 건 아니라고 했지만 그렇다고 신비주의에 기대자는 것도 아니다. 모스의 회사에서는 프로젝트를 진행할 때 주로 열 이미지 처리법과 일광 분석 소프트웨어를 활용해 부지의 물리적 환경이 변화하는 양상을 모델링한다. 건축가들은 이를 이용해 일광을 최대화하면서도 발열을 최소화하려면 창문을 어느 위치에 어떤 방향으로 설치해야 할지 최적의 값을 계산해낸다. 제로스튜디오의 칸살 외벽 같은 "외단열outsulation" 기법은 실내 온도를 조절하는 데 도움이 된다. 돌출되거나 침몰된 형태의 건물 외관은 자체적으로 그늘을 형성한다. 이런 기술들을 첨단과학이라 부르든 말든 세계가 뜨거워질수록 모스의 노력과 통찰은 사막 밖에서도 점점 유용해질 것이다.

모스의 주장대로, 극단적인 환경에 건물을 지으려는 노력은 그런 환경 밖에 거주하는 사람들에게도 교훈이 된다. 예컨대, 중동의 전통적인 건축양식 윈드캐처(찬 공기를 건물 내부로 내려 보내는 개방형 탑)는 적어도 기원전 13세기부터 사용되기 시작했지만 100년 전 에어컨이 등장하면서 사장되고 말았다. 하지만 최근 이 오래된 기술이 다시 부흥기를 맞았다. 기온이 증가하면서(또 코로나19 이후로 자연 환기의 중요성이 부각되면서) 윈드캐처에 영감을 받은 건축 디자인이 런던, 중국, 몰타 등지에서 불쑥 등장했다. 특히 몰타에서는 윈드캐처 양식을 따른 양조장 시설에서 실외 최고기온과 실내 최고기온 사이의 격차가 화씨 25도까지 벌어지는 것으로 나타났다. 윈드캐처 양식의 건축물은 공기를 무려 25층에 걸쳐 순환시킬 수 있다. 우리가 학교를 이런 식으로 재설계할 수 있다면 어떤 결과가 있을지 상상해보자.

그게 지금 모스가 하려는 일이기도 하다. 현재 모스는 대학 캠퍼스 설계자로 활동하고 있다. 가장 최근에 맡은 프로젝트에서는 애리조나

주립대학과 협업해 템피의 교통망과 연계되는 3중 넷제로 연구소를 설계하는 걸 목표로 하고 있다. 모스의 건축 철학을 현실로 옮길 또 하나의 기회이다. 연구소는 자체적으로 전기를 생산할 것이며 실내 정원을 활용해 폐수를 재활용하고 건물 전체에 식수를 공급할 것이다. 재생 디자인을 향한 모스의 포부는 언뜻 뱀파이어를 연상하게 한다. "저희는 직사광선이 건물 유리창에 한 점도 스치지 못하게 만들 거예요." 가히 제로스튜디오의 업그레이드 버전이라 할 만하다. 미래의 학생들은 여기서 어떤 연구를 하게 될까? 바로 기후변화 연구이다.

3장

행동

누가 타이슨 몰록을 죽였는가

"지금처럼 더운 날에는 광기에 물든 피가 들끓거든."

_윌리엄 셰익스피어, 〈로미오와 줄리엣〉

살인적인 세계 속에서 내가 요구하는 것은 단 하나, 우리 모두가 살인에 대해 숙고하고 나름의 선택을 내려야 한다는 것이다.

_알베르 카뮈, 《피해자도 사형집행인도 아닌Neither Victims nor Executioners》

THE
WEIGHT
OF
NATURE

2021년 6월 말, 태평양 연안 북서부에서 해양생물 수억 마리가 산 채로 익어가고 있던 때, 오리건주 포틀랜드에서는 타이슨 몰록Tyson Morlock이라는 남성이 접이식 풀장을 소화전에 연결하는 중이었다. 워싱턴주 출신인 타이슨은 몇 주 전에 장미의 도시, 포틀랜드로 거처를 옮겨 고가도로 밑에서 살았다. 이곳은 무척 더웠다. 폭염으로 기온이 섭씨 47도까지 치솟자 타이슨은 고가도로 아래의 노숙자 모두가 열을 식힐 만한 공간을 자진해서 마련했다. 그 주에 99E 고가도로 근처에 있었다면 신나게 물 튀기는 소리, 물풍선이 터지는 소리, 흠딱 젖은 개한 마리가 난장을 벌이는 소리가 들렸으리라. 타이슨과 이웃 노숙자들은 풀장에서 평온한 나날을 보냈다.

아쉽게도 타이슨 몰록을 인터뷰할 기회는 없었다. 내가 타이슨의 이름을 전해들은 건 7월 1일 새벽 그가 칼에 찔려 죽은 뒤였기 때문이다. 칼을 휘두른 사람은 함께 포틀랜드로 넘어온 친구 마크 코윈Mark Corwin이었다. 아마도 담배 한 갑을 놓고 실랑이가 벌어진 듯하다. 타이슨에게 잃어버린 담배의 행방을 물었더니 갑자기 화를 머리끝까지 터뜨리면서 금속 폴대를 들고 자신에게 덤벼들었다고 마크는 진술했다. 마크는 최대한 도망을 갔지만 결국 피할 수 없는 상황이 되자 칼을 들고 맞설 수밖에 없었다고 한다. 재판에서 마크는 정당방위를 주장했고 배심원단은 무죄 평결을 내놓았다. "저희 공동체에는 안전하다고 느낄 만한 장소가 많지 않거든요." 죽기 전날 타이슨이 풀장에 대해 인터뷰하러 온 기자에게 했던 말이다.[1]

왠지 사건의 원인을 파헤치고 싶은 마음이 든다. 우선 타이슨을 관통한 칼에서부터 시작해보자. 폐에 난 구멍이 그를 죽음에 이르게 한 걸까? 글쎄, 그런 것 같진 않다. 허파 자체는 정맥과 동맥이 빽빽하게 모인 순환계에 둘러싸여 있기 때문이다. 그러니 죽음의 원인은 과다출혈이라 보는 게 맞다. 하지만 이건 하나 마나 한 당연한 이야기 같지 않나? 애초에 피부가 손상되지 않았다면 피가 쏟아질 일도 없었을 것이다. 그러니까 칼, 특히 칼날이 원인이라고 봐야 한다. 하지만 총기 규제 반대자들의 논리대로면 **사람을 죽이는 건 사람**이지 않나? 칼이 스스로 움직이지는 않을 테니 분명 사람의 힘이 작용했을 것이다. 그렇다면 답은 자연히 따라 나온다. 마크가 타이슨을 죽였구나. 깔끔하다. 그러나 이것도 곰곰이 곱씹어보면 그리 단순한 문제가 아니다. 마크는 타이슨에게 상처를 입힌 뒤 곧바로 119에 연락했다고 한다. 어떻게 해야 할지 몰랐기 때문이다. 마크는 본인 티셔츠로 지혈까지 시도했다. 살인마의 모습이라고는 상상하기 힘들다.

그래도 원인이 마크라고 말할 수 있을까? 배심원단은 마크의 자기 방어 행위가 정당하다고 판단했다. "정당"이라는 표현 앞에서 답은 더욱 요원해진다. 사실상 배심원들은 타이슨을 죽인 게 마크가 아니라 타이슨 본인이라고 해석한 것이다. 이런 시각이 직관적이고 그럴듯하다고 느끼는 사람이 꽤 많을 것이다. 아니면 타이슨이 최근에 필로폰을 투여한 이력이 있다는 점에 주목할 수도 있다. '폭스뉴스'라면 이를 근거 삼아 이번 살인 사건을 개인의 책임에 관한 이야기로 둔갑시킬지도 모른다. 반대로 'MSNBC'를 틀면 태평양 연안 북서부 지역의 주택난을 겨냥할 것이다. '아마존'이 시애틀에서 사업을 시작하지 않았더라면, 주택 공급량이 갑작스런 소득 증가와 인구 증가 속도를 따라갈 수 있었더라면, 타이슨은 워싱턴주의 본인 집에서 안락하게 지냈지 포틀랜드의 고가도로 아래에서 잠을 청할 일이 없었을 테니까. 그럼 지금까지 살아 있었을지도 모른다.

잃어버린 담배 때문에 불이 났으면 원인은 담배가 없어진 데 있지 않을까? 바꿔 말하면 담배가 목숨을 살릴 수도 있었던 거지. 이런 식의 고민은 종일도 할 수 있다. 하지만 고민하면 할수록 왠지 역하고도 무심한 게임을 즐기는 기분이다. 이런 건 대학생을 모아놓고 하는 철학 수업에나 어울릴 만한 고민이다. 실상은 사람이 너무나도 젊은 나이에 죽은 것이다. 다 제쳐놓고 보면 원인도 간단명료하다. 우리는 누가 타이슨을 죽였는지 알고 있다. 그건 바로 칼을 쥔 비운의 인물 마크였다.

그런데 과연 마크를 쥐고 있던 건 무엇이었을까?

외부 압력은
스트레스를 얼마나 가중시키는가

레몬자리돔은 언뜻 평범한 생물처럼 보인다. 작고 노란 물고기이다. 이름만 봐도 필요한 정보는 거의 다 얻을 수 있다. 지금 당신 머릿속에 떠오른 이미지는 실제와 크게 다르지 않다.

하지만 레몬자리돔 역시 여느 생물처럼 나름의 개성이 있다. 이 때문에 레몬자리돔은 특별하다. 각각의 레몬자리돔은 시간이 지남에 따라 서로 다른 행동 패턴을 보인다. 어떤 녀석들은 비교적 대담하다. 예컨대, 천적을 맞닥뜨려도 다른 녀석들에 비해 빠르게 은신처에서 도망친다. 작은 코를 삐죽 내밀고는 세상을 향해 당당히 나아간다. 인간의 관점에서 이와 같은 대담함은 난폭함(동족을 위협하거나 공격하는 성향) 같은 특성과는 다르다. 난폭함은 또 활발함(올림픽 출전 선수와 게으름뱅이를 구분하는 특성)과 다르다. 어쨌든 이런저런 성격적 특성이 한데 모여 각각의 레몬자리돔을 규정하게 된다. 이들은 진화라는 천편일률적인 생산라인을 통해 개성 없이 찍혀 나오는 복사본 같은 존재가 아니다.

그렇다고 성격적 특성이 변하지 않는다는 뜻은 아니다. 2009년 호주와 캘리포니아주의 해양생물학자들은 산호초에서 야생 레몬자리돔을 채집하는 와중에 우연한 발견을 하게 된다.[2] 이들은 물고기의 개별 특성을 양적 수치로 나타내는 데 관심이 많았기에 레몬자리돔을 연구실 수족관으로 옮긴 뒤 면밀히 관찰하는 중이었다. 측정은 무작위로 이루어졌다. 총 관찰 기간 11일 중 관측 시점을 다양하게 설정한 뒤 그때마다 각각의 자리돔이 연구자의 간섭(유리병에 작은 물고기를 담아 수족관에 집어넣기 등)에 어떻게 반응하는지 살펴보는 식이었다. 다만 물고기가 더욱 활발하고 공격적으로 변한다고 알려진 새벽이나 해질녘은 되도록 피했다. 요컨대, 연구자들은 모범적으로 세심하고도 주의 깊게 표본을 추출했다.

그렇게 자료를 수집하고 분석하는 와중에 흥미로운 요소를 발견했다. 무작위 추출 방식 덕분에 미세한 온도 변화에 따른 성격 측정값을 얻어낸 것이다. 차양을 단 야외 실험실에서 관측이 이루어진 만큼 11일이라는 연구 기간 동안 수족관의 수온은 주변 기온에 따라 자연스레 변화했다. 결과적으로 표본 추출은 섭씨 25~27도에 이르는 범위에서 이루어졌다. 온도를 기준으로 놓고 성격 측정값을 줄 세운 결과 온도가 미치는 극명한 영향이 드러났다. 수온이 높아질수록 자리돔이 한 마리도 빠짐없이 더 공격적으로 변했던 것이다. 수온이 높은 경우 각각의 레몬자리돔이 작은 물고기가 든 유리병을 공격할 확률 역시 평균 4배나 상승했다.

수온과 물고기의 공격성 사이에 상관관계가 있다는 사실은 이미 잘 알려져 있었다. 하지만 이를 뒷받침하는 연구는 매번 개체군 단위로만 이루어졌다. 그러다 마침내 2009년에 이들 연구진, 즉 UC 데이비스의 주디 스탬스Judy Stamps가 이끄는 연구진은 수온이 개별 물고기에게 미치는 영향을 최초로 관찰한 것이다. 물론 각각의 레몬자리돔은 타고난 공격성이 서로 달랐다(애초에 성격 차이를 규정할 수 있었던 것도 물고기마다 편차가 있었기 때문이다). 하지만 스탬스가 연구에 사용한 레몬자리돔은 전부, 그것도 **정확히 똑같은 방식으로** 수온에 영향을 받았다. 수온이 1도 상승할 때마다 각각의 자리돔이 1분간 공격적인 행동을 나타내는 횟수는 똑같은 비율로 상승했다. 마치 수온이 물고기의 피를 들끓게 만드는 광경을 두 눈으로 보는 것 같았다.

공교롭게도 이와 같은 공격성 증대 현상은 셀 수 없이 많은 종에게서 확인된다. 검은과부거미의 경우 주변이 더울수록 어린 개체가 동족포식을 자행할 가능성이 높다.[3] 알프스주름개미의 경우 기온이 높아지면 일개미들이 흙을 파헤쳐 다른 군락의 일개미를 찾아낸 다음 포로로 끌고 가는 경우가 많아진다.[4] 영장류라고 예외는 아니다. 2021년에 중국 생물학자들이 남경홍산삼림동물원에서 붉은털원숭이 90마리를 며칠 동안 관찰한 결과 기온이 낮을 때보다 섭씨 27도 이상일 때 원숭이들이 서로 싸우는 빈도 역시 높다는 사실을 발견했다.[5] 비슷한 사례를 전부 열거했다가는 이 책이 배로 두꺼워질 것이다. 하지만 굳이 그럴 필요는 없다. 당신도 동물원에 가서 원숭이를 관찰할 필요가 없다. 야구장에 가서 투수를 관찰하는 걸로도 충분하다.

2011년에 미국 경제학자들로 이루어진 연구진은 6만 건에 달하는 메이저리그 경기 자료를 빠짐없이 정리했다.[6] 투수와 타자의 상호작용이 무려 456만 6,468건이나 들어 있었다. 연구진은 야구계에 전해져 내려오는 함무라비식 전통(우리 팀 타자가 몸에 공을 맞고 왔으면 나도 상대 팀 타자 몸에 공을 맞히는 관행)에 흥미를 느꼈다. 이런 양상은 놀라울 정도로 빈번하게 나타났다. 야구에서는 사구라는 인과응보 원칙이 암묵적으로 지켜진다고 봐도 될 정도였다. 그럼에도 그토록 공격적인 방식(어쨌든 시속 145km 속구를 던지는 방식)으로 보복하는 건 너무 큰 결심처럼 느껴진다. 게다가 사구를 맞히면 상대 타자를 1루로 보내게 된다. 그렇다면 투수는 대체 **언제** 타자를 맞히기로 결정하는 걸까?

연구진은 논문에서 당시 세인트루이스 카디널스 감독 토니 라 루사Tony La Russa의 말을 인용한다. "우리 팀 타자가 공을 맞으면 굉장히 복합적인 감정이 듭니다. 어떻게 이해해야 할지 막막하잖아요? 상대 투수가 고의로 그랬다고 확신할 수 있는 방법이 있을까요?" 보복을 할지 말지가 일정 부분 **해석**에 달려 있다는 뜻이다. 즉 상대 투수가 고의로 우리 팀원에게 해를 가했는지 실수로 그랬는지 본인 스스로 해석해야 한다. 결국 핵심은 사구 행위에 일종의 심리적 작용이 관여한다는 점이다. 연구진은 그 심리 작용의 기제를 이해하기 위해, 더 나아가 어떤 요인이 투수의 해석에 영향을 미치는지 알아내기 위해 투수의 공격성을 통계적 모델로 나타냈다. 경기의 어떤 측면이 투수의 심리와 의사결정 과정에 영향을 미치는 걸까? 홈런을 많이 내줄수록 보복할 가능성이 높아지는 걸까? 아니면 폭투를 많이 던질수록? 도루를 더 많이 허용하면? 그것도 아니면 경기 후반부에 이를수록 타자를 맞힐 가능성도 높아지는 걸까?

이중 어떤 것도 중요하지 않았다. 오히려 중요했던 건 기온이었다. 심지어 다른 요인을 떼놓고 봐도 기온이 높아질수록 타자를 고의로 맞힐 확률이 높아진다는 사실을 예측할 수 있었다. 더 중요한 점으로, 상대 투수에게 공을 맞은 팀원의 수가 늘어날수록 기온이 투수의 결정에 더욱 많은 영향을 미쳤다. 높은 기온은 투수의 공격성에 영향을 미쳤을 뿐만 아니라 **보복하겠다**는 결심 역시 강화한 셈이다. 예를 들어, 어느 투수의 팀원이 1이닝에 공을 맞았다고 해보자. 섭씨 13도인 날에는 투수가 상대 타자에게 복수할 확률이 약 22%이다. 반면 섭씨 35도인 날에는 그 확률이 27%까지 오른다. 연구진은 이렇게 기술한다. "열기는 도발에 대한 반응을 강화한다. 열기는 복수를 예고한다."

하지만 끔찍할 만큼 무더운 날씨를 겪어봤다면 더위로 인한 심통이야 이미 익숙할 것이다. 굳이 당신 경험을 당신에게 들려줄 필요는 없다. 그런데 그때 당신이 느낀 감정, 즉 짜증이나 성급함은 보편적이고도 동물적인 감정이다. 그것은 당신 내면 깊숙이 뿌리내리고 있다. 당신 유전자에 쓰여 있다. 그런 감정은 당신이 오랜 진화 역사를 통해 물려받은 유산이다.

심지어 문학 작품에도 기록되어 있다. 도스토옙스키의《죄와 벌》을 생각해보자. 라스콜니코프는 이야기의 시작에서부터 도끼를 가지고 살인을 저지른다.[7] 소설을 여는 세 단어는 "유난히 더운 저녁에"이다. 반은 현실에 기반을 둔 1866년 상트페테르부르크의 열기는 "안 그래도 심란한 청년의 신경"에 "고통스럽게" 작용한다. 열기는 라스콜니코프의 내면에도 있다.

내면의 스트레스와 외부 압력의 상호작용은 늘 섬세하고도 복잡하다. 따라서 논리적 비약에 빠지지 않게 조심하자. 라스콜니코프에게 중요했던 건 기온이 전부가 아니었다. 사실 기온은 제일 주요한 요인도 아니었다. 그럼에도 도스토옙스키는 중심 사건이 벌어질 때까지 7월 초의 무더운 날씨를 몇 번이고 언급한다. 독자마저 주인공 옆에서 땀에 절어 악취를 풍기는 기분이 든다. 의심의 여지없이 라스콜니코프는 도덕적 판단력을 지니고 있었다(그가 도둑질을 하고 도끼를 휘두르게 만든 건 열기가 아니었다). 하지만 무언가 거대한 힘이 그의 행동을 부추겼다는 사실을 간과할 수는 없다. "이따금 그의 정신은 안개가 낀 것처럼 흐릿해져서 자신의 육신을 의식하지 못할 정도가 되었다." 이 대목을 읽는 동안 7월 1일의 폭염 속에서 죽음을 맞이한 타이슨 몰록을 떠올리지 않을 수 없다. 지나치게 큰 의미를 부여해서는 안 되겠지만 책을 펴서 한 번 훑어볼 가치는 있다고 생각한다.

다른 작품에서도 이와 같은 환경적 배경(국방부의 표현을 빌리자면 "위협 증폭기")을 쉽게 찾아볼 수 있다. 알베르 카뮈는 1946년의 맹렬한 열기가 "태양이 울리는 심벌즈 소리"처럼 두개골을 때리는 통에 방아쇠를 당겼다는 표현을 쓴다.**8** 레이 브래드버리Ray Bradbury의 단편 〈불의 손길Touched with Fire〉에는 은퇴한 보험설계사가 등장해 섭씨 33도에 벌어지는 일을 이렇게 묘사한다.**9**

털과 땀과 그을린 살이 뒤엉켜 온몸이 근질근질하다. 뇌는 뜨겁게 달군 미로 속을 정신없이 뛰어다니는 쥐처럼 안달이 난다. 말이든 표정이든 소리든 머리카락이든 사소한 거 하나라도 걸리는 날에는 과민성 살인이 이어진다. **과민성 살인**이라니, 매력적이면서도 끔찍한 표현 아닌가요.

이는 서양 작품에만 등장하는 개념이 아니다(따라서 열기와 공격성 사이의 연관성이 보편적이고도 직관적으로 나타난다는 사실을 이해할 수 있다). 아무 사례나 끄집어 와도 된다. 일례로 8세기 초의 당나라 시인 왕유(699~759년)의 시 〈고열행苦熱行〉을 살펴보자. 여기서 왕유는 붉은 태양이 이글거리며 하늘을 가득 채우고赤日滿天地 냇물과 호수마저 말라버리자川澤皆竭涸 몸이 열기로 고통스러워하니 정신조차 제대로 깨어 있지 못한다는 사실을 깨닫는다卻顧身為患, 始知心未覺.**10** 이렇듯 인류는 열기가 우리의 정신을 갉아먹는다는 사실을 오래전부터 알고 있었다. 열기의 은밀한 공격이 영겁의 세월 동안 계속됐기 때문이다.

기온과 정신은 상관관계에 불과한 것이 아니다. 인간 동물원이라 칭할 수 있는 도시의 역사를 보면 그 증거가 넘쳐난다.**11** 도시 기온이 높아질수록 폭동이 일어날 가능성이 올라가며 연인이나 배우자에 의한 폭력이나 가중폭행 건수도 늘어난다. 열기가 공격성을 자극한다는 증거는 댈러스, 피닉스, 샬럿, 미니애폴리스 등 여러 도시에서 발견된다. 결국 기온의 영향은 작디작은 물고기에서부터 커다란 인간을 거쳐 동네, 도시, 국가에 이르기까지 어디서든 나타난다는 뜻이다. 앞서 살펴본 야구선수 연구는 단순히 야구 이야기로 그치지 않는다. 연구진은 이렇게 밝힌다. "기온이 높아질수록 야구선수가 보복을 할 가능성이 높아진다는 건 기온이 갈등을 심화시키는 역할을 할 수 있음을 보여준다."[12]

기온 상승은
보복 행위를 더욱 부채질한다

한편, 기온은 훨씬 일상적이고도 은밀한 형태의 공격성 역시 심화시킬 수 있다. 2019년 하버드대학에서 경제학 박사 과정을 밟고 있던 아유시 나라얀Ayushi Narayan은 미국 우편국 노동자들이 제기한 균등고용기회EEO 고발 사례 자료를 정보자유법FOIA에 근거해 청구했다. 근무환경 연구자인 나라얀은 직장 내 차별 및 괴롭힘에 영향을 미치는 요인을 알아내고 싶었지만 민간 부문에서는 이용 가능한 자료가 없었기에 좌절한 상태였다. 그런데 마침 우편국이 눈에 띄었다. 전국 수만 개의 우체국에 흩어져 있는 우편국 직원은 거의 50만 명에 달한다. 사실상 최대 규모의 공공기관인 셈이다. 정부를 위해 일하는 이상 FOIA의 효력 아래 있다. 결국 나라얀의 요청은 승인되었고 2004~2019년에 제기된 EEO 고발 사례 25만 건(매년 우편국 직원 100명당 3건)이라는 자료가 주어졌다.

나라얀은 근무 현장과 그 현장을 둘러싼 사회경제적 맥락 중 어떤 측면이 차별과 괴롭힘 사례에 영향을 미치는지 알고 싶었다. 다시 말해, 각각의 근무 환경과 직원 각자의 배경이 차별 행위를 저지를 가능성에 미치는 영향을 측정하고 싶었다. 수개월 동안 온갖 통계 기법을 활용해 25만 건의 EEO 자료를 분석한 결과 나라얀은 2022년 〈미국 국립과학원 회보Proceedings of the National Academy of Sciences〉에 정확하고도 엄밀한 연구결과를 게재했다.[13] 차별 행위에 영향을 미치는 요인 중에는 역시나 기온도 있었다. 다른 조건이 동일하다는 가정하에, 최고기온이 섭씨 32도 이상인 날에는 최고기온이 섭씨 16~21도인 날에 비해 EEO 고발 사례가 5% 증가했다. 기온이 증가함에 따라 노동조합의 불평 건수도 4% 가까이 늘어났다. 또한 앤서니 헤예스가 출입국 심사관을 조사했을 때와 마찬가지로 이 경우에도 열기의 영향이 실내에까지 지속된다는 사실이 드러났다. 우편배달부든 사무직원이든 그 영향을 똑같이 받았기 때문이다. 나라얀은 내게 이렇게 말했다. "에어컨이 있는 건물에서도 기온의 영향이 나타나는 걸 보면 곧바로 에어컨을 쐬는 것만으로는 충분하지 않은 것 같아요. 에어컨을 트는 시점에는 완전히 적응할 준비가 안 된 거죠."[14]

나랑 영상통화를 하는 내내 나라얀은 호들갑을 떨지 않으려고 조심했다. 아직 본인이 발견한 내용이 직관을 크게 벗어나지 않는다고 생각하기 때문이다. 다른 연구자들처럼 기온과 공격성의 관계를 입증하는 사례를 하도 많이 목격했다 보니 더 이상 놀라기도 힘들었다. "그런 증거 때문에 제가 기후위기를 바라보는 시각이 바뀌었는지도 모르겠어요. 제 연구는 이미 무슨 그림인지 분명히 드러나기 시작한 판에

퍼즐 조각 하나를 더 얹은 것뿐이니까요. 우리가 끊임없이 보고 또 보는 이야기랑 별반 다르지 않아요." 나라얀의 목소리는 앞날이 창창한 신예 경제학자답지 못했다. 오히려 내가 지난 몇 년간 만나온 기후학자들처럼 지친 목소리였다.

그런데 어째서인지 크레이그 앤더슨Craig Anderson의 목소리는 쌩쌩했다. 아이오와주립대학의 심리학 교수이자 현대 기온-공격성 연구의 선두주자인 앤더슨은 노먼 맥워스의 또 다른 지적 후계자이다. 1970년대 후반 스탠퍼드대학원 시절 앤더슨은 기온이 높아질수록 미국 내 폭동이 발생할 위험 역시 선형적으로 증가한다는 사실을 밝혀냈다.[15] 하지만 기온과 폭력의 관계를 다룬 다른 연구들과 마찬가지로 앤더슨의 논문 역시 오해의 여지가 지나치게 많았다. 열대지역 사람들이 폭력적일 수밖에 없다는 식의 사회다윈주의와 제국주의 사상을 자극했기 때문이다. 하지만 앤더슨은 기후결정론자가 아니다. 그는 개인 차원에서 발생하는 심리적 반응 중 측정 가능한 반응이 있는지 이해하고 싶었을 뿐이다. 2015년에 처음 대화를 나눴을 때 앤더슨은 내게 이렇게 물었다. "이 영향이 실재한다면 대체 무슨 일이 벌어지고 있는 걸까요? 그냥 사람들이 짜증을 더 쉽게 내는 걸까요? 이걸 실험실에서 재현할 수는 없을까요?"[16]

앤더슨은 서부극이나 전쟁영화를 즐겨 보며 자랐다.[17] 최근 집필한 에세이에서는 "어릴 때부터 공격성에 흥미를 느꼈다"고 말한다. 성인이 되어 학계에 입문한 뒤에도 흥미는 쭉 이어졌다. 그는 열기가 사람을 어떻게 변화시키는지 알아보고 싶었다. 마침 대학 캠퍼스도 가까이 있겠다, 그는 20세기의 여느 훌륭한 심리학자들처럼 사람들을 실험실에 집어넣고 온도 조절 장치를 만지작거리면서 무슨 일이 일어나는지 지켜봤다.

초기에는 성과가 거의 없었다. 실험실 한가운데 난로가 있다 보니 실험참가자들은 실험 의도를 금방 눈치를 채고는 제대로 몰입하지 못했다. 앤더슨은 생각했다. "실험참가자들은 연구자가 뭘 하려는 건지 알아채고 나면 굉장히 이상하게 행동하더군요." 의도를 숨길 방법이 필요했다. 다행히 당시는 1980년대였다. 낡은 구조물만큼 의도를 숨기기 좋은 곳이 있을까? 앤더슨은 낙후된 사무실 단지에서 실험을 진행했다. 당시 진행한 일련의 연구들에 관해 그는 이렇게 말했다. "웬 오래된 건물의 낡아빠진 칸막이 사무실에서 실험을 하니까 원래부터 있던 난방시설이 작동하는 걸로 이해하더군요. 연구진이 온도를 조절하고 있다는 사실은 생각도 못 했어요." 의심이 풀리고 나니 온도가 공격성에 미치는 영향이 폭발적으로 드러났다.

앤더슨은 이후 30년 동안 이 분야를 선도하면서 열기가 **어떻게** 공격성에 영향을 미치는지 더 자세히 이해하기 위해 애썼다. 도대체 기온이 거미나 개미는 물론 우리 인간에게까지 그처럼 극단적인 행동을 초래할 수 있는 원리가 무엇일까? 우리는 인간을 자연의 압력을 초월할 수 있는 존재로 상상하고 싶어 한다. 하지만 그런 상상이 틀렸음을 알고 있었던 앤더슨은 틀린 이유도 설명하고 싶었다.

1990년대에 들어서면서 앤더슨의 연구는 확대해석 효과에 초점을 맞추기 시작했다. 실험참가자들은 기온이 높아진다고 곧바로 싸움 기계로 바뀌는 게 아니었다(물론 적대심이 증가하는 경우는 종종 있었다). 그보다는 폭염이 증폭제 역할을 하는 것에 가까웠다. 예컨대, 기온이 높은 경우 실험참가자는 평소라면 온건하다고 해석했을 영상을 보고도 공격적인 행동을 묘사하고 있다고 해석하는 경향이 있었다. 바로 이 확대해석과 그 해석에 맞춰 똑같이 갚아주겠다는 충동이 공격성을 높이는 요인이었다. 앤더슨은 이렇게 말한다. "바로 이것이 실제로 사람들의서 머릿속에서 일어나는 일인 듯합니다. 이런 식으로, 술집에서라면 주먹다짐으로 끝날 일이 주차장에서는 총격 사건까지 불러일으키는 것이죠."

앤더슨이 참여하지는 않았지만 야구 투수의 선택에 관한 2011년도 연구 역시 확대해석 이론에 비추어보면 쉽게 이해할 수 있다. 연구를 통해 경제학자들이 찾아낸 열기의 주된 영향은 **보복 행위**였다. 그런데 복수는 투수가 상대 투수의 행동을 어떻게 바라보는지에 달려 있었다. 상대 투수가 악의적으로 사구를 던졌다는 확신이 들면, 즉 상대 투수의 행동이 공격적이라고 **해석**하면 본인도 똑같이 공을 후려갈길 가능성이 높아졌다. 기온이 높아지면 그 가능성은 더 높아질 것이다. 확대해석 이론에 들어맞는 사례이다. 요컨대, 높은 기온은 심리적인 차원에서 사람들이 상대의 행동을 공격적이라고 해석하도록 유도한다. 자연스레 똑같이 갚아줄 가능성 역시 높아진다.

돌이켜보면 연구자들은 1980년대 후반에 이미 이를 이해하기 시작했다. 예를 들어 1986년에 애리조나주립대학의 심리학자 더글러스 켄릭Douglas Kenrick과 스티븐 맥팔레인Steven MacFarlane은 1960년대 후반의 야외조사 방법론을 기온-공격성 문제에 적용하기 위해 피닉스의 자가용 운전자에게 주의를 돌렸다.[18] "평소에 온화한 사람들이 사소해 보이는 교통 방해에도 상대를 향해 경적을 울리거나 중지를 치켜들거나 상스러운 말을 내뱉는 모습을 다들 목격한 적이 있을 것이다." 연구진은 이와 같은 분노 표출 사례가 "생태학적으로 유효"하다고 보았다. 온도가 높은 실험실에 사람들을 인위적으로 쑤셔 넣는 게 아니기 때문이다. 순전히 재미를 위해 〈주변 온도와 경적 울리기의 상관관계 Ambient Temperature and Horn Honking〉 연구 방법론을 살펴보자.

관측은 4~8월 매주 토요일(오전 11시~오후 3시)에 15주 동안 시행됐다. 연구를 위해 선정한 장소는 피닉스 대도시 지역 외곽의 어느 거주구역에서 밖으로 나가는 길목에 있는 신호등이었다. 이곳 교차로는 일차선 도로여서 차가 막고 서 있으면 좌우 어느 쪽으로도 추월할 수 없었다. 초록불은 12초 길이로 설정됐다.
실험 도우미는 1980연식 닷선 200SX 기종을 모는 여성 운전자로 차를 교차로 근방에 세워놓았다. 신호등이 빨간불이 되면 도우미는 차를 교차로 입구 쪽으로 옮긴 다음 실험대상이 바로 뒤에 차를 댈 때까지 기다렸다. 그리고는 초록불이 되어도 12초 내내 정지 상태를 유지했다. 도우미는 움직이지 말 것, 전방을 주시할 것, 기어를 중립에 놓을 것, 브레이크에서 발을 뗄 것, 양손을 핸들에 둘 것을 지시받았다. 초록불이 꺼지고 나면 도우미는 빨간불에 맞춰 우회전을 했다.

1980년대 애리조나주에서 심리학자가 되기란 참……. 관찰자는 공책을 챙겨 수풀에 숨어 지켜봤다. 그는 경적이 울리는 횟수, 경적의 지속시간, 처음 경적을 울릴 때까지 걸린 시간을 기록했다. 관측을 마친 뒤 켄릭과 맥팔레인은 경적 데이터를 지리학부에서 제공한 당시 기온 및 습도 데이터에 맞춰 정리했다.

경제학자들의 야구선수 연구나 나라얀의 우편국 연구와 마찬가지로 켄릭과 맥팔레인 역시 기온과 공격성 사이에 확실한 상관관계가 있음을 밝혀냈다. 기온이 높을수록 운전자는 경적을 더 자주 울렸을 뿐만 아니라 더 길게 울렸다. 섭씨 38도에는 경적을 울린 운전자 중 3분의 1이 초록불이 켜진 시간 중 절반 이상 동안 경적에서 손을 떼지 않았다. 섭씨 32도 아래로 내려가면 그런 경우가 한 건도 없었다. 게다가 이런 양상은 운전자가 창문을 내리고 있는 경우 더 두드러졌다. 아마 차에 에어컨이 없어서 무더운 야외 날씨에 더욱 쉽게 노출된 것으로 보인다.

중요한 점은 도우미 운전자가 절대 행동을 바꾸지 않았다는 것이다. 꿈쩍도 하지 않고 경적이 울리기만을 기다렸다. 뒤에 새로운 차가 등장할 때마다 정확히 똑같은 행동으로 일관했다. 연구에 피드백을 제공한 크레이그 앤더슨은 기온이 높을수록 운전자들이 도우미의 행동을 더 짜증나게 하는 행동으로 해석한 것이라 결론지었다.

기온과 세로토닌,
폭력성의 상관관계

하지만 확대해석 이론만으로는 기온-공격성 효과의 기제를 충분히 설명하지 못한다. 신경과학자 입장에서 그와 같은 심리학적 설명은 해답을 제공한다기보다는 현상을 새로운 방식으로 기술한 것에 불과하다. 타이슨 몰록의 사망 원인을 논할 때와 똑같은 상황이다. 칼이 죽였다고 보든 친구가 죽었다고 보든 별 의미는 없다. 기온이 높아지면 공격적인 행동이 나타나는 이유는 열기가 확대해석을 유발하기 때문이라고 치자. 그래서 도대체 열기가 확대해석을 유발하는 이유는 무엇인가?

그 답은 간단하고도 불만족스럽다. 바로 '모른다'이다. 왜인지 모른다. 하지만 2017년에 핀란드의 연구진이 이 의문의 답에 근접했다.

동핀란드대학 및 카롤린스카연구소 소속 임상신경과학자 야리 티호넨Jari Tiihonen은 기후변화가 범죄와 갈등을 증가시킬 수 있다는 주장이 논란의 여지가 있고 그 근거가 명확하지 않다는 사실에 당황스러워했다. 폭염이 더욱 공격적인 행동을 유발하는 원인이 신경생물학적인 관점에서 밝혀졌다면 누군가 **거들먹거린 적**이라도 있을 것이다. 하지만 아무리 찾아봐도 그런 사례는 없었다. 티호넨의 연구 논문 초록을 보면 좌절감까지 느껴진다. "주변 온도와 공격적인 행동 사이에 연관성이 있는 것으로 추정되는 데도 그 원인에 대해 어떤 신경생물학적인 설명도 제시된 바가 없었다." 현대 임상신경과학 문헌을 기준으로 굉장히 단호한 어조를 사용한 것이다. 티호넨의 연구진은 이 문제를 바로잡기로 결심했다.[19]

연구진의 접근법은 간단명료했다. 그들은 우선 핀란드 통계청에서 폭력범죄 사례 자료(1996~2013년에 벌어진 살인 및 폭행 사건 50만 건)를 구했다. 그다음 월별 폭력범죄 발생 건수를 월별 평균 기온과 대조하여 (자료를 월별로 분류한 이유는 계절의 영향을 배제하기 위함이었다) 기온과 폭력성 사이에 확실한 상관관계가 있음을 밝혀냈다. 특히 자료가 다루는 기간 내 핀란드 폭력범죄 발생률 변동 폭의 10%는 주변 온도 때문인 것으로 나타났다. 티호넨은 내게 이렇게 말했다. "그리 놀랄 만한 발견은 아니었습니다. 둘 사이의 연관성은 경찰관들 사이에서 공공연한 사실이었거든요." 그래서 핀란드 경찰 사이에서는 이런 말이 전해진다고 한다. "추운 날씨가 최고의 경찰이다."[20] 여기까지는 다 알려진 사실이었다.

하지만 연구진은 한 발짝 더 나아갔다. 세로토닌을 추적하기 시작한 것이다. 연구 초반부터 티호넨은 자살률이 계절마다 다르게 나타난다는 사실(다른 연구자들이 밝혀낸 사실)은 물론 기온, 습도, 일조량 같은 기상 변수에 따라 달라진다는 사실을 알고 있었다. 또한 기후와 관계없이 자살 행위 자체를 연구하는 신경과학자들에 의해 뇌의 세로토닌 체계가 폭력적인 행동을 조절하는 데 매우 중요한 역할을 한다는 사실도 밝혀진 바 있었다. 마지막으로 과거 티호넨의 연구진은 기상 변수가 뇌의 세로토닌 기능에 영향을 미친다는 사실을 관찰했다.

특히 마지막 정보는 신경과학자들이 우울증을 연구하는 과정에서 드러난 내용이다. 오늘날 사용하는 항우울제는 대부분 선택적 세로토닌 재흡수 차단제SSRI에 해당한다. SSRI는 신경세포가 분비한 세로토닌 분자가 다시 흡수되지 못하도록 억제하는 역할을 한다. 중증 우울증 같은 질환의 원인 중 하나는 세로토닌 양이 부족하기 때문이므로 세로토닌 분자가 신경세포에게 다시 붙잡히기까지 걸리는 시간을 지연시킨다면 증상은 완화될 것이다. 그런데 티호넨의 연구진이 밝혀낸 바에 따르면 기상 변수 역시 SSRI가 세로토닌 재흡수 단백질에 달라붙는 과정에 영향을 미칠 수 있으며 따라서 뇌의 세로토닌 전달 체계에도 영향을 미칠 **수밖에** 없다. 연구진은 이에 기초하여 가설을 하나 세울 수 있었다. "이는 주변 환경 조건이 세로토닌5-HT의 기능을 조절한다는 사실과 5-HT 기능의 변화가 인간 행동의 변화로 이어진다는 사실을 암시한다. 그럼에도 계절 변수와 폭력적인 행동과 세로토닌 생체표지 사이의 연관성에 대해서는 지금까지 보고된 바가 없다." 이제 그 연관성을 밝혀낼 때가 됐다.

티호넨의 연구에 수석저자로 참여한 제임스 캘러웨이James Callaway는 연구에 필요한 생체표지 자료를 정리해놓은 상태였다. 1997년에 세로토닌과 폭력성의 관계를 연구하는 와중에 핀란드 쿠오피오의 주립 정신병원에서 폭력성이 높은 환자들의 혈액 샘플(또한 같은 동네에 거주하는 건강한 통제 집단의 혈액 샘플)을 수집했기 때문이다. 당시 그는 한 달 간격으로 혈액 샘플을 채취해 SSRI의 결합력을 측정했다. 월별 측정값, 세로토닌 생체지표, 폭력적인 실험군과 그 대조군까지 모든 게 준비됐다. 이제 티호넨이 해야 할 일은 동일한 시기의 날씨 자료를 찾아 캘러웨이가 수집한 데이터와 합치는 일이었다.

그러자 굉장히 흥미로운 현상이 드러났다. 날씨가 따뜻할수록 세로토닌 기능에는 하향조절이 일어났다. 캘러웨이가 혈액 샘플에서 측정한 세로토닌 운반 단백질(세로토닌을 분비한 신경세포가 세로토닌을 재흡수하도록 돕는 단백질)의 밀도는 기온 및 폭력범죄 발생률과 음의 상관관계를 보였다. 특히 폭력성이 높은 사람들에게서 상관관계가 가장 뚜렷하게 나타났는데 그들의 혈액에서 측정한 단백질 밀도를 토대로 핀란드의 폭력범죄 발생률 변동 폭의 39%를 설명할 수 있었다. 주목할 만하게도 대조군에게서도 상관관계가 뚜렷하게 드러났다. 연구진은 이렇게 결론지었다. "계절에 따른 폭력범죄 발생률의 변화는 세로토닌 전달 체계의 자연적인 변동에 영향을 받는다. 다른 요인이 일정하다면 주변 온도가 섭씨 2도 상승하는 경우 폭력범죄 발생률은 3% 이상 증가한다."

기온이 오른다. 세로토닌 양이 줄어든다. 충동성이 오른다. 결국 폭력이 늘어난다. 이는 검증 가능한 이론이자 측정 가능한 현상이다. 물론 폭력범죄 발생률이 3% 증가하는 건 큰 문제가 아닌 것 같다. 정말 그럴까? 티호넨이 내놓은 연구결과는 경제학자들이 지구온난화가 폭력성에 미치는 영향을 예측한 결과와 규모 면에서 일치한다. 일례로 티호넨은 기후변화가 미국 내 살인 및 가중폭행 발생률을 2% 이상 증가시킬 것이라고 예측한 경제학자 매튜 랜슨Matthew Ranson의 논문을 인용한다. 티호넨의 연구는 그런 예측의 타당성을 확인하는 좋은 검증 수단이다. 티호넨이 따로 명시하지는 않았지만 랜슨의 논문에는 그 2~3%가 절대적인 수치로 환산되어 있다.[21] "2010~2099년 미국에서는 기후변화로 인해 살인 2만 2,000건, 강간 18만 건, 가중폭행 120만 건, 단순폭행 230만 건, 강도 26만 건, 주거침입 130만 건, 절도 220만 건, 차량절도 58만 건이 추가로 발생할 것이다."

신경과학은 잠시 제쳐두고 생각해보자. 기후위기에 맞선다는 것은 이런 숫자들을 놓고 고민하는 것을 의미한다. 실제 값이 어떨지는 신경 쓰지 말자. 랜슨이 내놓은 추정치는 수많은 예측 중 하나이며 누구도 미래를 그렇게나 정확히 예견할 수는 없다. 그 대신 각각의 수치에 붙은 '0'의 개수에 집중해보자. 공동묘지에는 수만 명의 타이슨 몰록이 주검으로 쌓일 것이다. 기후변화에 관한 정부 간 협의체IPCC는 기후위기 보고서를 작성하면서 차트나 그래프에 이처럼 자세한 이야기를 포함시키지는 않는다. 그런데 어쩌면 포함시켜야만 할지도 모르겠다.

기후변화는
우리의 자유의지까지 결정하는가

기온이 몇 도 올라가는 것만으로 인간이 화를 토하게 할 수 있다니. 인간의 심리란 참으로 기이하다. 관점이 잘못되면 시간 개념조차 무너지는 현상과 비슷하다. 친구가 오스틴으로 이사를 온 게 엊그제였는데. 어라, 벌써 7년 전 일이었네. 이와 같은 시간 수축 현상은 뇌의 속임수이다. 진화학적으로 합리적인 설명이 가능하겠지만, 경험 자체는 기이하게 느껴지는 무의식적인 현상 중 하나인 셈이다. 기온과 공격성 사이의 상관관계도 그와 비슷하다. 우리의 뇌가 그런 식으로 작동한다는 사실을 알고 나면 두려움이 생긴다. 우리가 자신의 행동에 대한 통제권을 얼마나 쥐고 있는지 의심이 들기 때문이다. 마치 자유의지라는 젠가 탑에서 블록이 몇 개 빠진 것만 같다.

그 탑은 언제쯤 무너질까? 연구결과에 따르면, 의도와 관련된 신경학적 신호는 실험참가자들이 본인에게 그런 의도가 있음을 인식했다고 보고하기 전부터 뇌에서 측정된다. 우리처럼 그들도 자유의지가 있다고 생각했다. 본인이 손을 움직이기로 선택하는 것이라고 생각했다. 하지만 컴퓨터를 통해 뇌 활동 판독 정보를 들여다보고 있으면 실험참가자들이 손을 움직이기로 결심하기도 전에 그들이 손을 움직일 것임을 말해주고 있었다. 물론 **엄청** 미리는 아니다. 대부분의 연구에서는 약 0.35초 정도를 제시한다.[22] 하지만 바로 그 3분의 1초만큼 빨리, 의식적인 차원에서 결정이 내려지기 직전에 무의식적인 결정 신호가 먼저 나타난다. 우리가 결정을 내리는 것처럼 느낄 수는 있다. 하지만 실제로도 그럴까? 우리가 내리는 결정은 무의식이 미리 계획한 것을 인식하는 경험에 불과할지도 모른다.

이런 문제를 고민하다 보면 뇌가 녹아내리는 것만 같은 느낌이 들지 모른다. 그랬다면 미안하지만 그렇게 중요한 문제가 아님을 알아주기를 바란다. 어쨌든 우리는 느낌상 자유의지를 경험하기 때문이다. 결정을 인식하기도 전에 해당 결정과 관련된 뇌 신호를 감지할 수 있다고 한들 우리가 **결정을 내렸다는 느낌이 든다**는 사실은 부정할 수 없다. 이런 느낌이 든다는 사실만으로도 성실하게 도덕적으로 살아가야 할 당위성은 충분하다. 다시 말해, 사람들이 일상적으로 이야기하는 자유의지가 실존하지 않는다고 해서 자연스레 쾌락주의를 다시 유행시킬 필요는 없다. 당신이 잔혹한 행동이나 도를 넘는 행동을 한다면 결국 **그렇게 선택한 건 당신 본인이라는 느낌**이 따라올 것이다. 설령 당신이 젠가 탑을 무너뜨리고 허무주의의 깃발을 꽂은 다음 아무것도 중요하지 않다고 선언하더라도 그 사실은 변치 않을 것이다. 결국 당신이 틀린 것이다. 공감은 중요하다. 당신은 공감 어린 행동을 선택할 수 있기 때문이다.

하지만 기온과 공격성 사이의 상관관계는 그런 선택권을 일부 앗아갈 수 있다. 이런 면에서 기후변화는 도둑과 같다. 우리의 동정심을 빼앗는다. 도스토옙스키는 살인을 저지르기 전 라스콜니코프의 머릿속을 이렇게 묘사한다. "그는 아무것도 생각하지 않았고 생각할 수도 없었다. 그러다 문득 자신에게 더 이상 생각의 자유도 의지도 없다는 느낌, 모든 것이 돌이킬 수도 없이 한순간에 결정되었다는 느낌이 들었다." 이것이 열기가 우리를 장악할 때 벌어지는 일이다. 기온의 마수가 머릿속으로 들어와 운전대를 잡으면 당신은 더 이상 스스로 선택하는 것 같다는 느낌을 받지 못한다. 사전적인 의미로도 숙고의 반대말은 충동이다. 열기가 당신의 뇌에 자리를 잡으면 당신은 머릿속에서 밀려나게 된다.

그러니 변죽은 그만 울리고 정면으로 부딪혀보자. 타이슨 몰록을 죽인 건 폭염이었나? 만약 그렇다면, 즉 기온이 폭력성에 미치는 영향력이 죽음의 원인 중 하나임을 인정한다면 칼을 쥔 사람에게서 책임을 일부 덜어내야 한다는 사실 역시 인정해야 한다. 책임을 **얼마나** 남길 것인가는 열린 문제이다. 남기지 않는 쪽의 극단으로 가면 어떨까? 더운 날에 폭행이 발생하는 경우 법정에서 심신미약을 주장하는 장면을 목격할 수 있을지도 모른다. 변호사는 칠판을 꺼내 크레이그 앤더슨의 논문에 등장하는 차트를 지목하고 배심원은 자료와 피고를 번갈아 관찰한다. 그러고는 일시적으로 머리가 뜨거워졌던 것이라 결론짓는다. 평소라면 파리 한 마리 해치치 못할 사람이니까 말이다.

그런 변호가 윤리적으로 타당하다고 받아들일 수 있을까? 타이슨의 가족이라면 어떨까? 받아들이기 힘들 것이다. 그래야만 하는지는 나 역시도 의문이다. 이 문제에서 인과관계를 파악해야 하는 요소는 한둘이 아니다. 열기를 폭력의 위험 요인 중 하나로 인정한다고 해서 책임 의무 전부를 저버릴 필요는 없다. 군이 기후결정론을 끌어오지 않더라도 기후가 공격성에 미치는 영향이 전 인구에 걸쳐 작용하고 있음을 이해할 수 있다. 영향은 실재하며 두렵기도 하다. 그렇다고 도덕적 책임마저 폭염 속에 증발시킬 필요는 없다. 기온 증가가 우리의 행동에 미치는 연쇄적인 영향(인지기능의 저하, 강화된 충동성 등)은 지금까지 잘 다뤄지지 않았지만 분명 기후위기의 심각성을 잘 드러낸다. 우리는 그 영향을 보고 **기후변화**에 걸려 있는 게 무엇인지 되새겨야 한다. 폭염이 타이슨 몰록을 죽인 걸까? 아니다. 하지만 지구가 뜨거워질수록 더 많은 사람이 타이슨처럼 죽어갈 것이다.

충동성이 폭발하는 세상에서
자제력을 기르는 법

역설적이게도 앤더슨이나 티호넨 같은 학자들의 연구는 우리가 불가피해 보이는 운명을 피할 수 있음을 암시한다. 연구에서 밝혀진 대로 기온-공격성 문제가 사실상 충동 조절의 문제이고 그 원인 중 일부가 뇌의 세로토닌 전달 체계에 있다면 순식간에 논의가 (그나마 이해하기에 쉬운) 신경생물학적 행동 모델로 압축된다. 심지어 그 모델은 이미 존재한다.

세로토닌의 특성이 처음 규정된 건 1930년대 이탈리아의 약리학자 비토리오 에르스파메르Vittorio Erspamer가 위장에서 장크롬 친화성 세포를 발견한 뒤였다. 그러다 1940년대에 정신약리학 분야가 발전하면서 세로토닌 분자(당시 이름은 엔테라민)를 뇌에서도 발견했다. 이 역시 신경전달물질의 일종인지 의심이 일었다. 얼마 지나지 않아 클리블랜드의 어느 생화학자가 화합물을 혈청에서 분리했고 혈관 탄력에 영향을 준다는 점에 착안해 "세로토닌serotonin"(영어 단어 "세럼serum"과 탄력을 뜻하는 그리스어 "토노스tonos"의 합성어)이라는 이름을 붙였다.

1950~1960년대를 거치면서 초기 신경과학자들은 세로토닌이 뇌에서 신경전달물질로서 어떤 역할을 하는지 조사했다. 세로토닌이 기분이나 정신건강과 관련이 있다는 사실이 점차 드러났다. 1970년 대에는 SSRI 합성에 성공하면서 새로운 전환점을 맞이했다. 우울과 불안 장애 치료에 새로운 희망의 빛이 비친 셈이다. 가정에는 프로작Prozac(항우울제)이라는 이름으로 보급됐다. 에르스파메르가 엔테라민을 발견한 지 한 세기 가까이 지난 오늘날 세로토닌은 모두에게 친숙한 이름이다. 대중매체에서는 세로토닌을 단순화해서 설명하는 경향이 있지만 신경과학자들은 세로토닌의 복잡성을 심도 있게 연구하는 중이다.

특히 주의력 결핍 과다행동 장애ADHD 연구자들은 세로토닌 전달 체계와 충동 조절 사이의 연관성을 오래도록 연구했다. 예컨대, 2020년에 발간된 《행동신경과학 편람Handbook of Behavioral Neuroscience》 31장에는 뇌의 세로토닌 전달 체계가 충동, 강박, 의사결정과 맺고 있는 관계를 연구한 내용 수십 년치가 빼곡하게 적혀 있다.[23] (굳이 찾아볼 필요는 없다. 무슨 내용인지 설명할 참이니까.) 지난 몇 년간의 연구를 살펴보면 근본적인 발견 하나가 거듭 눈에 들어온다. 세로토닌이 부족할수록 부정적인 피드백에 예민하게 반응한다는 점이다. 피드백의 형태는 다양할 수 있으나 모두를 관통하는 진실은 하나였다. 불안하거나 불편한 상황에서 의사결정을 내릴 때 세로토닌 분자가 그 과정을 일부 조율한다는 점이다. 따라서 세로토닌이 부족하면 생명체가 기다림이나 참을성이 필요한 상황에서 적절히 대응하기가 어려워진다.

하지만 기온-공격성 문제에 있어서는 답이 충분히 나오지 않았다. 예컨대, 티호넨의 연구진은 폭력성이 높은 실험군을 대조군과 비교한 결과 실험군에게서 세로토닌 운반 단백질의 기준선 밀도가 **더 높게** 나타난다는 사실을 확인했다. 이는 연구의 주된 논지, 즉 높은 기온 하에서 세로토닌 활동이 **감소**하면서 폭력이 증가한다는 주장과는 어긋나는 사실이었다. 이후 다른 연구자들도 **높은** 세로토닌 운반체 농도가 충동적인 공격 행위와 상관관계를 맺는 경우를 발견했다.[24] 모순을 해결하기 위해 티호넨의 연구진은 세로토닌의 절대적인 활동량 자체가 중요한 게 아니라 세로토닌 운반체 농도의 월별 변화량이 중요할지도 모른다고 설명했다. 또 다른 학자들은 세로토닌 운반 단백질이 늘어날수록 뇌세포 사이의 공간을 떠다니는 세로토닌 분자의 수는 줄어든다고 주장했다. 결국 세로토닌 운반체가 하는 역할은 세로토닌을 주워 담는 것이기 때문이다(SSRI를 사용하는 이유도 그 과정을 막기 위해서이다). 따라서 폭력성은 높은 세로토닌 운반체 농도와 관련이 있을 수도 있고 세로토닌 운반체가 급감하는 것과 관련이 있을 수도 있다. 어쩌면 신경세포 사이 시냅스에 매달려 있는 세로토닌의 양이 중요한 것일 수도 있고 세로토닌 운반체는 다른 근원적인 무언가를 나타내는 대용물에 불과할지도 모른다. 어느 쪽이든 기온-공격성 문제는 그리 간단하지 않다.

그럼에도 충동성 연구를 계속해서 살펴보면 티호넨이 남긴 퍼즐을

풀 실마리를 찾을 수 있을지도 모른다. 충동 조절 문제를 다루는 일부 연구에서는 대상피질의 손상에 주목한다. ADHD 환자의 경우 대상피질 전 영역이 구조와 기능 면에서 일반적인 뇌와의 차이를 보인다. 때로는 전대상피질의 크기 자체가 작은 경우도 있다.[25] 열과 뇌의 관계를 다룬 연구를 떠올려보자. 높은 기온에 노출되면 전대상피질은 실행 조절 기능을 주관하는 영역을 비롯해 다른 피질 영역과 관계가 끊어진다고 했다. ADHD 연구자들은 충동 조절 기능에도 동일한 영향이 나타난다는 사실을 확인했다. ADHD 아동의 뇌를 보면 편도체의 연결이 지나치게 강화되어 있는 만큼 대상피질과 전두엽피질의 연결은 약화되어 있다. 보스턴의과대학의 신경과학자 브렌트 보그트Brent Vogt 역시《임상신경학 편람Handbook of Clinical Neurology》을 평가하면서 이렇게 지적한다. "ADHD 아동 및 성인은 주어진 자극에 피질 억제를 거치지 않은 채 충동적으로 반응한다."

그래서 어떻게 해야 한다는 말일까? 지구가 뜨거워지고 있으니 모두가 애더럴(ADHD 치료용 암페타민 각성제-옮긴이)을 복용해야 한다는 걸까? 아니다(게다가 쥐 모델을 활용해 밝혀낸 바에 따르면 여러 종류의 ADHD 약물은 충동을 조절하는 데 저마다 다른 방식으로 작용한다.[26] 그러니 무작정 애더럴이 최선이라고 할 수도 없다). 우리는 충동 조절 연구를 통해 밝혀낸 공격성 발현 기제를 이해함으로써 열기가 공격적인 행동을 자극할 때 뇌에서 벌어지는 일을 모델로 그려낼 필요가 있다. 또한 기온과 공격성 사이에서 세로토닌이 어떤 역할을 하는지 이해함으로써 어떻게 반응해야 하는지 충분히 생각하고 계산해야 한다.

약물은 충동성을 관리하는 여러 수단 중 하나이다. 현존하는 것 역시 또 다른 수단이 될 수 있다. 여러 연구에서 지적하듯이, 충동적인 반응이 나타나기 쉬운 상황에 명상(마음챙김)을 유도한다면 ADHD 증상을 완화하고 성찰하는 능력을 증진할 수 있기 때문이다.[27] 다른 수단에는 어떤 것들이 있는지 알아보려면 ADHD 온라인 포럼을 5분만 둘러보면 된다. 충동 조절에 관해 누구보다 많이 생각하는 사람들의 관점을 확인할 수 있기 때문이다. 이들은 경험으로 다져진 전문가이다. 어떤 조언이 있을까? 우선 스스로에게 동정심을 발휘하자. 충동을 자극하는 계기와 환경을 확인한 뒤 노출을 최소화하자. 충동이 어떤 식으로 작동하는지 이해하려고 노력하자. 마음을 들여다보면서 충동 아래에 어떤 감정이 깔려 있는지 파악하자. 마지막으로 모든 ADHD 환자가 하나같이 강조하는 점은 미래를 생각하는 것이다. 앞을 내다보는 사고방식을 기르자. 미래의 '나'를 느끼려고 애쓰자. 다가올 난관 앞에서 당신은 어떤 감정을 느낄까? 기후변화가 불러일으킬 다양한 결과에 대해 당신은 어떻게 느낄까? 충동대로 행동한다면 어떤 감정이 들까? 결국 스스로에게 현존하는 상태에 뿌리를 둔 전략이라고 할 수 있다.

여기에 숨겨진 교훈이 하나 있다. 자제력의 핵심은 '마시멜로를 먹지 마' 하는 식의 충동 억제가 아니라 미래의 '나'가 어떻게 느낄지를 바탕으로 의식적인 결정을 내리는 데 있다. 이 교훈을 기후 문제에도 똑같이 적용해야만 할 것이다.

기온 증가가 우리의 행동에 미치는 연쇄적인 영향은 지금까지

잘 다뤄지지 않았지만 분명 기후위기의 심각성을 잘 드러낸다.

우리는 그 영향을 보고 기후변화에 걸려 있는 게

무엇인지 되새겨야 한다.

폭염이 타이슨 몰록을 죽인 걸까?

아니다. 하지만 지구가 뜨거워질수록

더 많은 사람이 타이슨처럼 죽어갈 것이다.

2부

몸은 어떻게
뒤틀리는가

THE
WEIGHT
OF
NATURE

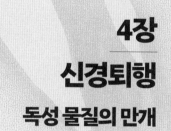

4장

신경퇴행
독성 물질의 만개

당시에는 그처럼 사소해 보이는 사건들이 꿈을 모조리 지워버릴 것이라고 생각할 만한 근거가 없었다.

_가즈오 이시구로Kazuo Ishiguro, 《남아 있는 날The Remains of the Day》

"당신은 어머니 지구를 품고 있습니다. 어머니 지구는 당신 밖에 있지 않아요."

_틱낫한, 조 콘피노Jo Confino와 진행한 인터뷰(2012)

온라인 쇼핑 같았다. 배달원이 있었고 소포가 있었으니까. 하지만 데이비드가 받은 박스는 특별했다(평범한 포장용 박스라기보다는 마트료시카 인형 같다고나 할까). 도착한 박스 겉면에는 유엔 코드 1845와 3373이 찍혀 있었다. 각각 고체 형태의 이산화탄소와 카테고리 B의 생물학 물질이 들어 있음을 나타낸다. 데이비드는 능숙한 솜씨로 박스를 열고는 예상대로 아이스박스를 발견했다. 스티로폼 박스 뚜껑을 열자 수증기 한 줌이 피어올랐다. 안에는 드라이아이스와 생물재해 주의 마크가 찍힌 봉지들이 들어 있었다. 각각의 봉지에는 IFAW 12-228 Dd, IFAW 12-223 Dd, IFAW 12-200 Dd라는 표본 라벨이 붙어 있었다. 데이비드가 봉지 하나를 열자 안에서 더 작은 봉지가 나왔다. 그리고 그곳에서 그토록 찾던 보물을 꺼내 들여다보았다. 그건 멈춘 시간 속에 갇힌 돌고래의 한쪽 뇌였다.

독성학을 전공한 신경병리학자 데이비드 데이비스David Davis는 마이애미대학 뇌기증은행Brain Endowment Bank에 소속돼 있으며 우편으로 뇌를 받는 게 업무의 일환이다. 이번에 받은 돌고래 뇌는 총 7개로 케이프코드에서 왔다. 이것들은 이미 플로리다주에서 와서 데이비스의 연구실에 보관되어 있는 다른 7개의 돌고래 뇌와 함께할 것이다. 14개의 뇌는 전부 중간선을 따라 반으로 쪼개져 있다. 한쪽 반구는 섭씨 영하 80도의 기온에서 냉동됐고 나머지 반구는 포르말린이라는 포름알데히드 기반 방부제에 담겼다. 얼린 반구는 독소 분석에 활용할 것이고 방부 처리한 반구는 적혈구보다 얇은 두께로 잘라 슬라이드에 올린 다음 물리적 이상이 없는지 조사할 것이다.

병코돌고래와
버빗원숭이의 이상한 뇌

돌고래 뇌가 플로리다주 연구실에 덩그러니 보관되어 있었던 이유는 2005~2012년 근처 해안으로 돌고래들이 떠밀려 와 고립된 채 죽었기 때문이다.[1] 이상적인 연구대상이었다. 돌고래 좌초 현상은 호기심을 불러일으킨다. 대서양 해안과 멕시코만 북부에 사는 약 20만 마리의 병코돌고래 중 매년 약 800마리만이 좌초된 채 발견된다. 지능이 높은 최상위 포식자인 돌고래는 감시종sentinel species(흔히들 말하는 '탄광의 카나리아')으로 여겨진다. 과학자들은 좌초 현상을 관찰하고 연구함으로써 해양 건강뿐만 아니라 인간과도 관련될 수 있는 환경 및 기후 추세를 이해할 수 있다.

"좌초stranding"라는 용어는 교묘한 완곡어법으로, 해양 동물이 죽은 채로 발견되든 산 채로 발견되든 상관없이 쓸 수 있다. 어느 쪽이든 자연 서식지로 돌아갈 수 없는 상태이기만 하면 된다. 때때로 좌초는 해양 동물이 배에 부딪혀 상처를 입거나 유출된 기름을 마시거나 해양 쓰레기에 얽혀 발생한다. 그러나 더 흔하게는 질병이나 서식지 훼손

146

으로 인해 발생한다. 2018년 데이비스와 그의 동료들이 돌고래 조사 결과를 과학 저널에 제출할 무렵 플로리다주 남서부에서는 180마리 이상의 병코돌고래가 해안으로 떠밀려 왔다. 국립해양대기국NOAA이 "이례적인 대량 사망 사건"이라고 언급할 만큼 충격적인 집단 떼죽음 사건이었다. 뒤이어 연방정부 차원의 조사가 이루어졌다. 그들이 지목한 원인은 **카레니아 브레비스**Karenia brevis라는 조류가 분비한 독소였다. 카레니아 브레비스는 대증식을 거쳐 마른 피 색깔의 군락을 이루는데, 이 적조 현상 중에 조류 세포가 터지면서 방출되는 화합물이 브레베톡신brevetoxin이다.

데이비스와 동료 연구진은 이례적인 대량 사망 사건보다는 만성적인 노출에 관심이 있었다. 물론 썩은 생선 냄새가 나는 녹물은 잠재적인 독소로 쉽게 지목될 수 있다. 그러나 살인마가 전부 피 칠갑을 하고 다니는 건 아니다. 적조와 기름 유출 같은 눈에 보이는 위험 요인을 배제하더라도 좌초 현상은 과학자들에게 수수께끼를 남긴다. 일부 연구자들은 돌고래의 항법장치에 오류가 발생할 때 돌고래가 스스로 좌초한다고 주장했다. 예를 들어, 퇴적물이 풍부해 수심이 얕고 지면에 경사가 진 해안선 근처에서는 돌고래의 반향 탐지 능력에 혼선이 생겨 좌초할 가능성이 높아진다. 보통은 깊은 물에서 수영하는 데 익숙하기 때문이다. 하지만 돌고래는 지능이 높은 동물로 유명하지 않나? 그런 돌고래가 왜 해변을 자기 집으로 착각하는 걸까?

이미 몇 해 전부터 데이비스에게는 다른 우편물로부터 시작된 의문이 하나 있었다. 박스 안에는 남아프리카와 서인도제도에 주로 서식하는 작고 회색 털을 가진 버빗원숭이의 뇌가 들어 있었다. 상자를 보낸 사람은 와이오밍주 잭슨홀에 있는 비영리기관 브레인케미스트리연구소Brain Chemistry Labs의 민속식물학자 폴 앨런 콕스Paul Alan Cox였다. 그는 데이비스에게 전문가적 견해를 요청했다. 콕스의 질문은 사실상 이렇게 요약할 수 있다. **여기 이상한 점이 보이시나요?**

데이비스는 눈에 보이는 모든 것을 기록했다. 그는 대기오염이 뇌에 미치는 영향을 자주 관찰해왔으며 미세한 외부 입자가 뇌에서 일으키는 미묘한 변화에 익숙했다. 그러나 염료에 담가 현미경으로 관찰한 뇌 조직에는 미묘한 구석이 없었다. 오히려 잭슨 폴록 그림처럼 딱 봐도 난잡했다. 충격적인 광경이었다. 데이비스는 독소가 원인일 것이라고 짐작했다. 그게 아니라면 콕스가 굳이 본인에게 연락하지 않았을 테니까. 하지만 병리학적 관점에서는 뇌가 독살된 것처럼 보이지 않았다. 염증 문제도 아니었다. 그보다는 구조적인 문제에 가까웠다. 회백질에는 플라크와 엉킨 단백질 덩어리가 잔뜩 보였다. 이는 뇌에서 신경퇴행성 질환이 나타나는 징후였다.

데이비스는 자신이 내린 결론이 말도 안 됨을 알았다. 그럼에도 콕스에게 이렇게 답했다. "이중 절반은 알츠하이머병을 앓았던 것으로 보여요."[2]

시아노박테리아가 내뿜는
아미노산 독소

시아노박테리아cyanobacteria가 만개한 모습을 하늘에서 내려다보면 오로라 같다. 어두운 물 위를 전기가 번쩍번쩍 지나다니는 모습 같다고나 할까. 남조류라고 알려진 시아노박테리아는 사실 카레니아 브레비스와 달리 조류가 아니다. 핵이 없다는 점에서 박테리아에 속한다. 진화학적으로 이 종이 얼마나 오래되었는지 말하기가 어렵다. 최초의 시아노박테리아가 약 27억 년 전 진화해서 나왔을 때 대기 중에는 산소가 거의 없었다. 지구는 대부분 얕은 바다와 가스를 배출하는 화산으로 이루어졌으며 암석은 비교적 최근에야 등장했다.

하지만 시아노박테리아가 모든 것을 바꿨다. 이전의 생명체는 이산화탄소나 철 같은 화합물을 호흡하거나 부산물로 황이 나오는 기본적인 형태의 광합성을 함으로써 에너지를 얻는 미생물이었다. 그러나 시아노박테리아가 생화학의 큰 난제를 해결했다. 물을 분해하는 방법을 알아낸 것이다. 이 방법은 태양으로부터 더 효율적으로 에너지를 얻게 했으며 실제로도 혁명적이었다. 태양광과 이산화탄소처럼 물은 어디에나 있기 때문이다. 고생대의 새로운 제왕 시아노박테리아는 굶주릴 일이 없었다.

수백만 년 동안 시아노박테리아는 에너지를 흡수하고 번식했다. 군락을 형성하고 가는 실 모양의 다세포 종을 진화시켰다. 황산염을 호흡하는 박테리아와 협력하는 데 더불어 탄수화물을 비롯한 침전물과도 결합함으로써 몇 센티미터 두께의 층을 형성해 물 위를 떠다녔다. 그러는 와중에 빛을 화학에너지로 전환해 산소에서 수소를 분리시킴으로써 물 분자의 결합을 끊어냈다.[3]

사실 시아노박테리아는 산소를 사용할 필요가 없었다. 광합성을 하기 위해 수소원자에서 양성자를 빼앗기만 하면 됐다.[4] 산소 입장에서는 좋은 소식이었다. 물에서 해방된 산소는 원하는 대로 움직일 수 있었다.

이 순간, 즉 약 24억 년 전, 시아노박테리아는 지구상의 생명체를 거의 다 죽일 뻔했다. 처음에는 광합성 반응에서 산소가 과다하게 나오더라도 해양 미네랄이나 화산 가스가 대기로부터 산소를 포집해 가둬놨다. 하지만 시아노박테리아의 식탐은 끝이 없었고 얼마 지나지 않아 바다가 흡수할 수 있는 한계보다 더 많은 산소를 방출하기 시작했다. 결국 지구 역사상 처음으로 대기 중에 산소가 사라지는 속도보다 축적되는 속도가 더 빨라졌다. 산소가 늘어나는 만큼 메탄이 산화해 사라졌다. 오늘날의 지구 역사가들은 이를 '산소 대폭발 사건Great Oxidation Event'이라 부른다. 다른 생명체들에게는 재앙이었다. 그 시점까지의 생명은 본질적으로 산소 이외의 요소에 의존해 생존했기 때문이다. 이른바 혐기성 생명체에게 새로운 대기는 가스실이나 마찬가지였다. 메탄을 호흡해 살아가는 일부 생명체는 해저의 열수분출구 근처에서 생존했다. 하지만 많은 생명체는 천천히 죽어갔다.

대기가 변화하면서 기후도 혼란을 겪었다. 대기 중 메탄의 온실효과가 사라지면서 지구는 차갑게 식어 눈덩이가 됐다.[5] 열대지역에도 빙하가 생겼고, 수백만 년 동안 적도는 오늘날 남극만큼 추웠다.[6] 전부 다 웬 녀석이 새로운 방식으로 식사하는 법을 찾아낸 탓이었다.

가는 것이 있으면 오는 것도 있는 법. 깊은 겨울 동안에도 일부 생명은 살아남았다. 생존에 필수적인 요소들은 여전히 남아 있었기 때문이다. 화산의 이산화탄소가 결국 대기를 온실로 만들고 빙하기를 종식시킬 무렵 산소를 사용하는 법을 아는 생물체들의 진화를 위한 새로운 도화지가 마련됐다.

그 뒤를 이은 새로운 형태의 대사, 즉 호기성 호흡은 시아노박테리아의 광합성 이후 자연이 해낸 가장 위대한 발명이었다. 새롭게 진화한 미생물은 산소가 풍부한 대기를 마음껏 이용해 당분을 에너지로 전환했다. 이 혁신은 오늘날 우리가 생명이라고 부르는 대부분의 존재(박테리아, 원생생물, 곰팡이, 동물, 그리고 인간)가 밟을 진화의 길을 닦았다. 초기 미생물이 시아노박테리아를 포식해 자신의 유전체에 결합할 때까지 식물이라는 것은 존재하지 않았다. 오늘날 식물이 광합성을 하는 데 사용하는 내부 태양광 농장인 엽록체는 시아노박테리아에서 유래한 셈이다. 시아노박테리아가 생명의 나무를 얼마나 격렬하게 흔들었는지 놀라울 따름이다. 결과적으로 너무나도 아름다운 생명체가 생명의 나무로부터 끝없이 쏟아졌다.

시아노박테리아는 지금도 인류 곁에서 물을 분해하고 햇빛을 흡수한다. 가을과 겨울에는 대개 동면 상태에 들어가거나(일부 종은 최소한의 활동은 한다) 본인이 선호하는 수역의 바닥에 머문다.[7] 그 상태로 몇 달 동안, 물이 너무 차가우면 몇 년 동안 지낸다. 그러나 여름에는 햇볕이 물 깊숙이 닿아 시아노박테리아가 성장을 시작하며 많은 경우 풍선 같은 기포를 형성해 수역 상층부로 떠오른다. 바로 이때부터 사람들은 시아노박테리아를 남조류로 인식한다. 대증식을 통해 수면을 뒤덮은 시아노박테리아는 식물이 엽록소 때문에 녹색으로 보이듯 자신의 광합성 색소에 상응하는 색으로 보인다.

조건이 맞으면 대증식, 즉 녹조 현상이 곳곳에서 폭발적으로 일어난다. 2018년 플로리다주 오커초비호의 시아노박테리아 대증식은 약

1,683km²에 걸쳐 발생했다. 로드아일랜드의 절반을 녹색으로 칠한 것이나 다름없었다. 중국 태호에서는 녹조가 2,331km²에 걸쳐 퍼질 수 있으며 이리호에 증식한 시아노박테리아가 이 기록을 두 배로 경신했다. 연구자들이 위성 데이터를 분석한 결과 발트해에서는 녹조가 최대 19만 4,250km²를 덮을 수 있을 것으로 추정된다. 이는 독일 절반 이상의 크기이다.[8] 마치 다뉴브강과 엘베강 사이의 모든 것이 겨울마다 바다 밑으로 가라앉았다가 6월에 에메랄드 색으로 빛나며 다시 요란하게 떠오르는 것만 같다.

이 모든 걸 한 문장으로 줄이면? 시아노박테리아가 여전히 생명의 나무를 흔들고 있다는 말이다. 데이비스가 콕스에게 알츠하이머병 환자의 뇌와 비슷한 버빗원숭이 뇌 조직에 대한 견해를 전한 직후 콕스는 원숭이 중 절반이 시아노박테리아가 배출하는 아미노산에 노출됐다고 밝혔다. 종종 BMAA로 줄여서 표현되는 화합물인 β-N-메틸아미노-L-알라닌을 이번 사태를 일으킨 신경독소로 판단한 셈이다. 콕스는 데이비스에게 한 가지 사실을 숨김으로써 의혹을 확실히 검증하는 데 성공했다. 바로 원숭이에게 BMAA 화합물이 가미된 과일을 먹이면 뇌 손상이 촉진되는 것 같다는 의혹이었다.

해양 먹이사슬 전반에 걸쳐 발견된 신경독소

콕스는 오래된 가설에 다시금 생명을 불어넣은 것이나 다름없었다.

1960년대 중반, 미국 공중위생국에 의해 괌으로 파견된 인류학자 마조리 그랜트 와이팅Marjorie Grant Whiting은 차모로라는 동네에서 신경퇴행성 질환이 위험할 만큼 높은 빈도로 나타나는 현상을 조사하기 시작했다. 이는 떨림, 마비, 치매 등 신경학적 장애가 골고루 나타나는 리티코-보딕lytico-bodig이라는 질병이었다. 와이팅에게 이것은 특정 종류의 콩을 먹어 발생하는 마비 상태인 라티리즘과 매우 비슷해 보였다. 이 콩은 β-N-옥살릴아미노-L-알라닌BOAA이라는 아미노산을 함유하고 있다. 차모로 사람들이 현지 소철로 토르티야 가루를 만든다는 것을 알고 있던 와이팅은 BOAA가 그 씨앗에 숨겨져 있을지도 모른다고 의심했다.

의심은 거의 들어맞았다. 화학 분석 결과, 식물은 완전히 새로운 종류의 화합물인 BMAA를 포함하고 있었으며 이는 BOAA와 분자상으로 한 톨만큼 다른 것으로 밝혀졌다.[9] 이후 수십 년 동안 연구자들은 BMAA 분자를 분리해 쥐, 새, 그리고 영장류를 대상으로 실험함으로써 BMAA가 신경독소로서 어떤 영향을 미치는지 확인했다. 와이팅의 직관 덕분에 사건은 해결된 것처럼 보였다. 유일한 문제는 독소가 건강에 미치는 심각한 영향을 관찰하려면 소철 전분으로 만든 토르티야를 먹었을 때 섭취할 수 있는 BMAA의 양보다 훨씬 많은 양의 BMAA에 인간을 노출시켜야 한다는 점이었다. 수백 킬로그램을 먹여야 한다는 뜻이다. 결국 1980년대 후반 즈음 소철에 의한 신경퇴행 이론은 유행에서 벗어났다. 투자도 뜸해졌다.

하지만 21세기에 들어서면서 폴 콕스는 신경과학자 올리버 삭스Oliver Sacks와 함께 리티코-보딕이라는 질병에 주목하기 시작했으며

BMAA 가설을 되살렸다. 2002년 논문에서 두 연구자는 만성 노출이 중요하다고 주장했으며 이전 연구가 먹이사슬 전체를 고려하지 못했다고 지적했다.[10] 예컨대, 과일박쥐와 돼지도 소철 열매를 먹는데 둘다 차모로 사람들의 주식에 포함된다. 독소가 지방에 저장될 수 있다는 점을 고려한다면 이와 같은 이차적인 경로를 통해 BMAA를 추가로 섭취했을 가능성이 높았다.

콕스와 그의 동료 산드라 바낙Sandra Banack은 이듬해 현지 과일박쥐에게서 엄청난 수준의 BMAA를 검출함으로써 추측을 확증하는 데 성공했다.[11] 연구에 따르면, 한 마리의 박쥐를 먹는 것만으로도 소철 전분 998kg을 섭취하는 것이나 다름없다.

경종이 울렸다. 콕스와 바낙은 다시 인간에게로 주의를 돌렸다. 2004년, 그들은 캐나다 브리티시컬럼비아대학 킨스먼신경학연구소 Kinsmen Laboratory of Neurological Research에 보관된 인간 뇌를 대조군으로 삼아 리티코-보딕 환자의 신경 조직과 비교했다. BMAA는 리티코-보딕 환자 뇌에는 있었지만 대조군에는 거의 없었다. 대조군 뇌의 주인들은 심장마비나 림프종 또는 췌장암 같은 질환으로 사망했다. 그런데 예외가 있었다. 그중 두 개의 뇌가 알츠하이머 환자들로부터 왔으며 그곳에도 BMAA가 있었다는 점이다.

연구결과를 발표할 무렵 콕스와 바낙은 그 화합물이 시아노톡신 cyanotoxin이라는 것을 깨달았다. 시아노박테리아는 소철 뿌리와 공생하면서 독소를 극소량 분비하여 소철 씨앗으로 전달한다. 우편으로 보내는 작은 탄저균 봉투 같다. 하지만 캐나다에서는 소철을 찾을 수 없었다. 그런데도 그 독소가 괌에서 9,012km 떨어진 알츠하이머 환자들의 뇌에 숨겨져 있다는 것은 무엇을 의미할까? 연구자들은 소철 뿌리에서 시선을 돌렸다. 그렇다. 시아노박테리아는 지구상 모든 대륙의 물에서도 산다.

호수와 해안이 주무대였다. 이후 10년 동안 콕스와 바낙을 비롯한 연구자들은 시아노박테리아 대증식과 BMAA는 물론 BMAA가 동물에게 어떤 독성 작용을 하는지에 관해 일련의 조사를 실시했다. 해안에 위치한 연구실에서는 해당 독소가 해양 먹이사슬 전반에 걸쳐 발견된다는 사실을 파악했다. BMAA는 조개류, 갑각류, 저서어류에서 발견되었으며 상어 지느러미와 상어 근육에서도 나타났다.[12] BMAA를 생성하는 시아노박테리아는 종류도 다양했다. 무엇보다도 BMAA는 사람들의 뇌에 계속 나타났다.

데이비드 데이비스는 2013년 마이애미로 이사한 직후 이런 연구 열풍에 합류했다. 버빗원숭이 연구가 충격적이기는 했지만 뇌기증은행의 다른 연구자들이 이미 몇 해 전에 보고한 사실, 즉 BMAA가 플로리다주 사람들의 뇌에서도 발견된다[13]는 사실은 그 경위를 설명할 길이 없었다. 플로리다주 사람들의 뇌는 이미 보관 처리가 된 샘플이었기 때문에 당시와 지금의 물에서 무슨 일이 일어나고 있는지에 대해 그리 많은 정보를 알려주지 못했다. 데이비스는 다시 먹이사슬로 돌아가 인간에게 의미가 있을 것 같은 감시종을 찾는 데 집중했다. 예를 들어, 돌고래와 매너티는 둘 다 인간만큼 정교한 신경 체계를 가지고 있고 시아노박테리아가 대증식하는 수역 근처에 살며 동일한 환경에 서식하는 생명체를 먹이로 삼는다. 돌고래나 매너티의 경험을 이해하는 것은 인간의 경험을 이해하는 것과 비슷할 수 있다(데이비스의 말에 의

하면 "BMAA가 연어에게 어떤 영향을 미치는지 이해하기는 어렵다"). 무엇보다도 데이비스 입장에서는 돌고래의 뇌를 구하는 게 더 쉬웠다.

데이비스와 동료들이 2019년에 발표한 연구에 따르면 검사를 진행한 돌고래 14마리 중 13마리에게서 BMAA가 검출됐다.[14] 시아노톡신에 음성 반응을 보인 한 마리는 보트에 치여 사망한 것으로 보였다. 시아노박테리아가 상대적으로 풍부한 담수와 염수에서 살았던 플로리다주 돌고래는 심해에서 대부분의 생애를 보낸 케이프코드 돌고래보다 뇌에 BMAA가 훨씬 높은 농도로 쌓여 있었다. 그리고 몇 년 전 콕스가 보낸 버빗원숭이의 뇌처럼 플로리다주 돌고래의 뇌도 알츠하이머병에 걸린 것처럼 벌집이 되어 있었다.

데이비스는 이 연구가 인간에게도 완벽하게 적용되리라 생각하지는 않는다. 돌고래는 인간과 달리 수분에 훨씬 더 많이 노출된 삶을 산다. 데이비스의 말대로 돌고래는 스테이크를 먹지 않는다. "하지만 돌고래가 자연적으로 살아가는 환경에 이 독소가 증가하면 돌고래 체내의 독성 역시 증가하는 것을 확인할 수는 있죠."

기후변화가 시아노박테리아의 대증식을 부르다

이 발견은 우려를 불러일으킨다. 오늘날 시아노박테리아가 더 넓은 지역에 걸쳐 만개하고 있기 때문이다. 예를 들어, 유럽과 북미의 호수 퇴적물을 분석한 결과 산업 혁명 이후 60%의 호수에서 시아노박테리아의 증식 속도가 다른 미생물의 성장 속도를 초월하여 더 높은 빈도로 녹조를 생성하는 것으로 나타났다.[15] 이 경향은 1945년 이후 가속화되었다. 또한 위성 이미지에 따르면 1980년대 이후 전 세계 호수의 70%에서 녹조의 심각도가 증가했다.[16] 시아노톡신에 주목하기 시작한 신경과학자들 입장에서 이런 현실은 산불이 도로를 건너 확산되는 광경을 지켜보는 느낌이다.

시아노박테리아가 번성하려면 세 가지 조건이 충족되어야 한다. 첫째, 태양광이 닿아야 한다. 둘째, 적절하게 배합된 영양소가 필요하다. 셋째, 따뜻한 물이 있어야 한다. 태양은 앞으로 50억 년 동안 소멸할 일이 없으므로 첫 번째 조건은 일반적으로 충족된다. 그리고 인간의 개입 덕분에 나머지 두 조건 역시 점점 더 쉽게 충족된다.

시아노박테리아는 우리가 먹지 않는 것을 먹을 줄 안다. 정확히 말하자면, 미드웨스트 옥수수밭과 플로리다주 사탕수수밭의 토양에서 농업유출수가 나와 물로 운반되면 시아노박테리아에게 좋은 먹잇감이 된다. 합성비료 대부분의 필수 성분인 질소와 인은 시아노박테리아 군락에 사실상 영양소 뷔페를 제공한다.[17] 전 세계 경작지에 분포되는 반응성 질소의 3분의 2 정도가 해당 작물에 흡수되지 않은 채 유출된다.[18]

비료 폐기물이 하류로 흘러들어 미치는 영향은 다양하고 예측하기도 어렵지만 그럼에도 확실한 건 그 과정에서 승자는 미생물이라는 점이다. 호수와 만은 제각기 나름의 화학적 균형을 이루고 있는데 시아노박테리아 종은 서로 다른 비율의 비료 성분을 선호한다. 예를 들어, 일부 종은 대기에서 질소를 끌어올 수 있기 때문에 수중에 질소가 얼마나 있는지 신경 쓰지 않는다. 그러나 어떤 종은 물에 질소 비율이 늘어나면 급격히 증식한다. 대체로 이런 종들이 신경독소를 생성한다. 요컨대, 더 많은 비료를 쓰면 더 많은 BMAA가 생긴다. 여기에 폴 콕스와 산드라 바낙 같은 학자들의 연구를 적용해보면? 더 많은 BMAA가 생겼으므로 뇌 손상이 더 많이 일어난다.

대탄산화 사건도 빼놓을 수 없다. 이산화탄소 배출은 시아노박테리아 뷔페에 디저트를 더해준다. 녹조가 번성하는 데 필요한 따뜻한 물은 지구온난화 덕에 넘쳐난다. 여기에 화석연료에서 배출된 이산화탄소마저 물에 용해되면 시아노박테리아 군락 입장에서는 광합성에 필요한 연료가 생긴 셈이니 신나게 빨아들이면 그만이다.

온도와 산성화 효과도 시너지를 일으킬 것이다. 2018년, 호주 연구자들은 소규모 해양 서식지를 여러 군데 구현한 다음 6개월 동안 각각의 실험 생태계에 기후학자들이 예상하는 21세기 말의 해양 상태를 적용시켰다. 따뜻하고 이산화탄소가 풍부한 물에서 시아노박테리아는 해저 생물량의 75%나 차지했다(대조 조건에서는 25%에 불과했다).[19] 저서동물은 굶주렸고 상위 포식자들도 고통을 받았다. 에너지의 약 80%가 찌꺼기로 손실되었다. 먹이사슬이 붕괴하는 광경이었다. 시아노박테리아만을 제외하고 말이다.

여기에 심각한 악순환이 더해진다. 기후변화가 더 강렬한 폭풍을 더 자주 유발함에 따라 농업 유출수가 강으로 흘러들 가능성이 높아진다. 농경지에 사용되는 합성비료는 이산화탄소와 메탄보다 온실효과가 강력한 아산화질소의 배출을 촉진한다. 아산화질소 배출량은 다른 온실가스에 비하면 낮은 편이지만 증기기관의 등장 이후 50% 이상 증가했다. 미국 농부들은 75년 전의 선조들보다 질소비료를 40배나 더 사용하고 있다. 더 많은 배출은 더 많은 폭풍을 불러일으키고 더 많은 폭풍은 다시 더 많은 배출을 초래한다.

이것은 버려진 존재가 오래도록(적어도 30억 년 동안) 이리저리 굽이치며 세상을 바꾼 이야기이다. 당신이 최초의 시아노박테리아 군락에 마이크를 들이대고 왜 대기를 뒤틀고 있는 것인지, 왜 이웃 생명체를 질식사에 이르게 하고 있는 것인지 물어본다면 녀석들은 답할 것이다. **우리는 그저 먹이를 기르고 집을 데우려고 했을 뿐인걸.** 무슨 마음인지 인간으로서 이해가 되는 것도 같다.

하지만 내게는 그런 마이크가 없다. 전화선을 통해 데이비드 데이비스에게 물어볼 뿐이다. 데이비스는 굳이 멀리 내다보지 않는다. 오히려 주변을 둘러보고 조직 샘플을 관찰하면서 왜 플로리다주 사람들이 뇌에 이상한 분자를 가지고 있는지 의문을 품는다. 과학을 대중에게 소개할 때는 보통 30억 년 동안의 이야기도 몇 마디로 축약되고는 한다. 녹조 이야기로 시작해서 그런 물에서 수영하지 말라, 개한테 목줄을 채우고 다녀라, 조개를 많이 섭취하지 말라는 경고로 끝나는 식이다. 하지만 데이비스의 말대로 "플로리다주에서 해산물을 언급하는 순간 사람들은 귀를 닫아버릴 것"이다. 인간의 마음은 오랜 습관을 깨도록, 수십억 년에 걸친 장기적인 시야를 갖도록 설계되지 않았다. 인정한다. 하지만 데이비스는 두려움에 떠는 중이다. 우리가 조개 섭취량을 줄이지 않기 때문이 아니라 독소가 공기 중으로도 전파될 수 있기 때문이다.

사막과 물가를 가리지 않고
전파되는 치매

루게릭병ALS(근위축성 측색 경화증), 파킨슨병, 알츠하이머병 같은 신경퇴행성 질환은 제대로 이해된 바가 없다. 그 이유 중 하나는 유전적인 사례가 드물기 때문이다. 예를 들어, 파킨슨병의 경우 85~90%가 명확한 유전적 원인이 없다. ALS의 경우에는 그 비율이 90~95%에 이른다. 소위 산발적 사례이다. 대부분의 환자가 이에 해당한다. 유전적 단서의 부재에 더해 동물이 이런 질병에 잘 걸리지 않는다는 사실 역시 연구를 어렵게 만든다. 데이비드 데이비스는 BMAA에 노출되어 알츠하이머병과 유사한 뇌 조직을 지닌 돌고래가 기억력 손상을 겪었을 가능성을 제시한다. 하지만 어디까지나 추측이다. 신경퇴행을 연구하는 신경과학자는 대개 병리학적 혹은 증상학적 요소 하나 이상을 똑같이 보유한 세포 및 동물 모델을 바탕으로 연구한다. 하지만 모델은 실제와 같지 않다. 간단히 말해, 버빗원숭이는 알츠하이머병에 걸리지 않는다. 2002~2012년, 알츠하이머병 치료를 위해 개발한 약물의 임상실험 실패율은 99.6%에 이른다.[20]

임상학적 발전이 제자리걸음이라는 사실이 비극적이지 않다면 신경퇴행성 질환의 잔인성에 주목해보자. 신경과의사가 ALS에 대해 흔히 하는 말 중 하나는 "최악의 적이라도 이런 질환에 걸리기를 바라지는 않는다"이다. ALS는 현실을 거스르는 수준의 무관심을 보인다. ALS는 사람들의 전성기에 발병하여 운동뉴런을 표적으로 삼는다. 환자는 약간의 경직과 쇠약을 경험한다. 다음으로는 마비가 뒤따른다.

서서히 옷을 입는 능력을 잃고 말하는 능력을 잃고 삼키고 호흡하는 능력을 잃는다. 살아 있음을 정의하는 사소한 움직임들을 하나둘 잃어가는 것이다. ALS를 12개월 이상 앓은 사람 중 증상이 개선되는 경우는 1%도 안 된다. 요컨대, 신경퇴행성 질환은 점진적 쇠퇴를 부른다. 뉴햄프셔주 레바논의 다트머스히치콕의료센터Dartmouth Hitchcock Medial Center의 신경의학자 엘리야 스토멜Elijah Stommel은 최근 한 강연에서 이렇게 말했다. "천천히 그러나 확실히, 그 병은 여러분에게서 모든 것을 빼앗아 갑니다."[21]

스토멜은 매년 50~60건의 새로운 사례를 목격한다. 그는 "환자와 환자의 가족이 공포와 비극을 겪는 모습을 반복해서 지켜보는 것은 참담"하다고 말한다. 그럼에도 스토멜은 ALS 치료 전망에 대해 드물게도 낙관적이다. 그는 앞으로 10~15년 이내에 괜찮은 치료법을 사용할 수 있으리라 예상한다. 신경의학자들이 신경퇴행에 대한 전반적인 이해를 높이고 있으며 환경적인 요인이 다른 위험 요인과 어떻게 **상호작용**하여 질병을 유발하는지에 대해서도 파악하고 있기 때문이다.

이해의 첫걸음을 떼기 위해 스토멜은 ALS 발병 사례의 지리적 분포를 연구했다. 당시는 2008년이었고 몇몇 학부생이 의과대학에 지원하기 위해 추천서를 구하는 중이었다. 추천서를 써주려면 연구 경험이 필요했다. BMAA와 신경퇴행에 관해 새로 밝혀진 사실들에 익숙했던 스토멜은 ALS 연구자로서 시아노박테리아 대증식이 발생하는 지역과 ALS 발병률 사이에 어떤 관계가 있는지 확인하는 것이 가치가 있으리라고 생각했다. 그래서 학생들이 다트머스히치콕의료센터의 전자 의료기록은 물론 뉴잉글랜드의 ALS 환자 자료에 접근할 수 있도록 허락한 뒤 익명화된 정보를 지도에 표시하도록 지시했다.

충격적인 집단 발병 양상이 드러났다. 발병 사례 중 9건이 여름에 남조류 대증식이 일어난 뉴햄프셔주 서부 마스코마호수 근처에 찍혔다. 전 세계적으로 매년 약 100만 명당 2~3명만이 ALS 진단을 받는다. 따라서 호수 근처에서 9명이 걸렸다는 건 평균보다 10~25배 높은 발병 비율에 해당한다.[22] 환자들은 서로 친족 관계가 아니었으므로 유전적 원인은 아니었다. 더욱이 발병 사례는 대개 우세풍의 영향을 받는 해안에 집중되어 있었다. 심지어 환자 중 집주인과 정원사도 있었는데 둘이 같은 곳을 자주 다녔던 것으로 밝혀졌다. 스토멜은 이렇게 강조한다. "그렇다고 시아노박테리아가 ALS 사례를 유발한다는 뜻은 아니다. 하지만 맑지 않은 물 근처에 있다가 ALS를 얻을 위험성이 있다는 뜻은 된다."

연구 초반에는 마스코마호수에서 BMAA를 검출하는 데 실패했다. BMAA는 측정하기 어려운 미세한 입자인데, 시아노박테리아가 생성하는 독소가 BMAA만 있는 것도 아니다. 간 손상을 유발하는 마이크로시스틴microcystin부터 출혈을 유발하는 실린드로스퍼모신cylindrosper-mopsin은 물론 **아나베나 플로스-아쿠아**Anabaena flos-aquae라는 시아노박테리아가 생성하는 아나톡신anatoxin에 이르기까지 온갖 독소를 내뿜는다. 스토멜의 설명에 따르면 특히 아나톡신은 농업용 살충제보다 2,000배 이상 독한 독소로 "개를 2~3분 만에 죽일 수 있다"고 한다.[23] 따라서 시아노박테리아 대증식이 일어난 물과 에어로졸에 노출되면 시아노톡신 칵테일을 들이켜는 것이나 다름없다. 여기에 다른 잠재적인 환경 독소(중금속, 곰팡이 등)를 추가하면 더 무시무시해진다. 게다가 우리는 그 성분들이 우리 몸속에서 어떻게 상호작용하는지도 모른다.

스토멜은 현재 뉴햄프셔주 연구의 집단 발병 환자들이 에어로졸 형태로 해양 독소에 노출되었으리라 생각한다. 파도, 난기류, 바람에 의해 발생하는 물마루는 박테리아, 조류의 세포, 관련 독소 등을 공기 중으로 띄울 수 있다. 스토멜은 이렇게 지적한다. "흥미롭게도 ALS 환자 중 여럿이 에어로졸화가 흔히 발생하는 댐 근처에 살았다."

과학자들이 브레베톡신과 마이크로시스틴이 에어로졸화된 물을 통해 이동할 수 있음을 확인한 이상 해양 신경독소의 에어로졸화 이론 역시 받아들이지 못할 이유가 없다. 실제로 연구자들은 에어로졸화된 녹조가 초파리에게 운동 장애를 유발하는 것은 물론 신경근육에도 장기적인 문제를 일으킨다는 사실을 밝혀냈다.[24] 다른 연구에서도 BMAA가 쥐의 후각망울에 악영향을 미친다는 사실이 드러났다.[25] 2014년에 스토멜은 마스코마호수로 다시 관심을 돌렸다. 더불어 데이비드 데이비스에게 버빗원숭이의 뇌 조직을 보낸 연구자 폴 콕스가 합류했다. 그들은 이전보다 한층 더 표적화한 방법을 사용하여 잉어의 뇌, 간, 근육 조직에서 BMAA를 검출하는 데 성공했다.[26] 심지어 공기 필터에서도 BMAA를 발견했다.

내가 와이오밍주 잭슨홀에 있는 폴 콕스의 브레인케미스트리연구소를 방문했을 때 연구원들은 막 플로리다주 남서부로부터 새로운 샘플을 전달받은 뒤였다. 샘플을 보낸 곳에서는 최근 칼루사워터키퍼 Calusa Waterkeeper라는 기치 아래 과학자와 운동가가 모여 시아노박테리아 대증식에서 비롯한 공기 전파 독소를 조사하기 시작한 상황이었다. 칼루사워터키퍼 일원인 존 카사니John Cassani는 이전에 지방정부에서 수자원 관리 사무관으로 일했던 생태학자이다. 그는 공기를 통해 전파되는 시아노톡신에 관한 소문을 접한 이후로 포트마이어스에서 소문을 검증해보기로 결심했다. 포트마이어스가 조류 대증식이 자주 발생하는 지역이었기 때문이다. 일례로 2018년에는 플로리다주 남서부에서 적조 현상이 시아노박테리아 초대증식 현상과 16km나 겹쳐서 나타나기도 했다. 카사니는 당시를 "재앙"이라 불렀다. 그런 그가 콕스와 접선한 덕분에 브레인케미스트리연구소는 새로운 현장 조사지를 확보한 셈이 되었다. 폴 콕스와 그의 동료들은 BMAA를 찾기 위해 어디든 가리지 않고 뒤졌다.

좋은 판단이었다. 시아노박테리아는 심지어 사막에서도 살기 때문이다. 한 가지 확실한 건 녀석이 생존하는 데 많은 물이 필요하지 않다는 점이다. 시아노박테리아는 놀라울 정도로 생존력이 강하다. 예를 들어, 카타르에서는 시아노박테리아가 형성한 층이 사막 대부분을 덮은 채 모래 입자를 한데 엮는 데 기여한다. 시아노박테리아는 한 해 중 상당 기간을 휴면 상태로 지낸다. 그러나 봄에 비가 오면 광합성을 시작해 성장한다. 이 현상은 학자들의 흥미를 끌었는데 걸프전 참전용사들 사이에서도 ALS가 높은 비율로 나타났기 때문이다. 혹시 군대가 사막을 이동하는 중에 시아노박테리아 분진을 일으켰던 걸까? 콕스 연구진이 걸프로 날아가 확인한 결과 실제로 시아노박테리아층에 BMAA가 함유되어 있었다.[27] 이렇듯 시아노톡신은 호수에만 있는 게 아니다. 지구상에서 가장 건조한 지역에도 있었다. 조류 분진이라니. 독소가 공기로도 전파된다는 사실이 명확해졌다.

스토멜은 농담 삼아 이렇게 제안한다. "군사 개입을 전부 중단할 수 있으면 좋겠네요. 군대가 ALS 발병률을 높이는 위험 요인으로 보이거든요. 소각 구덩이, 고엽제, 살충제까지. 어떻게든 줄여야 하는 위험한 요소들 천지입니다." 한편, 마귀곰보버섯 역시 프랑스 알프스의 ALS 집단 발병 사태와 연관된 것으로 밝혀졌다.[28] 2018년에 〈예일 생물학 및 의학 저널Yale Journal of Biology and Medicine〉에는 '조류 대증식 확산으로 인한 식품 내 시아노톡신의 위험성 증가Algal Bloom Expansion Increases Cyanotoxin Risk in Food'라는 논문이 실렸다.[29] 수상스키 역시 ALS 발병률과 관계가 있는데 이는 에어로졸 노출 때문인 것으로 추정된다. 이렇듯 시아노톡신은 소철 열매를 훨씬 넘어서는 광범위한 문제다.

미국 환경보호국EPA이 발표한 〈미국 오염 수역 지도집Atlas of America's Polluted Waters〉에 따르면 미국에서만 2억 1,800만 명의 사람들이 오염된 수역 16km 이내에 살고 있다.[30] 신경퇴행성 질환은 미국에서만 매년 최소 500만 명의 사람들에게 영향을 미친다. 그 숫자는 2050년까지 최소 1,400만 명으로 증가할 것으로 예상된다. "모든 사람이 두려워해야 합니다." 시아노톡신 전문가인 제임스 메트칼프James Metcalf가 청반지에 크록스 차림으로 브레인케미스트리연구소를 안내하면서 말했다. "저는 두려워요."[31] 방금 언급한 전망은 대증식이 일어나는 빈도가 늘어난다는 사실이 고려되지 않았다. 예측을 내놓은 유행병학 협회들이 시아노박테리아가 신경퇴행을 유발한다는 가설을 온전히 지지하지 않기 때문이다.

칼루사워터키퍼의 카사니는 정부가 쏟아지는 증거를 보고도 주저하는 것에 대해 한탄한다. "저희가 이해한 사실에 비추어 볼 때 지침이

자문 수준에 머물러 있다는 현실이 너무 충격적입니다."[32] 메트칼프는 기후변화가 치매를 전염시키는 전망이 종말론 코미디를 보는 것만 같다며 이렇게 말한다. "저는 그저 제 딸을 바라보며 우리도 뭔가를 하려고 했다고 말할 수 있기를 원합니다."

수은 중독, 마비, 알츠하이머병의 상승 효과

2017년 여름, 조용한 환호 속에서 대중에게 상대적으로 덜 알려진 유엔 조약, 미나마타 협약이 발효되었다. 1950년대 세계에서 가장 치명적인 수은 중독 발병지로 알려진 일본 도시의 이름을 딴 미나마타 협약은 환경으로 내보내는 수은의 양에 법적 한계를 설정했다. 사실상 수은에 대한 파리 협약이다. 여러 진술에 따르면 이 협약은 효과가 있었다. 지난 10년 동안 미나마타 협약을 중심으로 이루어진 외교 및 산업 협력은 세계 수은 배출량의 안정화를 이끌었으며 일부 지역에서는 배출량 감소를 보이기까지 했다. 국제 환경 정책 중 드물게 성공적이었다. 하지만 아미나 샤르툽Amina Schartup은 이게 과연 승리일지 의아해했다. 참다랑어가 점점 더 수은에 중독되어가는 현상을 관찰했기 때문이다.

자신을 수은광이라 칭하는 샤르툽은 스크립스해양연구소Scripps Institution of Oceanography의 연구원이다. 2019년, 샤르툽은 수십 년에 걸쳐 쌓인 메인만 해양 생태계 자료를 분석하던 도중 미나마타 협약의 성과를 수포로 돌아가게 만드는 원인을 발견했다. 바로 지구온난화였다. 메인만은 다른 지역보다 더 빠르게 온난화의 영향을 받았고 물이 따뜻해짐에 따라 참다랑어 같은 포식자들은 더 빠르게 수영하고 더 많은 에너지를 소모했다. 그만큼 배가 고파진 참다랑어는 더 많은 먹이를 잡고 그 연장선에서 더 많은 메틸수은(물고기에 축적되는 수은 부산물)을 섭취했다.[33]

이는 먹이사슬의 다음 고리, 즉 인간에게 위험을 초래한다. 사람들에게 메틸수은은 시력 손실과 언어 장애를 일으키는 강력한 신경독소다. 인간의 메틸수은 노출의 80% 이상은 해산물에서 비롯된다.

다시 말해, 환경변화에 의한 뇌 손상은 시아노톡신에 국한되지 않는다. 그랬다면 우리가 문제에서 벗어나는 게 그리 어렵지 않을 것이다. 우리가 매일 노출될 수 있는 신경독소의 목록을 죄다 나열하지는 않겠다. 이 책을 다 읽더라도 안심하고 집 밖으로 나설 수 있기를 바라기 때문이다. 하지만 꼭 전달해야 할 요점이 있으니 한두 가지 예를 더 다뤄보겠다.

수온이 상승하고 바다가 점점 더 많은 이산화탄소를 흡수함에 따라, 마비를 일으키는 해양 독소가 번성할 것이다.[34] 조류 대증식의 원인이 시아노박테리아만은 아님을 기억하자(카레니아 브레비스만 하더라도 적조를 유발한다). 예를 들어, 일부 와편모충이 증식하면 성페로몬 삭시톡신을 내뿜는다. 인간 입장에서는 마비를 유발하는 화합물이기에 치명적이다. 물에 삭시톡신saxitoxin이 많아지면 먹이사슬에서 더 높은 위치에 있는 생명체에게는 그만큼 더 많은 삭시톡신이 축적될 것이다. 조개류, 특히 알래스카조개는 삭시톡신의 주된 저장소이며 삭시톡신으로 오염된 조개 하나를 먹는 것만으로도 마비성 패류 중독PSP에 걸릴 수 있다. 이게 얼마나 위험한 병인지 설명할 수 있는 이로 조야 터스테인Zoya Teirstein만큼 적합한 사람도 없을 것이다.[35]

실험실 장비 없이는 패류가 "독이 올랐는지" 알 방법이 없다. PSP를 일으키는 독소 삭시톡신은 패류의 살에는 아무런 영향을 미치지 않는다. 세균을 처리하듯 튀기거나 끓이거나 얼리는 방법으로는 독을 중화할 수 없다. 알래스카의 어부들은 자신이 먹을 패류를 채취하는 행위를 "알래스카 룰렛"이라 부른다. 패류의 독성이 해변마다, 시기마다, 조개마다 달라질 수 있다는 사실을 인정하는 것이다. 삭시톡신이 인간의 혈류에 들어가면 신경세포가 정상적으로 작동하지 못한다. PSP의 징후는 보통 30분 이내에 나타난다. 먼저 손끝과 입술에 찌릿찌릿하거나 화끈거리는 느낌이 들고 다음으로는 메스꺼움, 구토, 설사가 나타나며 마지막으로는 호흡계가 완전히 마비돼 사망에 이른다. 단 1mg만으로도 치명적일 수 있으며 해독제는 없다.

삭시톡신은 수많은 신경독소 중 하나에 불과하다. 우리는 삭시톡신이 인간에게 치명적일 수 있음을 알고 있지만 환경과는 어떻게 상호작용하는지 거의 알지 못한다. 기후변화가 독소에 미치는 영향은 이제 막 개척되고 있는 지식이다. 그럼에도 2019년에 해양화학생태학자 크리스티나 로가츠Christina Roggatz가 밝혔듯 해양의 산성도와 온도가 해양 신경독소 농도에 영향을 미칠 수 있다는 사실은 "생태독성학뿐만 아니라 종 간 상호작용을 매개하는 화학 신호에 대해서도 많은 것을 시사"한다.[36] 다시 말해, 우리는 수면 아래에서 무슨 일이 일어나고 있는지 막 파악하기 시작했음에도 바다가 산성화되고 온난화될 것이고 독소가 확산될 것이며 궁극적으로 우리의 식단이 독소를 흡수하는 생물에 상당 부분 의존하게 될 것임을 예측한 상태다.

판도라의 상자에는 그 외에도 공포를 유발하는 다양한 존재가 들어 있다. 아미나 샤르툽의 수은 농도 상승에 대한 연구는 상자 안의 다른 내용물에 비하면 소박해 보일 정도다. 예컨대 1970년대에 사람들은 발화지연제 사용을 일부 금지했다. 그것이 내분비계 교란물질이라는 사실이 밝혀졌기 때문이다. 그런데 최근 해수면 상승, 폭풍, 강풍을 통해 발화지연제 성분이 지하수원으로 다시 밀려들고 있다. 비소도 마찬가지다. 오래전부터 악명 높았던 조류 독소 도모산도 빼놓을 수 없다. 2020년 연구에서는 도모산이 제브라피시의 수영 방식을 변질시킨다는 사실이 밝혀졌다. 도모산이 제브라피시의 척수에서 단열층을 스트링치즈 벗기듯 벗겨내고 있기 때문이다.[37]

2021년에는 지질학자들이 그린란드 빙상이 녹으면서 수중으로 수은이 방출되고 있다는 사실을 보고했다.[38] 이는 강을 통해 이루어지는 수은 유출량의 10%에 해당한다. 논문이 나올 때까지 아무도 이 사실을 몰랐다. 또한 해동된 영구동토층에서도 잠들어 있던 수은이 깨어나 흘러나오고 있다는 사실이 밝혀졌다.[39]

간단히 말해, 기후변화는 신경독소 노출의 새로운 지형도를 그리고 있다. 게다가 엘리야 스토멜의 경고대로 이 화학물질들의 효과는 서로 시너지를 일으킬 가능성이 높다.

최근에 데이비드 데이비스는 이러한 상호작용을 탐구하기 위해 연구를 재개했다. 그는 돌고래의 뇌를 다시 살펴보면서 BMAA와 메틸수은이 알츠하이머병과 유사한 병리적 상태에 어느 정도 기여하는지 알아보고자 했다. 자세히 살펴본 결과 데이비스는 우선 BMAA 수준이 높은(인간 알츠하이머병 환자에게서 발견된 수준과 유사하거나 그보다 높은) 돌고래 뇌의 특정 영역에서 단백질 덩어리 밀도가 대조군 돌고래에 비해 최대 14배 증가했다는 사실에 주목했다.[40] BMAA가 더 많을수록 그에 비례해 알츠하이머병과 유사한 병리학적 특성이 더 많이 나타난다는 뜻이다. 또한 연구진은 만성 저용량 메틸수은 중독에 걸린 인간 환자의 부검 결과와 일치하는 수준의 메틸수은을 돌고래의 뇌에서도 발견했다. 더 나아가 연구진은 BMAA에 양성 반응을 보인 돌고래의 뇌 역시 알츠하이머병이나 ALS 같은 신경퇴행성 질환 환자의 뇌처럼 DNA 결합 단백질을 합성하는 유전자에 문제가 있음을 밝혀냈다. 메틸수은이 그런 단백질을 조절하는 과정을 방해한다는 사실은 이미 증명되었다. 연구자들은 이런 증거들이 "BMAA와 메틸수은의 시너지 효과가 가능한 기제를 설명"해준다고 말한다.

시아노톡신의 위험성이 규제되지 않는 이유

상호작용과 노출이 다중으로 겹쳐서 발생하다 보니 얽히고설킨 인과 과정의 경로를 풀어내기가 어려울 것만 같다. 하지만 스토멜은 그렇지 않다고 주장한다. 핵심은 하나의 요인이 ALS 같은 질병을 유발하지 않는다는 것이다. 오히려 다중 혹은 만성 환경 노출이 유전적 돌연변이나 소인과 결합하여 질병의 발현과 진행으로 이어지는 경향을 높인다. 심지어 스토멜은 그 과정이 몇 단계로 이루어지는지조차 알려준다. 바로 여섯 단계다.

그렇게 말할 수 있는 이유는 ALS 발병률에 대한 역학 통계가 환자의 연령과 발병 가능성 사이의 특이한 관계를 드러내기 때문이다. ALS 사례 중 유전성인 경우가 극히 드물다는 사실을 기억할 것이다. 유전성 환자조차 출생부터 관련 돌연변이를 지니고 있었음에도 산발성 환자처럼 인생 후반기까지 질병을 발전시키지 않았다. 아예 증상을 발전시키지 않는 경우도 있었다. 따라서 연구자들은 사람들이 경험할 **가능성이 있는** 위험 요인의 이론적 노출량을 발병 시점과 비교함으로써 발병에 이르기까지 개별 노출이 몇 번이나 이뤄져야 하는지 측정할 수 있다.

이 아이디어는 암 연구에서 비롯했다. 유럽에서는 1927년부터, 미국에서는 1940년대부터 종양학자들이 다양한 인구층이 암을 어떤 식으로 경험하는지 더 잘 이해하기 위해, 결과적으로 시간에 따른 암의 발병률을 추적하기 위해 암 발병률 자료를 수집하기 시작했다. 이 자료를 검토하던 중 1954년에 영국의 통계학자 피터 아미티지Peter Armitage와 리처드 돌Richard Doll은 주요 암이 특이한 연령 분포를 보인다는 사실을 발견했다. 요약하자면, 1년 동안 특정 연령 집단의 사망률이 해당 연령에 특정 지수를 거듭제곱한 수에 비례한다는 사실이었다. 오늘날 연구자들은 이 관계가 여러 암의 **발병 시점**에도 적용된다는 것을 알고 있다. 다시 말해, 연간 발병률은 연령에 비례해 지수함수

꼴로 증가한다. 아미티지와 돌은 이런 종류의 통계적 관계는 여러 단계에 걸친 과정에서 비롯될 수밖에 없다는 것을 증명했다.[41] 즉 암의 경우 인구 내 발병률이 연령에 따라 기하급수적으로 증가하는 이유는 암의 발병이 개별 세포 변형 사건이 단계적으로 일어난 결과이기 때문이다. 연구진은 해당 지수를 계산함으로써(암의 경우 대개 5나 6이었다) 궁극적으로는 전체 인구 자료가 이런 통계적 관계를 반영하려면 한 사람이 몇 번의 세포 변형을 경험해야만 하는지 역으로 추적할 수도 있었다.

ALS에도 아미티지-돌 이론을 적용할 수 있다. 그 결과로 나온 값이 바로 여섯 단계이다. 대부분의 사람들은 6단계까지 도달하지 못한다. 전체 인구에서 ALS 발병률이 상대적으로 낮은 것도 이 때문이다. 그럼에도 확실한 건 BMAA를 섭취하거나 흡입한 불운아는 그로써 ALS 발병에 필요한 여섯 단계 중 한 단계를 밟게 된다는 점이다. 실제로 2021년 연구에서 ALS 사례의 지리적 밀집 현상을 인과적으로 설명할 수 있는 환경 요인에 순위를 매긴 결과 BMAA 노출이 최고의 영예를 안았다.[42] 연구자들이 고려한 다른 어떤 요소도 지리적으로 밀집된 집단 발병 사례를 더 잘 설명할 수 없었다. 앞으로 대증식 빈도가 증가함에 따라 독소의 추가적인 타격을 받는 사람들의 수(여섯 단계 중 하나를 밟는 사람들의 수)는 계속 증가할 것이다.

미나마타 협약을 다시 떠올려보자. 우리는 수은이 뇌에 어떤 영향을 미치는지 알기 때문에 수은을 규제한다. 삭시톡신의 경우에도 미국 대부분의 연안 주들은 엄격한 검증 시스템에 따라 독소 농도가 특정 기준을 초과할 때 해변을 낚시금지 구역으로 설정한다. 하지만 β

-N-메틸아미노-L-알라닌에 대해서는 그런 규제가 없다. 시아노톡신과 신경퇴행성 질환 간의 상관관계를 뒷받침하는 증거가 점점 더 많이 나오고 있는데도 말이다. 비전문가인 나로서는 이런 질문을 던지고 싶다. BMAA의 영향이 실존한다고 판단할 때는 대체 언제일까? 눈에 보이지도 않는 상관관계를 사실로 인정받게 하려면 어떤 노력을 기울여야 할까? 마치 열기가 지닌 독성을 증명해야 했던 조슈아 그래프 지빈이 된 것만 같다.

스토멜은 흡연이 폐암을 유발한다는 것을 증명하는 데 수십 년이 걸렸다고 상기시킨다. 하지만 폴 콕스는 시아노톡신의 위험성이 대두된 지도 "이미 수십 년이 **지났다**"고 지적한다. 어느 시점엔가 우리는 단호히 목소리를 내야 한다. 과학은 흑백사진이 아니며 우리는 이미 회색지대를 살아가고 있기 때문이다.

담배의 경우 한 줌의 과학적 발견이 의료계에 전해지면서 목소리가 터져 나오기 시작했다. 오래도록 공들인 연구가 담배와 폐암 사이의 우려스러운 상관관계를 밝혀낸 덕분이다. 처음에는 의심을, 심지어 분노를 마주했다. 수많은 사람이 사랑하는 취미이자 사교모임의 핵심이 어떻게 소리 없는 암살자가 될 수 있단 말인가? 따라서 학계의 결론을 정책으로 전환하기 위해서는 메시지가 상아탑을 넘어 대중적인 공론의 장에까지 전해져야 했다.

간단히 말해, 정치적 노력도 중요하다는 뜻이다. 비평가들 역시 미국 공중위생국 국장이 담배의 위험성을 인정하기를 망설였던 이유가 과학적 불확실성보다는 업계의 로비나 세수의 감소와 훨씬 더 깊은 관련이 있다고 주장한다. 규제에는 값비싼 대가가 따를 수 있다. 바로 이런 이유 때문에 플로리다주 주지사가 돌고래 뇌에 관심을 기울이기도 쉽지 않다. 콕스는 늘 말한다. "정치적 의지가 부족하다면 과학만으로는 충분하지 않습니다."

에어로졸 탐지기가
뒷마당에서 발견한 것

2010년 5월 21일, 마드리드에서 투우사 훌리오 아파리치오Julio Aparicio가 라스벤타스의 투우장에 들어섰다.[43] 검정색과 금색으로 차려입은 그는 오피파로라는 이름의 544kg짜리 황소에 맞섰다. 녀석은 강했지만 훌리오의 단검은 날카로웠고 이것이 훌리오의 인생 첫 투우 경기도 아니었다. 같은 이름을 가진 투우사, 즉 훌리오의 아버지는 1950년대에 전 세계에 이름을 떨쳤다. 요컨대, 5월 21일은 평소랑 다를 바 없는 날이어야 했다. 표를 팔고 황소를 죽이고 다음 계약을 따내면 됐다.

어쩌면 평소랑 다를 바 없는 대처가 실패를 부른 걸지도 모른다. 훌리오 주니어, 속칭 훌리토는 굳이 변수를 두지 않았다. 그저 절차대로 움직였다. 몇 번 망토를 휘둘렀고 오피파로가 돌진할 때마다 좌우로 비켜섰다. 단검을 반대쪽 손으로 넘기고 또 넘겼다. 그러다 결국 넘어졌다.

황소는 돌진하던 중 망토를 지나치자마자 돌아섰고 훌리토는 녀석의 다리에 걸려 넘어졌다. 훌리토가 휘적휘적 바닥을 기어가는 동안 오피파로가 몇 미터 떨어진 곳에서 다시 돌진했다. 발을 한 번 헛디딘 실수가 역사상 가장 유명한 투우 사진 중 하나를 탄생시켰다. 오피파로의 뿔이 두 눈을 질끈 감은 홀리토의 목을 관통해 입으로 나온 장면이었다.

홀리토의 사촌인 마누엘 아파리치오 4세Manuel Aparicio IV는 내게 그 사진을 본 적이 있느냐고 물었다. 마누엘은 집에 1950년대에 제작된 홀리오 시니어 포스터를 가지고 있었다. 그는 삼촌의 찬란한 투우 경력을 소개한 뒤 앞서 언급한 홀리토 사진을 본 사람만 이해할 수 있는 몸짓을 취하며 당시 경기 이야기를 늘어놓았다(놀랍게도 신속한 기관절개술과 턱 재건술 덕분에 홀리토는 몇 주 만에 다시 링에 복귀했다). 편집자가 사진을 넣지 말자고 권했기 때문에 이 책에 싣지는 못했지만, 당신이 고어 장르도 상관없는 독자라면 검색엔진을 이용해 찾아보시기 바란다.

하지만 마누엘이 내게 소개해주려 한 건 아파리치오 가문의 투우 역사만이 아니었다. 그는 내게 ADAM을 보여주려 했다. ADAM은 플라스틱 튜브가 가득 든 아이스박스다. 조류 감시용 에어로졸 탐지기 Aerosol Detector for Algae Monitoring의 약자이기도 하다. 이 기구의 창시자가 바로 마누엘이다. 마누엘은 계산신경과학 박사학위를 가진 은퇴한 엔지니어로 존 카사니가 속한 칼루사워터키퍼에서 자원봉사자로 활동 중이다. 배를 타러 나가는 게 아닌 이상 마누엘은 늘 ADAM과 그 복제품을 만지작거린다. 늦여름의 어느 아침, 샘플링 장소 중 하나인 친구네 집 뒷마당으로 나를 데려간 마누엘은 ADAM이 작동하는 모습을 보여주고 싶어서 어찌나 설렜는지 시아노박테리아가 증식한 물에 맨손을 담가 기구를 꺼냈다. 그러고는 "그러면 안 됐는데"라며 멋쩍은 미소를 지었다.

현장에서 보면 ADAM은 마치 붐 마이크와 주사용 링거가 점심 도
시락 상자에 부착된 모양새이다. 약간 윙윙거리는 소리가 나고 튜브
에 거품이 껴 있다. ADAM은 그곳 공기와 물 표본을 추출하는 중이었
다. 마누엘이 추정하기로는 약 600달러면 ADAM을 만들 수 있다. 사
실상 뒷마당에서 실현하는 과학인 셈이다.

하지만 그와 동시에 세계적인 수준의 최첨단 과학이기도 하다. 마
누엘과 칼루사워터키퍼가 ADAM을 이용해 수행하는 시험은 독보적
이다. 잭슨홀에서 첫 샘플을 분석해 얻은 예비 결과는 그들의 노력이
헛수고가 아니었음을 보여줬다. BMAA가 공기 중에 존재한다는 증거
가 드러났기 때문이다. 굳이 카타르의 사막을 뒤져볼 필요가 없었다.
BMAA는 바로 뒷마당에 있었다. 데이비드 데이비스는 이를 검토한
뒤 내게 이렇게 말했다. "데이터가 진짜라는 전제하에 그들이 측정해
낸 농도는 정말 무서울 정도예요." 데이비스는 인간의 후각 신경조직
에서 "미친 양"의 BMAA가 검출됐음을 보여주는 다른 연구들도 지적
한다. "후각 신경조직에는 혈액-뇌 장벽이 없어요. 얼마나 무서운 일
인가요."

마누엘은 집이 맹그로브 습지에 붙어 있음에도, 즉 위험할지도 모
르는 독소 근처에 살고 있음에도 자신의 건강을 걱정하지 않는다. 충
분히 만족스런 삶을 살았기 때문이다. 회사도 키워서 팔았고 학위도
여럿 땄고 물 위에서 자원봉사도 한다. 그리고 치매도 없다. 하지만 마
누엘은 젊은 세대를 걱정한다. "물고기를 먹든 말든 상관없어요. 수영
을 하든 말든 상관없어요. 물가 바로 옆에 살든 말든 상관없어요. 공기
는 수 킬로미터까지도 이동하니까요."[44] 데이비스처럼 마누엘 역시 자

신이 수집한 에어로졸 자료를 보고 두려워한다.

마누엘의 두려움은 공중보건 정책을 설계하는 방식이 막연하고도 복잡하다는 사실에서도 기인한다. 감시 대상이 사방팔방에 존재하다 보니 단일한 레버를 당기거나 단일한 버튼을 누르는 식으로 신속히 규제 조치를 시행하는 게 불가능하다(20세기 중반에 집, 사무실, 공공장소를 가득 채운 담배 연기가 산소만큼 흔했다는 사실을 기억해보자). 그러한 조치는 과학의 연구, 대중의 절규, 관료적 절차, 정치적 의지가 복잡하게 얽혀 이루어진다. 이런 면에서 정책은 거대한 짐승과 같다. 깨우기 어렵고 움직이기는 더 어렵다. 담배의 경우만 보더라도 담배 업계가 막대한 권력과 부를 활용하여 과학을 향한 의심을 뿌리고 규제 조치를 지연시키는 등 치열하게 반격했다. 결국 1964년에 공중위생국 국장 루터 테리Luther Terry가 쏟아지는 과학적 증거에 대응하기 위해 논쟁에 개입해야만 했다. 그가 소집한 자문위원회는 흡연이 긴급한 조치를 취할 만큼 건강에 위협적인 요인이라는 결론을 제시했다. 마침내 규제가 서서히 이루어지기 시작했다.

물론 마누엘은 루터 테리가 아니다. 그렇다면 그는 여기서 무엇을 하고 있는 걸까? 아이스박스에 튜브를 집어넣고 와이오밍주로 속달우편을 보내는 일? 특집 기사를 널리 알리는 일? 그걸로 충분할까? 본인 말대로라면 마누엘은 지하실에서 발명품을 만지작거리는 은퇴자일 뿐이다. 삼촌이 투우사였고 사촌이 흉터가 남은 투우사였다.

그러나 아침부터 부두에서 일하는 마누엘을 지켜보면서 나는 그의 겸손한 말을 곧이곧대로 받아들이지 않겠다고 다짐했다. 규제로 가는 길은 멀고도 구불구불하다. 그래서인지 정책입안자들은 긴급하게 행동하지 않는다. 하지만 마누엘은 그렇게 한다.

태양이 쏘는 강렬한 빛이 물에 닿아 눈부시지만 그럼에도 내 눈에는 배 위의 마누엘이 걸친 구명조끼가 투우사가 걸친 망토처럼 보인다. 그렇기에 잠시나마 나 역시 맹그로브숲을 가로질러 부는 바람 속에서 라스벤타스의 투우사를 향해 환호하는 사람들의 함성을 듣기로 한다. β-N-메틸아미노-L-알라닌의 화학식은 $C_4H_{10}N_2O_2$이다. BMAA의 골격 도면에는 탄소의 꼬불꼬불한 몸체가 드러난다. 분자 끝에는 양쪽으로 산소 뿔이 솟아 있다. 조금만 눈을 가늘게 뜨고 거기에서도 군중의 함성을 듣는다면 오리온이 사냥하는 별자리를, 조그마한 황소자리를 발견할 수 있을 것이다.

5장

감염

질병의 거대한 역습

커다란 점액질 왕들이
복수를 위해 그곳에 모였고 나는 알았다
내가 손을 담그면 우글우글한 개구리 새끼들이 내 손을 꽉 붙들리란 걸.

_셰이머스 히니Seamus Heaney, 〈**어느 자연 애호가의 죽음**Death of a Naturalist〉

육신을 가진 삶은 참으로 어렵다.

_데이비드 아브람David Abram, 《**동물이 된다는 것**Becoming Anima 》

THE
WEIGHT
OF
NATURE

필립 곰프Philip Gompf는 사촌들이랑 웨이크보드를 즐기며 하루를 보냈다. 2009년 여름의 플로리다주 오번데일, 특별할 것 없는 날이었다. 필립은 막 10살이 됐다. 10살짜리 소년이 탬파와 올랜도 사이에 있는 마을에서 가족들이랑 호수에서 뛰노는 것 말고 무엇을 하겠나?

그러나 필립의 어머니 샌드라 곰프Sandra Gompf가 호수에서 벌어진 일, 즉 필립의 죽음 이후에 발생한 사건들을 읊는 순간 이야기의 장르는 순식간에 호러로 바뀐다.[1] 샌드라에게는 아들이 있었다. 아들은 수영을 했다. 그로부터 일주일 후, 샌드라는 아들의 장기를 기증했다. 실로 급작스러운 전개지만 비행기 추락이나 크레인 낙하 사고 같은 종류의 비극과는 또 다르다. 일반적인 사고에서는 무시무시한 폭발이 일어나고 순식간에 연기가 피어난다. 반면 샌드라의 이야기에서는 스펙터클 따위 존재하지 않는다. 고요한 물만이 있을 뿐이다.

비극은 호수에서 수영한 지 5~6일 후에 시작됐다. 필립이 심한 두통을 호소했다. 샌드라는 감염병 전문가이고 남편 팀은 소아과병원 의사였다. 지독한 두통이 느껴질 때 당신 곁에 있었으면 하는 그런 부모 말이다. 필립이 평소에 두통을 자주 겪었던 건 아니지만 때는 여름이었다. 열이 없었고 목도 뻣뻣하지 않았기에 수막염 같지는 않았다. 아마도 탈수 때문일 것이다. 부부는 필립을 재우기로 결정했다.

다음 날 아침, 필립이 일어나지 못했다. 샌드라는 출근한 상태라 팀이 아들을 확인했다. 이번에는 목이 굉장히 뻣뻣했다. 앞으로 구부릴 수 없을 정도였다. 팀은 필립을 얼른 자기네 병원 응급실로 데려갔고 병원 측에서는 주사로 필립의 척수액을 뽑았다. 염증이 눈에 띄게 심했다. 수막염이라는 뜻이다. 아마도 세균성 수막염일 것이다.

그러나 척수액에서는 어떤 세균도 발견되지 않았다. 염증만 존재할 뿐 다른 어떤 것도 식별할 수 없었다. 과학저널리스트 에린 웰시Erin Welsh와 에린 알만 업다이크Erin Allmann Updyke가 샌드라에게 들은 표현을 빌리자면 "사망에 이르게 한" 염증인데도 말이다. 며칠 후, 필립은 발작을 시작했다. 그리고 뇌사 상태에 빠졌다. 증상이 시작된 지 3일 후, 호수에서 수영한 지 8일 후였다. 샌드라와 팀은 도저히 내릴 수 없는 결정을 내려야만 했다. 생명유지 장치를 떼어내는 일이었다. 부부는 결국 그렇게 했다.

여름에 아메바가 코로 들어갈 때

얼마 후, 장기기증 절차 중에 요청한 필립의 부검 결과가 나왔다. 믿기 힘든 사실이 쌓여만 갔다. 필립의 사망 원인은 **네글레리아 파울러리** Naegleria fowleri에 의한 아메바성 수막염이었다. 아마 이 생물을 속칭 "뇌를 먹는 아메바"라는 이름으로 들어본 적이 있을 것이다. 정말 잘 지은 이름이다.

네글레리아 파울러리는 민물에 산다. 주로 박테리아를 먹지만 뇌 세포도 먹을 수 있다. 생김새는 우리가 흔히 아메바 하면 떠올리는 모습 그대로다. 유사족이라 불리는 작은 돌기가 우툴두툴 나 있는 덩어리 모양 말이다. 이런 모습은 영양체(먹이를 섭취하고 분열하는 단계)에 해당한다. 영양체 상태의 N. 파울러리는 작은 관 형태의 부속기관이 있다.[2] 이는 소위 "빨판" 혹은 "포식 구멍"으로, 다른 세포를 먹는 데 사용된다.

아메바는 단일 생명체로서도 존재하지만 생명의 유동성을 상징하는 은유로서도 존재한다. 아메바는 구름처럼 모호한 생명체이다. 하나의 세포가 존재 전체를 담는 단세포 생물이지만 그와 동시에 복잡한 우주를 담고 있기도 하다. N. 파울러리 같은 아메바는 이슬에 젖은 숲 바닥의 낙엽부터 바다 깊숙한 곳이나 아리에타호 같은 담수는 물론 우리 발밑 흙 내부의 작은 물줄기에서도 발견된다. 아메바를 관찰하다 보면 유연성의 화신을 보는 듯하다. 아메바는 유사족을 확장했다 수축했다를 반복하며 세계를 탐험한다. 먹이가 보이면 집어삼켜 몸으로 둘러싼 채 서서히 흡수한다. 그러는 와중에 고유한 방식으로 세계를 경험하면서 환경 속으로 스스로를 통합시킨다. 실제로 아메바는 고정된 형태를 하고 있지 않다. 녀석은 환경에 적응해 끊임없이 변화하는 단세포로 장애물을 피해 영양분을 포획한 뒤 스스로를 분열시키는 방식으로 번식한다. 아메바는 물이 땅과 만나고 뿌리가 흙과 만나는 경계 지점에서 잘 번성한다. 환경의 윤곽에 맞추어 스스로가 그 윤곽이 되는 것만 같다. "아메바Amoeba"라는 단어가 변화를 의미하는 그리스어 단어 "아모이베amoibe"에서 유래한 것도 납득이 된다.

N. 파울러리는 그런 아메바 중에서도 변신의 귀재다. 모든 개체가 먹이를 섭취하는 데 용이한 영양체로부터 수영하는 데 용이한 편모체로 모습을 바꿀 줄 안다. 독립생활을 하는 아메바 중에서는 유일하다고 보면 된다. 그 덕분에 N. 파울러리는 호수는 물론 당신의 뇌 척수액에서도 수영할 수 있다. 그런 식으로 N. 파울러리는 영양가 있는 먹이를 포착하고 최적의 환경 조건을 찾아낸다. 혹시라도 물이 너무 차가워지면 또 다른 형태를 취할 수 있다. N. 파울러리가 휴면을 취하는 형태인 낭포는 몇 년이고 생존할 수 있다. 사실 N. 파울러리의 낭포가 얼마나 오래 살아남을 수 있는지는 정확히 알려져 있지도 않다. 충분히 연구되지 않았기 때문이다. 하지만 다른 독립생활 아메바에 관한 연구를 참고하면 N. 파울러리 역시 강인하리라 짐작할 수 있다. 일례로, 한 연구에서는 과학자들이 아메바 낭포를 건조시킨 뒤 방사선을 쏘고 표백제에 담근 적이 있다. 그럼에도 낭포는 최대 25년까지 살아남았다. 진화의 눈으로 보면 아메바만큼 최후의 생존자에 어울리는 생명체가 없는 셈이다. 아메바가 맡은 임무라고는 살아남는 것이고 아메바는 그 임무를 완벽히 수행한다.

그럼에도 필립 곰프가 겪은 비극은 흔한 일이 아니다. 전 세계적으로 매년 몇십 명만이 필립처럼 원발아메바성 수막뇌염에 걸리는 것으로 추정된다. 지금까지 보고된 사례를 조사한 바로는 1960년대에 유행병학자와 기생충학자가 N. 파울러리의 정체를 규명한 이래로 수백 명만이 그 희생자가 된 것으로 보인다. 문제는 그중 약 97%가 사망에 이르렀다는 점이다. N. 파울러리 감염 사례가 드문 일이기는 하지만 일단 감염되면 죽는다고 보면 된다.

그런데 감염이 드물다는 말도 옛말이 되어가고 있다. N. 파울러리는 섭씨 27도는 되어야 생존이 가능하며 그로부터 섭씨 46도까지는 거침없이 성장한다. 따라서 전 세계적으로 수온이 상승하고 있는 현재 더 많은 N. 파울러리가 깨어나고 있다. 2023년에는 네바다의 2살 아이가 자연온천에서 원발아메바성 수막뇌염에 걸려 사망했다.[3] 아메바는 호수, 강, 온천, 발전소 폐수, 웅덩이, 양동이, 청소가 뜸한 수영장, 물놀이 시설 등에 산다. N. 파울러리는 낭포 상태로 휴면기를 효과적으로 보내다 적절한 대사 조건을 만나면 잠에서 깨어나 생명력을 얻고는 활발히 양분을 먹어치운다. 수도관 정도만 돼도 아메바는 만족스런 삶을 보낼 수 있다.

확실히 짚고 넘어가자면, 물을 마시는 걸로는 N. 파울러리에 감염될 수 없으며 다른 사람에게서 전염되는 경우도 없다. 아메바가 인간의 몸에 들어가는 경로는 주로 코이다. 운이 나쁘게도 일부 병원균이 콧속에 들어가면 (데이비드 데이비스가 공기 중 감염이 될까 봐 걱정했던 β-N-메틸아미노-L-알라닌처럼) 녀석은 혈액-뇌 장벽을 뚫고 들어올 수 있다. N. 파울러리는 일련의 효소를 생성해 코 점막을 분해한 다음 후각 신경을 타고 코 뒤쪽의 사상판(코 뒤쪽에 있는 다공질의 얇은 막으로 후각 신경을 후각망울로 연결하는 판)을 통해 뇌에 잠입한다.[4] 일단 병원균이 뇌에 들어오면 전부 끝이다. 영양체 형태의 N. 파울러리는 뇌세포와 적혈구를 깡그리 먹어치우며 분열하고 번식한다. 녀석이 퍼질수록 숙주는 출혈을 겪고 뇌 조직을 하나둘 잃는다. 백혈구가 무의미한 구조에 나서지만 오히려 심각한 염증 때문에 두개골 내부의 압력이 증가해 혼수상태가 이어지다 결국에는 사망에 이른다.

필립이 죽은 지 5년 후인 2014년, 필립의 부모는 전력을 다해 캠페인을 벌였다. 필립의 이름으로 기금을 마련했고 그 돈을 N. 파울러리 감염 예방 및 인식 개선에 사용하기로 결정했다. 곰프 부부의 말대로 원발아메바성 수막뇌염은 치사율이 99%에 달하지만 100% 예방 가능하다. 코에 들어가지 않게만 조심하면 된다. 곰프 부부의 캠페인은 '여름은 아메바 철Summer Is Amoeba Season'이라는 이름으로 불리며 독감 철과 마찬가지로 한 해의 중간 표지판 역할을 한다. 곰프 부부는 캠페인의 일환으로 광고판도 띄운다. 그들의 노력은 최선의 치료법을 개발하는 데도 도움이 됐다. 여름에는 무료 코마개도 나눠준다.

기후변화와 함께
폭증하는 뇌 질환

수세기 전만 하더라도 인류는 야생동물 근처에 살았다. 인간은 야생동물과 서식지나 자원을 공유했고 의도치 않게 병원균도 공유했다. 그 위험성은 전염병이라는 징후를 통해 나타났지만 연결고리를 밝혀내기란 쉽지 않았다. 동물로부터 인간에게 질병이 전파될 수도 있다는 기록은 기원전 400년경 히포크라테스의 저작물에서 거의 최초로 발견된다. 히포크라테스는 특정 질병이 종의 경계를 넘어서까지 전파되는 것처럼 보인다고 언급했지만 아직 검증이 필요한 의혹에 불과했다. 마침내 19세기에 들어서면서 동물과 인간 간의 질병 전파를 이해하는 데 도움이 될 만한 발판이 마련됐다. 일례로 1854년에 영국 의사

존 스노우John Snow는 콜레라 발병의 원인을 인간 오물에 오염된 수도 펌프로 규명했다. 동물원성 질병 감염의 핵심 경로라고 할 수 있는 분변-구강 전파 가능성을 입증한 셈이다.

하지만 동물과 인간 간의 질병 전파의 심각성을 제대로 인식한 건 20세기 후반에 다다른 뒤였다. 1960년대에 마버그열과 에볼라출혈열이 발병하면서 세계를 들썩이게 만들었기 때문이다. 출혈열을 일으켜 무서울 정도로 높은 치사율을 보이는 마버그 바이러스와 에볼라 바이러스는 난데없이 세상에 등장한 것만 같았다. 그러나 신중한 조사를 거친 결과 실상은 그렇지 않았다. 증상을 보인 실험실 직원들이 감염된 그리벳원숭이 조직에 노출됐다는 사실이 밝혀진 것이다. 마침내 질병이 동물로부터 기원할 수 있음이 명백해졌다. 암울한 사실을 깨달은 학자들은 동물원성 질병 연구에 큰 관심을 가졌고 점차 종 간 질병 전파에 관한 복잡한 이야기가 펼쳐지기 시작했다. 가설을 하나 해결할 때마다 수십 건의 발견이 딸려 나왔다. 그 과정에서 21세기의 가장 파괴적인 질병 중 일부가 동물에게서 기원한 것임이 밝혀졌다.[5] 1980년대에 발견된 HIV 역시 인간이 아닌 영장류에서 기원한 것으로 드러났다.

오늘날의 시각에서 보면 기후변화가 야기하는 문제는 BMAA나 메틸수은 등 환경적 변화로 인한 신경독성 문제를 넘어선다. 기후변화는 사람들이 뇌 질환의 매개체에게 더 가까이 다가가도록 만든다. 그중 일부, 예컨대 N. 파울러리 같은 매개체는 자신의 활동 반경에 들어온 사람들을 직접 감염시킨다. 하지만 중간 숙주가 필요한 균도 존재한다.

예를 들어, 감염성 질병 중 최소 60%는 동물원성 질병이다. 새롭게 출현하는 감염성 질병을 기준으로 삼으면 75%에 이른다. 동물원성 질병 때문에 사망하는 사람이 매년 300만 명에 달한다.[6] 기후변화로 인한 생태계 변화, 도시 확장, 삼림 벌채 때문에 인간과 동물의 활동 영역이 더 가까워지자 사람들이 당구공이 서로 튕기고 튕기듯 동물과 접촉하면서 질병을 얻을 가능성 역시 더 높아지는 중이다.

2014년 에볼라출혈열 발병도 이런 식으로 시작됐다. 인간은 벌채와 채굴을 통해 에볼라바이러스의 매개동물인 박쥐 서식지를 80%나 앗아 갔으며 그 결과 박쥐는 기니의 어느 마을로 이주해 사람이 사는 집 위에 둥지를 틀었다. 그렇게 첫 환자가 생겼다.

도시가 덩굴처럼 계속 영역을 확장하고 복잡한 생태계가 시멘트와 잔디로 대체됨에 따라 다양한 종이 이루고 있던 섬세한 관계가 뒤틀리고 예상치 못한 결과가 발생한다. 도시 확장을 명목으로 숲이 사라지고 초원과 농지가 갈려나가자 오래전부터 이곳을 집으로 삼아 살아가던 수많은 생명체가 쫓겨나 자연의 변두리에 자리 잡는다. 그만큼 인간의 서식지와 가까워진다. 이처럼 야생동물과 인간이 강제로 접촉하게 되자 동물로부터 인간에게 병원균이 옮을 가능성도 높아진다.

뇌 질환도 예외는 아니다. 뇌 역시 장기이며 다른 장기처럼 특정 유형의 조직으로 구성된다. 그런데 N. 파울러리 같은 질병 매개체는 특히 이런 조직에 잘 적응한다. 다만 N. 파울러리 같은 병원균이 감염성 뇌 질환을 일으키려면 실제로 뇌에 들어가야 한다. 이는 말처럼 쉽지 않다. 혈류와 뇌 조직 사이에는 세포들이 혈액-뇌 장벽이라는 불투과성 장벽을 복잡하게 형성하고 있기 때문이다. 이는 듬직한 문지기로서 혈관과 뇌 사이에서 유익한 물질이든 해로운 물질이든 통과를 조절한다. 뇌의 모세혈관을 따라 내피세포가 막을 형성하는 식으로 구성된 혈액-뇌 장벽은 성상세포(혈관을 감싸고 있는 별 모양 세포)를 비롯한 다양한 세포에 의해 보강된다. 일상적으로는 영양소, 산소, 호르몬을 들여보내 뉴런 네트워크에 영양과 도움을 제공하게 한다. 최선의 경우에는 독소와 병원균을 차단하기도 한다(혈액-뇌 장벽의 까다로운 판단력은 치료용 약물을 뇌로 전달하는 데 어려움을 줄 수도 있다[7]).

하지만 앞서 지적한 것처럼 N. 파울러리는 후각 신경을 통해 뇌로 몰래 들어가는 방식으로 장벽의 감시망을 뚫었다. 이 비밀 통로를 이용하는 다른 병원균들도 있다. 물론 혈류를 따라 이동해 성상세포와 내피세포를 무력으로 뚫고 지나가는 병원균도 존재한다. 어쨌든 이런저런 병원균을 담고 다니는 매개생물은 기후변화의 영향으로 더욱 번성할 예정이다.

우선 일본뇌염은 플라비 바이러스Flaviviridae에 의해 발생하는 모기 매개 질병이다.[8] 플라비 바이러스 감염 자체는 동아시아와 동남아시아 혹은 호주와 뉴질랜드 같은 서태평양 일부 지역에서 흔히 일어난다. 대개는 증상이 경미하며 증상이 없는 경우도 많다. 그러나 플라비 바이러스가 혈액-뇌 장벽을 넘어서면 이름만 들어도 무시무시한 뇌염을 유발한다. 이 경우 발열, 두통, 근육통이 시작되고 혼란, 경련, 인지 장애, 마비가 이어진다. 4명 중 1명은 죽음에까지 이른다. 지구가 따뜻해지면서 바이러스를 운반하는 집모기의 활동 반경 역시 넓어지는 중이다.[9]

다음으로는 라임병에서 비롯해 서서히 퍼져가는 신경보렐리아증이 있다. 이는 **보렐리아 부르그도르페리**Borrelia burgdorferi라는 박테리아에 의해 발생하며 인지 장애, 두통, 안면마비 등 다양한 신경과적 증상을 유발할 수 있다. 증상이 다발성경화증이나 바이러스성 수막뇌염과 비슷하기 때문에 오진을 하는 경우도 있다. 신경보렐리아증의 경우에는 박테리아를 사람에게 전달하는 매개체가 진드기이다. 지구가 따뜻해지면서 보렐리아 부르그도르페리를 싣고 다니는 진드기 역시 서식지와 활동 시기를 확장하는 중이다. 자연스레 신경보렐리아증 발병 사례 역시 늘고 있다.

모기가 전파하는 또 다른 바이러스성 질병, 황열병도 빼놓을 수 없다.[10] 황열병은 세계 곳곳의 열대지역에서 흔히 나타난다. 전통적으로는 독감과 비슷한 질병으로 여겨졌지만 사실 황열병은 심각한 황달, 출혈, 장기부전 같은 증상을 일으킬 수 있다. 뇌에 침투한 황열병 바이러스는 신경과적 혼란을 일으키고 뉴런 간의 섬세한 소통을 방해하며 발작, 혼란, 혼수를 유발할 수 있다. 황열병 백신이 있기는 하지만 보급이 이루어지지 않는 지역도 산발적으로 존재한다. 지금쯤이면 예상하겠지만, 기온이 오르고 강수 패턴이 바뀌면서 황열병 바이러스는 물론 바이러스의 주요 매개체인 **아에데스 아에기프티**Aedes aegypti, 일명 황열모기가 활약하기에 유리한 환경이 갖추어지고 있다.[11] 이처럼 A. 아에기프티의 서식지가 확장되고 바이러스의 복제율이 증가하면서 황열병에 감염되는 사람 역시 늘어난다.

A. 아에기프티가 옮기는 질병 중에는 작은머리증으로 악명이 높은 지카 바이러스도 있다.[12] 한때는 정체가 모호했던 지카 바이러스는 2015년에 아메리카 대륙을 휩쓸면서 큰 주목을 받았다. 지카 바이러스가 특히 치명적인 점은 감염된 산모로부터 태어난 영아에게 작은머

리증 같은 심각한 질병이 선천적으로 나타날 수 있다는 것이다. 이와 같은 영향을 받은 아이들은 발달 지연, 운동기능 장애, 정보처리 장애를 겪으며 결국 학습능력 역시 뒤떨어진다. 이미 언급했지만, 기후가 따뜻해질수록 A. 아에기프티의 활동 반경도 넓어진다. 기후변화가 불러일으키는 기상이변 역시 곳곳에 물웅덩이가 고이게 함으로써 모기에게 새로운 번식지를 제공할 수 있다.[13]

뇌성 말라리아는 바이러스에 의해 발생하지 않지만 여전히 모기에 의해 운반되는 질병이다.[14] 특히 사하라 이남 아프리카의 어린이들에게 집중적으로 고통을 안겨주는 뇌성 말라리아는 **플라스모디움 팔키파룸**Plasmodium falciparum 원충에 감염된 결과물이다. 뇌성 말라리아는 무자비하고 치명적이다. 말라리아에 감염된 적혈구가 뇌의 미세한 혈관을 막으면 산소가 부족해진 뉴런이 고통을 받으면서 발작, 혼수, 사망이라는 끔찍한 결과가 초래된다. 뇌성 말라리아는 감염에 불과한 것이 아니라 잘못된 염증 반응이기도 하다. 말라리아 원충은 혈관을 손상시키고 부종과 출혈을 유발하는 화학물질을 방출하도록 면역 세포를 자극한다. 결과적으로 생존자는 장기적인 인지 및 신경 장애를 겪으며 여기에는 학습 저하와 운동기능 저하가 포함된다. P. 팔키파룸은 주로 **아노펠레스**Anopheles라는 모기에 의해 운반되며[15] 이 모기 역시 기후변화 아래서 활동 범위를 넓힐 것이다.

포와산 바이러스는 진드기 세계의 이면에 숨어 있는 또 다른 병원균이다.[16] 포와산 바이러스는 신체에 침투하여 궁극적으로는 신경계를 공격하고 심각한 뇌 염증을 유발한다. 피해자는 심한 두통, 발작, 장기적인 신경과적 손상을 경험할 수 있다. 온도가 따뜻해지고 진드기

의 활동 영역이 확장됨에 따라 포와산 바이러스의 활동 범위도 넓어진다.[17]

더 많은 질병을 나열할 수 있지만 여기서 멈추겠다. 동어반복 같기 때문이다.

질병을 과소평가하면
질병을 통제할 수 없다

퍼듀대학의 기생충학자 크리스토퍼 라이스Christopher Rice는 이미 우리가 N. 파울러리 사례를 통해 기후변화가 인간의 아메바 감염에 미치는 영향을 체감하고 있다고 주장한다. 예를 들어, 원발아메바성 수막뇌염 감염 사례는 미국 남부에서 가장 흔하게 나타나지만 라이스의 설명에 따르면 "최근에는 미네소타주에서, 작년에는 아이오와주에서 사례가 나타나는 등 북부 주에서도 감염 사례가 발견"된다.[18] 라이스가 두터운 스코틀랜드 악센트로 내게 미네소타주에 감염 사례가 등장했다는 건 아메바가 이미 전 지역의 담수에 존재한다는 사실을 암시한다고 말했다. 그럼에도 이제야 발병 사례가 등장하는 건 온도가 상승함에 따라 해당 지역 사람들(특히 어린이들)이 호수에 뛰어들 가능성이 높아졌기 때문일 수 있다.

하지만 어린이(특히 남자아이)로 감염 사례가 집중되는 건 미국 고유의 현상이다. 다른 국가에서는 중년이나 노년의 남성들이 미국에 비해 상대적으로 논밭에서 더 많은 시간을 보내거나 코 세척을 더 자주

하기 때문에 성인의 감염 사례가 흔히 나타난다.[19] 이렇듯 N. 파울러리의 전 세계적인 감염 전망을 이해하려면 사람들이 애초에 오염된 물과 접촉하게 되는 사회적 요인을 역학적 관점에서 더 깊이 이해할 필요가 있다. 라이스는 이렇게 말한다. "미국은 특이한 연령 분포를 띠고 있을 뿐입니다. 남자아이가 많다는 점이죠. 그런데도 우리는 보통 남자애들이 아무 생각 없이 무작정 호수에 뛰어들고는 하니까 감염 사례도 많다고 단정하죠."

모호한 문제이다. 수온과 N. 파울러리 목격 사례 사이에는 핵심적인 상관관계가 있는 것으로 보이지만 라이스는 이를 보수적으로 해석할 필요가 있다고 지적한다. 예를 들어, 수온이 지나치게 상승하면 오히려 병원균을 죽일 수 있다. 따라서 라이스는 "이 기이한 순환의 고리를 고려할 필요가 있습니다"라고 말한다. 따뜻한 물이 일반적으로 생명체에 적합한 환경처럼 보이지만 라이스가 보기에 이는 범위 확장 대신 범위 **이동**을 유도할 수도 있다. 정확히는 모른다. 독립생활을 하는 아메바에 대해 과학자들과 이야기해보면 사람들이 아메바를 거의 모른다고들 한다. 그렇다. 우리는 아메바가 더 높은 온도에 적응할 수 있을지 알지 못한다. "독립생활을 하는 아메바 입장에서는 생존하거나 멸종하거나 둘 중 하나입니다. 생존을 위한 적응에 목을 맬 수밖에 없죠." 그렇기에 아메바는 숙주를 감염시키는 쪽으로 진화적 적응을 할 수도 있다.

게다가 라이스의 주장대로 아직 우리에게는 제대로 된 진단 도구가 없다. 대부분의 의료 전문가는 환자가 두통이 심하고 목이 뻣뻣하다고 호소하더라도 N. 파울러리를 의심하지 않는다.[20] 적어도 곰프 부부는 그러지 못했다. 라이스는 이렇게 말한다. "그러다 보니 N. 파울러리 감염은 오진을 내리기 쉬워 발견이 어렵고 제대로 치료하기도 쉽지 않습니다("제대로"라는 말은 항진균제와 항생제를 충분히 빨리 제공해 아메바의 증식을 멈춘다는 뜻이다[21])." 혹시 우리가 감염 사례 건수를 실제보다 낮게 잡고 있는지 묻자 라이스는 파키스탄 카라치의 한 병원을 예로 들었다. "한 도시의 한 병원에서 한 의사가 한 해 여름에만 24건의 사례를 발견했습니다." 라이스는 우리가 실제 환자의 10분의 1에서 5분의 1만 잡아내고 있다고 의심한다.

유쾌하지 않지만 나는 기생충학자들에게 기후변화를 생각할 때 가장 두려운 것이 무엇인지 종종 묻는다. 크리스토퍼 라이스는 이렇게 대답한다. "우리에게는 아직 이 병원균에 효과가 있는 좋은 약이 없습니다. 생존자가 한둘 있지만 생명유지 장치에 온전히 의지해야 합니다. 삶의 질이 굉장히 낮죠. 이렇게 상상해보세요. 밖에서 즐겁게 뛰놀다가 당신의 뇌를 먹어치울 미세한 아메바에 대해 생각하지도 않고 호수나 연못에 뛰어드는 겁니다. 정말 끔찍한 일이죠." 정말 끔찍한 일이다. 그럼에도 우리는 아메바 감염이 더 자주 발생하는 미래에 대한 대비가 되어 있지 않다.

라이스의 가상 시나리오를 머릿속에 그려보자 더 많은 문제가 드러난다. 부정확한 진단이나 잘못된 진단의 결과는 개인을 넘어 널리 파장을 일으킨다. 사례 하나를 놓친다는 건 원발아메바성 수막뇌염의 역학을 상세히 그리는 데 한 획이 모자란다는 것을 의미한다. 정확한 수치가 존재하지 않는 이상 의사와 연구자는 어둠을 헤치며 나아갈 수밖에 없으며 그들 앞에 놓인 폭풍이 얼마나 큰지 확신할 수 없다.

이와 같은 정보의 부재는 효과적인 치료법과 예방법의 개발을 방해한다. 질병을 과소평가해서는 질병을 통제할 수도 없다. 의학의 승리에 이르는 디딤돌인 조기 치료의 기회 역시 상실된다.

기후 난민이 된 흡혈박쥐가
퍼뜨린 광견병

아무래도 신종 동물원성 질병과 뇌를 먹는 아메바는 대중의 관심을 독차지할 가능성이 높고 충격적인 유행병을 일으킬 가능성도 높다. 하지만 우리에게 익숙한 동물원성 질환 역시 기후변화에 의해 심화된다면 총체적으로는 인류의 건강에 더욱 치명적인 영향을 미칠 수 있다. 예를 들어, 질병통제예방센터CDC 연구원들은 2017년에 이런 내용을 발표했다. "2014년 전염병인 에볼라출혈열은 1만 1,316명의 사망자와 22억 달러의 경제적 손실을 초래했으나 매년 광견병은 세계적으로 약 5만 9,000명의 사망자와 약 86억 달러의 경제적 손실을 초래한다."[22]

맞다, 광견병. 광견병을 까맣게 잊었다. CDC가 경고하듯 광견병 바이러스는 파괴적이다. 탄알 모양 외피에 둘러싸인 광견병 바이러스는 단일한 RNA 가닥을 가지고 있다. 광견병 바이러스는 일반적으로 감염된 동물에게 물릴 때 전달된다. 바이러스가 인간 몸에 들어가면 신경을 감염시킨다.[23] 이후로는 뇌로 직행해 숙주로 하여금 특정 행동을 하도록 유발한다. 한때 공수병으로 악명이 높았던 만큼 광견병은 물을 두려워하는 증상을 유발한다. 더 치명적인 증상으로는 온순한 사람마저 광기 어린 사람으로 변화시킨다. 신경세포가 바이러스에 지배당함에 따라 감염자는 환각, 불안, 경련에서 시작해 입에 거품을 문 채 다른 사람을 물려고 달려들 만큼 통제하기 힘든 공격성을 보인다. 바이러스 입장에서는 종을 전파하려는 시도이다. 광견병은 개, 여우, 스컹크, 너구리, 코요테 등에 의해 전파될 수 있다. 박쥐도 빼놓을 수 없다. 그러고 보니 광견병뿐만 아니라 박쥐도 까맣게 잊고 있었다.

미국 지질조사국에서는 이런 정보를 제공한다. "흡혈박쥐는 피를 빨아먹지 않는다. 날카로운 앞니로 작은 절개를 만들어 피를 혀로 핥아먹는다."[24] 그다지 위안이 되지 않는 정보다. 뱀파이어 박쥐가 실재한다는 것은 이미 알고 있었다. 하지만 녀석이 광견병을 옮긴다는 사실은 알지 못했고 광견병에 감염되었을 때 얼마나 치명적인 증상이 나타나는지도 몰랐다. 연방정부가 흡혈박쥐의 행방을 추적하기 위해 일종의 감시 프로그램을 시행 중이라는 사실도 몰랐다. 이 프로그램을 위해 일하는 사람들도 있다. 말하자면 뱀파이어 사냥꾼을 고용한 셈이다. 심지어 연금도 준다.

내가 만난 첫 뱀파이어 사냥꾼은 CDC의 광견병 역학팀을 이끄는 수인성유행병 전문가 라이언 월러스Ryan Wallace이다. 월러스가 이끄는 팀은 신종및동물원성감염병센터에 속해 있다. 질병통제예방센터가 참조하는 기관 중 하나이다. 또한 월러스는 CDC의 세계동물보건기구 광견병참조실험실을 운영 중이다. 월러스는 수십 개 국가에서 광견병 연구를 수행했고 수십만 마리 개를 예방접종하는 데 참여했다. 한마디로 광견병 전문가이다.

월러스의 설명에 따르면 흡혈박쥐는 생각만큼 악당이 아니다. 녀석들은 회복력과 창의력의 집합체이다. **데스모돈티나이**Desmodontinae, 즉 흡혈박쥐는 살랑살랑 미끄러지는 몸통과 소리 없이 펄럭이는 날개로 밤을 자유롭게 누빈다. 기이하지만 경이로운 모습이기도 하다. 흡혈박쥐는 인간의 감각으로는 보이지도 않는 세계를 탐색한다. 그 식성(다른 포유류의 피를 먹는 습성)만이 흡혈박쥐를 불가사의한 존재로 만든다. 면도날처럼 날카로운 송곳니는 외과의사가 수술칼을 쓰듯 피부를 찌른다. 종종 물린 것도 모를 만큼 능숙하다. 박쥐의 침은 항응고제 성분이 섞여 있기 때문에 피가 끝없이 흘러나오게 도와준다.

더 흥미로운 점은 흡혈박쥐가 이루는 사회의 구조이다. 흡혈박쥐는 흔히 떠올리는 고독한 이미지와 달리 매우 사회적인 동물이다. 녀석은 혈육과 협력이라는 유대감으로 묶인 채 일렬로 보금자리에 매달려 있다. 어미는 새끼를 헌신적으로 돌보며 형제자매들도 임무를 공유한다. 식사를 공유하는 등 이타적인 모습도 드러낸다. 흡혈박쥐의 둥지는 오래도록 지속되는 유대에 기반을 둔 사회적 연결망이나 다름없다.[25]

따라서 기후변화에 따라 흡혈박쥐가 광견병을 유발한다는 이론은 이런 식으로 전개된다. 흡혈박쥐는 복잡한 생태적 역할을 하는 생명체이다. 존재 자체가 생태계의 섬세한 균형에 얽혀 있다는 뜻이다. 그러나 기후변화가 닥치면서 흡혈박쥐는 이중적인 위험에 직면한다. 변덕스러운 날씨와 뜨거워지는 기온은 서식지는 물론 먹이에도 영향을 미치기 때문이다. 흡혈박쥐도 결국 기후 난민인 셈이다. 녀석들이 기존 서식지에서 쫓겨남에 따라 광견병 바이러스도 함께 이동한다.[26]

기후변화가 흡혈박쥐를 매개로 한 광견병에 실제로 어느 정도 영향을 미치는지 월러스에게 묻자 예상대로 설명하기 복잡하다는 대답이 돌아왔다. "저희도 남미, 중앙아메리카, 멕시코 전역에서 발견되는 흡혈박쥐 매개 광견병을 면밀히 관찰하고 있습니다. 추정하기로는 다음 15~20년 동안 기후변화로 인해 흡혈박쥐의 활동이 미국 남부(특히 텍사스주와 플로리다주)에서 더 유리해질 것으로 판단합니다." 하지만 미국에 자리 잡는 게 더 유리하다는 말이 반드시 미국에 정착할 것이라는 뜻은 아니다. 따라서 흡혈박쥐의 활동을 감지할 장치가 필요하다. 월러스 조사팀은 아이-내추럴리스트iNaturalist 같은 시민 과학 앱에서부터 멕시코의 공공 및 동물 보건 프로그램에 이르기까지 모든 수단을 활용해 흡혈박쥐를 추적하는 중이다. 그토록 면밀히 주시할 정도로 우려할 만한 문제라고 생각하는 것이다.

기후 질병은
평등하게 찾아오지 않는다

하지만 라이언 월러스가 잠 못 이룰 정도로 걱정하는 핵심 요인은 흡혈박쥐가 아니다. 원발아메바성 수막뇌염과 달리 광견병에는 백신이 존재하기 때문이다. 여느 백신과 같이 광견병 백신도 방패처럼 바이러스를 막아줄 뿐만 아니라 인간의 몸이 스스로 방어 수단을 만들 수 있도록 돕기도 한다. 성공적인 광견병 예방접종 캠페인 사례를 꼽자면 월러스가 알고 있는 것만 해도 수십 가지에 이른다.

월러스가 진정으로 염려하는 건 자원 제약의 문제이다. 그의 시각에서는 정부가 광견병 예방을 우선시하는 것 자체가 현실적으로 어려워 보인다. "저희 광견병 예방 공동체가 기아, 자연재해, 정치적 소요 등 기후변화에 의해 악화될 다른 문제들과 경쟁해야 한다면 저희는 우선순위 목록 밖으로 밀려날 것입니다. 특히 특정 국가와 지역에서는 진전을 보이기가 극도로 어려울 거예요."

다시 말해, 월러스의 우려는 기후학자보다는 국무성의 우려와 비슷하다. 기후변화가 사회에 미치는 영향이 가장 염려되는 것이다. 광견병 예방 프로그램은 대부분 정부의 후원에 의존한다. 프로그램이 잘 운영되면 광견병 발생률이 감소한다. 하지만 모든 정부가 그럴 수 있는 건 아니다. "제대로 기능하지 못하는 정부는 소홀히 다루어지는 질병 프로그램을 보완할 자금을 확보하는 데 서투를 수밖에 없겠죠. 물류 측면에서 거대한 도전이라 할 수 있는 대규모 예방접종 프로그램을 실행하는 데도 능숙하지 않을 것입니다."

월러스의 논리에 따르면 기후변화는 사회적 불평등을 증폭시킬 것이다. 기후변화가 초래하는 가장 큰 불공정 중 하나는 뇌 질환 부담이 남반구 사람들에게 집중적으로 전가될 것이라는 점이다. 이는 크게 두 가지 관점에서 불공정하다. 첫째, 이곳 피해자들은 부유한 국가 사람들과 비교할 때 기후 문제에 기여한 바가 현저히 적다. 둘째, 질병에 대비할 검증된 정치 및 의료 기반이 부족하다.

코로나19 바이러스 때문에 이루어진 세계적인 백신 구축을 위한 노력을 생각해보자. 백신 보급률 데이터를 연구한 영국과 네덜란드의 연구자들은 처음으로 접종이 가능했던 해인 2022년에 고소득 국가에서는 75~80% 인구가 백신을 접종했지만 저소득 국가에서는 10% 미만만이 백신을 접종했다고 보고했다. 그들은 백신 접근성에 나타난 명백한 불균형을 "SARS-CoV-2 전염병 기간 중 벌어진 국제 협력의 큰 실패 중 하나"라고 불렀다.[27] 이러한 불평등은 기후변화로 늘어나는 뇌 질환에 있어서도 골치 아프게 작용할 것이다.

불평등은 동물원성 질병을 비롯한 감염병에만 국한하지 않는다. 환경적 요인은 신경정신과적 질환의 변이와 관련된 핵심 요인 중 하나이다. 유전과 환경의 상호작용은 우울증이나 약물남용 같은 일부 신경정신과적 장애의 발생을 설명하는 데는 크게 도움이 되지 않지만 "그 외 장애의 표현형 변이를 상당 부분 설명"한다.[28] 시카고대학 연구진의 2022년 연구에 따르면 질병 발생의 환경적 요인은 "편두통의 경우에는 20% 이상, 불안 장애, 공포증, ADHD, 반복적인 두통, 수면 장애, PTSD의 경우에는 30% 전후"로 기여한다. 심지어 유전적 상호작용과 무관하게 환경적 요인만으로 추가적인 변이를 설명할 수도 있다. 실제로 누군가의 유전적 배경과 환경적 스트레스 요인 노출 빈도를 알고 있다면 다양한 뇌 질환의 발병 위험을 상당히 높은 신뢰도로 추정할 수 있다. 1950년대 암에 대한 아미티지-돌 이론에서 그랬던 것처럼 이와 같은 환경적 스트레스 요인은 뇌 질환에 이르는 일련의 단계를 구성한다.

당연한 말이지만, 환경적 스트레스 요인은 폭염이나 기상이변 같은 기후적 요인과 마찬가지로 저소득층이나 유색인종에게 불평등하게 작용한다. 라이언 월러스가 강조하듯 광견병에 가장 취약한 국가들은 이미 적도에 위치해 있기도 하다.

설상가상으로 불평등은 복리로 작용한다. 예를 들어, 코로나19 바이러스는 독감 같은 일반적인 호흡기 질환에 비해 감염 후 2년 동안 신경과적·정신과적 증상을 야기할 위험이 더 높다.[29] 2021년 옥스퍼드대학 연구를 보면 코로나19 생존자의 3분의 1이 6개월 내에 하나 이상의 신경과적 혹은 정신과적 장애 진단을 받은 것으로 나타난다.[30]

개인이 평생 경험하는
환경 스트레스

기후학계에서 흔히 사용하는 말로 기후 되먹임feedback loop이라는 현상이 있다. 클리블랜드 신경학자 앤드류 다완Andrew Dhawan의 문헌 연구에 따르면 기후변화와 관련된 위험 요인(극단적인 기온이나 변덕스런 날씨)은 뇌졸중 발생률부터 치매 입원 사례는 물론 편두통 및 다발성경화증 악화에 이르기까지 온갖 문제와 관련이 있다.[31] 대기오염, 특히 질산염과 미세먼지는 상황을 더 악화시킨다(이 분야를 뒤지다 접하게 된 가장 불쾌한 연구는 〈멕시코시티의 유아, 아동, 청년 사이에서 급증하는 알츠하이머병의 특질〉이다[32]).

그래도 한 가지 약속할 수 있는 점은 뇌 질환의 병인을 더 깊이 이해함으로써 뇌 질환을 더 정밀하게 치료하고 예방할 가능성이 생긴다는 점이다. 지난 수십 년 동안 과학자들은 인간 게놈을 더 깊이 이해했다. 그들은 특정 세포에서 특정 환경 조건하에 발현되는 단백질 집합체, 즉 프로테옴proteome을 파악하는 작업을 이미 시작했다. 당신은 우리 몸 안팎에 살고 있는 미생물의 집합체 마이크로바이옴microbiome에 대해 들어본 적 있을 것이다. 인류의 다음 목표는 엑스포좀exposome(개인이 일생 동안 경험하는 환경적 스트레스 요인의 목록)과 엑스포좀이 건강에 영향을 미치는 방식을 알아내는 것이 될 것이다.

엑스포좀은 아직 개척되지 않은 의학 분야이지만 신경정신의학 연구를 뒤져보면 발전 가능성을 충분히 엿볼 수 있다. 일례로 조현병 사례를 고려해보자. ALS와 달리 조현병은 대부분 유전적 장애이다.[33] 쌍둥이 연구나 가족 연구를 보면 대부분의 경우 조현병이 유전된다는 사실이 드러난다. 하지만 게놈을 밤하늘에 빗대자면 조현병의 원인은 단일한 별은 고사하고 별자리로도 밝게 드러나지 않는다. 오히려 조현병은 수백 내지는 수천 개의 유전자로 구성된 은하계와 더 비슷하다. 각 유전자는 자신만의 미미한 방식으로 전체 현상에 기여한다. 조현병의 유전성은 약 80%로 추정되며 이는 인구 내 발병률 차이의 약 80%가 유전적 변이 때문일 수 있음을 의미한다. 그러나 유전이 곧 운명은 아니다. 환경적 위험 요인이 조현병의 유전성을 최대 20%까지 설명할 수 있기 때문이다.[34] 게다가 2022년에 이루어진 조현병 발병 위험에 관한 통계 연구에서 연구자들은 환경 및 환경-유전 **상호작용**까지 유전성 모델에 포함시키면 변이의 46%까지 설명할 수 있다고 지적한다.[35] 예컨대, 임신 초기에 고온에 노출되는 것은 조현병이나 식욕부진 같은 신경정신과적 장애의 발병률을 더 높일 수 있다.[36] 이렇듯 엑스포좀은 중요하며 그 복잡성을 풀어내 지도화한다면 개인 맞춤형 의학의 시대에 한 발짝 더 다가갈 수 있을 것이다.

물론 아직은 멀었다. 다완은 2023년에 기후적 요인이 신경정신과적 건강에 미치는 영향에 관한 논문을 발표한 뒤 관련 보도에서 이렇게 밝혔다. "기후변화는 인류에게 많은 도전을 제기합니다. 그중에는 충분히 연구되지 않은 문제도 있죠. 예를 들어, 저희는 사안을 검토하는 과정에서 식량 및 물 부족이 미치는 영향을 다루는 논문은 찾지 못했지만 이 역시 변화하는 기후는 물론 신경정신 건강과도 명확히 연관되어 있습니다."[37]

탈수와 영양실조는 영유아나 어린이의 뇌 발달을 저해할 수 있다. 영양 불균형 상태에서 흔히 발생하는 철분 결핍은 인지 장애를 유발한다.[38] 식량과 물의 공급이 만성적으로 불안정한 조건에서는 스트레스 반응이 지속적으로 활성화된다.[39] 자연스럽게 뇌는 경계 모드에 들어가 스트레스 호르몬을 내뿜으며 몸을 즉각적인 위협에 맞서도록 준비시킨다. 만성 스트레스는 뇌의 구조와 기능을 변화시켜 기억 및 기분 장애와 심한 불안을 초래한다. 내가 알기로 기후변화와 만성 스트레스 사이의 신경학적 관계를 이해하려는 진지한 과학적 노력은 아직 이루어진 바 없다. 다가오는 신경정신과적 악몽을 막고 싶다면 우리는 눈을 똑바로 뜨고 이 문제를 바라봐야 한다.

공중보건 정책의 혁신이 상호연결성을 강화시킨다

필립의 어머니 샌드라 곰프는 아메바 예방 캠페인을 시작한 직후 〈탬파베이 타임스〉 측과의 인터뷰에서 이렇게 말했다. "레크리에이션을 즐기는 건 중요합니다. 필립도 밖에서 노는 걸 정말 좋아했죠. 자연 자체는 악하지 않습니다."

자연은 그저 자연일 뿐이다. 자연은 우리를 밀고 당기며 때로는 우리와 마찰을 일으킨다. 때로는 우리의 터전을 치환한다. 하지만 자연의 무게는 규범적인 위협으로 작용하지 않는다. 자연의 힘과 더 건강한 관계를 맺기를 원한다면 우리 역시 자연만큼 현실적인 태도로 임해야 한다. 아메바 철에 따뜻한 호수에 뛰어들 계획이라면 코를 막자. 자동차에서 안전벨트를 착용하듯 코마개를 착용하자. 우스꽝스러운 기행이나 과민한 반응으로 보일 수 있다. 팬데믹 3년차에 식료품점에 가면서 N95 마스크를 쓰는 것처럼 들릴 수도 있다. 그렇다고 그 효과를 무시할 수는 없다.

N. 파울러리 감염 역시 드물게 나타나며 앞으로 다가올 기후 미래에도 비교적 드물게 나타날 것이다. 장기간의 팬데믹에 피로감이 쌓이듯 이런 종류의 위험을 진지하게 받아들이기는 심리적으로 어려울 수 있다. 하지만 라임병 같은 감염을 고려해보자. 라임병은 매년 미국에서만 약 50만 명에게 영향을 미친다.[40] 진드기 서식지가 넓어짐에 따라 라임병이 동반하는 신경보렐리아증의 위험 역시 증가하는 중이다. 기후변화와 함께 온갖 뇌 질환이 인류의 터전을 향해 전진하고 있다. 코마개가 그중 가장 드문 질병을 예방할 수 있다고 한들 진드기와 모기를 막지는 못한다. 이런 식의 종말론적 경고가 사람들을 지치게 한다는 건 잘 알지만 우려를 접어서는 안 된다.

공중보건 실무자들은 어려운 위치에 있다. 그들은 필연적으로 글로벌한 야망을 가질 수밖에 없지만 그들이 내놓는 정책은 개인 차원에서 실행된다. 동물원성 질병의 전파를 예방하는 것은 특히 까다로운데, 인간과 자연의 광범위한 상호작용을 이해해야만 하기 때문이다. 하지만 불가능한 건 아니다.

잠시 공중보건 설교대에 올라가보겠다. 라이언 윌러스의 CDC팀이 흡혈박쥐를 탐지하기 위해 갖가지 수단을 동원했던 것처럼 우리역시 동물원성 질환의 매개체로 추정되는 동물을 엄밀히 감시함으로써 새롭게 떠오르는 위협을 깊이 이해할 수 있다. 이와 같은 감시망에더해 조기 경보 시스템, 신속한 대응 프로토콜, 잠재적 감염 사례를 예방하기 위한 표적화된 개입을 구현해야 한다. 또한 생물다양성과 자연서식지를 보호함으로써 비인간 종이 이루고 있는 세밀한 균형을 방해하지 말아야 한다. 더 나아가 지속 가능한 토지 이용 관행을 구축하고 삼림 벌채를 억제하며 야생동물을 향한 착취적 상호작용을 재평가하는 일도 빼놓을 수 없다.

물론 그게 다는 아니다. 우리는 학제 간 협력이라는 패러다임을 받아들일 필요도 있다. 그래야 인간과 동물의 건강이 서로 엮여 있다는사실에 주의를 기울일 수 있기 때문이다. 의료 전문가, 수의사, 생태학자, 지역사회 사이의 격차를 메워야 동물원성 질병을 차단하는 더 강력하고 총체적인 전선을 구축할 수 있다. 그에 더해 사람들이 잠재적발병을 감지해 그에 맞춰 예방하고 대응할 수 있는 도구와 자원을 마련해야 한다. 그 과정을 이끌어줄 교육 캠페인 역시 필요하다. 정확한정보를 전달함으로써 공중보건 관계자와 정부는 동물원성 질병에 대한 이해를 증진시키고 책임감 있는 행동을 장려할 수 있다. 동물과 상호작용할 때 정확한 정보에 입각해 선택할 수 있도록 인도하고 적절한 위생 습관을 홍보하며 항생제를 책임감 있게 사용하도록 촉진하는 것은 모두 질병 예방을 위한 도구상자에 들어가야 하는 요소들이다. 참 좋은 방법들이다. 그렇지 않나?

공중보건 설교대에서 다시 내려가보자. 물론 앞서 언급한 태도와 조처가 꼭 필요하지만 대부분은 너무나도 고상한 목표다. 쉽게 획득하거나 구현하기 어려운 것들이다. 게다가 윌러스가 지적한 것처럼 공중보건 기반과 자금은 대개 정치적 안정성에 의존하는데 이는 기후변화의 위협을 받을 수도 있다. 세계 차원에서 잘 조율한 대응을 내놓지 못한다면(질병 매개체들이 정치적 경계를 신경 쓸 리는 없으므로 세계 차원의 조율이 필요하다) 우리에게 남는 건 서로뿐이다. 코로나19 바이러스가 우리에게 가르쳐준 것이 있다면 그건 정치적 당파 싸움이 과학을 압도할 수 있고 놀라운 규모의 인구(아마도 당신과 나를 포함한 인구)가 대규모의 죽음에 무감각해질 수 있다는 것이다. 이런 사실을 고려하면 과연 인류가 기후변화나 동물의 서식지 변화 같은 점진적인 재앙에 직면했을 때 잘 대응할 수 있을지 자신감이 생기지 않는다.

그럼에도 우리의 상호의존성은 공중보건 정책과 실행에 있어서 중요한 자리를 차지한다. 상호성은 허상이 아니다. 우리는 인류의 집단적 안녕이 복잡하게 얽혀 있음을 알고 있다. 따라서 우리는 하나의 동원명령을 듣는다. 바로 개인으로서나 공동체로서나 우리를 묶어주는 상호연결성을 인정함으로써 책임감과 연대의식을 공유한 채 공중보건 위기에 응하는 것이다.

실제로는 어떤 모습으로 이루어질까? 결국은 공동체의 복지가 그 공동체를 구성하는 각 개인의 건강에 달려 있음을 전제로 한 정책들이 실행되는 양상으로 이루어질 것이다. 이런 정책들은 거대한 직물의 씨실과 날실 하나하나가 분리될 수 없다는 사실, 한 가닥 실이 걸린 질병이 전체 직물을 흩트릴 수 있다는 사실, 반대로 개별 실의 탄력이 전체 직물에 탄력을 가져다줄 수 있다는 사실을 인정한다. 예를 들어, 건강 불균형을 해소하기 위한 공중보건 정책을 고려해보자. 이런 노력은 한 공동체가 고통받을 때 전체 사회가 고통받는다는 개념에 뿌리를 두고 있다. 따라서 가장 취약한 사람들에게 자원을 제공하는 것은 자선 행위가 아니라 공동체의 복지를 위한 투자에 해당한다. 위생 인프라, 정신건강 복지, 식료품 안전 규정, 노숙자 지원 프로그램 등 상호 호혜적인 공중보건 정책은 우리의 상호연결성을 입증한다. 이런 정책들은 우리가 고립된 개체가 아니라 광대하고 역동적인 유기체의 일부임을 상기시켜준다.

훌륭한 실마리 하나를 해악 감소 접근법에서 찾을 수 있다. 해악 감소harm reduction란 약물 사용자들과 친밀하고도 연민 어린 관계를 맺음으로써 약물남용과 전염병을 예방하려는 일련의 노력을 가리킨다. 약물남용 문제에 있어 해악 감소 접근법은 놀라운 효과를 보여줬다. 일례로, 해악 감소 접근법의 초석이라고 할 수 있는 주삿바늘 및 주사기 교환 프로그램은 약물 사용자들 사이에서 HIV와 C형 간염 같은 혈액 매개 감염의 전파를 극적으로 줄이는 데 성공했다.[41] 해악 감소 프로그램은 사람들이 무균 장비는 물론 의료 및 지원 서비스에 접근할 수 있도록 도와준다. 날록손(오피오이드 과다복용 증상을 역전시키는 약물) 보급 역시 해악 감소 접근법의 밝은 전망을 드러낸다. 약물 사용자 본인은 물론 친구, 가족, 공동체 구성원에게까지 날록손을 보급함으로써

해악 감소 프로그램은 오피오이드 과다복용으로부터 수많은 사람의 목숨을 지켰다.[42]

우리는 이로부터 현실적인 진실 하나를 배울 수 있다. 기후변화가 뇌 질환을 몰고 오고 있음에도 그에 정면으로 맞설 수 있다는 점이다. 문제가 존재하지 않는 척하는 것은 도움이 되지 않는다. 노숙자 거주지를 눈에 띄지 않게 청소하는 도시 정책이 근본적인 주택 문제의 해결책이 될 수 없는 것과 같다. 반면, 해악 감소 접근법은 우리가 우리 자신과 자연을 있는 그대로 마주하도록 초대하는 철학이다. 이는 세상의 불완전함을 인정하고 그로 인한 위험과 해악을 최소화하려고 노력하는 태도이다. 동물원성 질병은 인류가 야생과 상호작용하기 시작한 이래로 오래도록 존재해왔다. 따라서 인간과 동물 사이에 불투과성 장벽을 세우려고 시도하기보다는 질병 전파의 기회를 줄이는 데 집중해야 한다. 더 나아가 비극이 닥쳤을 때 서로를 도와야 한다.

새로운 전염성 뇌 질환에 대응하려면

여기에서 효과적인 공중보건 정책의 핵심이라고 할 수 있는 교육이 다시 등장한다. 교육은 우리가 인간과 동물 사이의 경계를 이해하고 존중하도록 이끈다. 교육은 우리에게 생물 보안, 건전한 식품 관행, 지속 가능한 토지 및 물 사용의 중요성을 가르친다. 결과적으로 인류와 동물원성 질병 사이에 장벽이 아니라 완충제를 세우도록 돕는다. 게

다가 교육은 우리가 집단적인 대응을 마련하는 데 있어서 중추적인 역할을 한다. 애초에 교육의 목적이 우리 모두가 동일한 이해 수준을 갖추도록 이끄는 것이기 때문이다. 공유된 이해는 기후변화에 의한 뇌 질병 확산에 대항하는 연합전선 역할을 할 것이다. 이는 도구나 전략에 불과한 것이 아니다. 다가오는 파도를 있는 그대로 바라볼 수 있게 해주는 햇빛과 같다.

2022년 7월, 필립 곰프보다 몇 살 더 많은 소년 케일럽 지겔바우어Caleb Ziegelbauer가 탬파 남쪽의 염수에서 수영을 한 후 두통을 호소하기 시작했다. 따뜻한 물이었다. 두통이 심해지고 목이 뻣뻣해졌다. 이 소년의 이야기는 한 가지를 제외하고는 모든 면에서 필립의 이야기와 비슷하다. 글을 쓰는 지금 이 시점에도 케일럽이 살아 있다는 점이다. 케일럽의 경우에는 의사들이 무슨 일이 일어났는지 신속히 파악했고 케일럽에게 필요한 약물을 투여했다. 물론 케일럽이 본래 면역력을 가지고 있었을지도 모른다. 정답은 모른다. 그가 운이 좋았다는 것만 알 뿐.

어쨌든 이 경우 의사들은 잠재적 문제를 온전히 이해하고 있었다. 교육이 작동한 결과다. 아메바 예방 캠페인이 불러온 결과다. 의사들이 의과대학에서 배우지 않았을지도 모르는 위협을 무슨 수로 인식할 수 있을까? 한 가지 답이라면 의사의 지식은 고정된 것이 아니라 평생에 걸친 탐구, 관찰, 학습에 의해 지속적으로 재구성된다는 점이다. 의사의 교육은 학교에서 끝나지 않는다. 그것은 평생의 경험과 혼합되며 지속적인 연구를 통해 풍부해진다. 기후변화 아래 새로운 전염성 뇌 질환이 등장하고 있기 때문에 의사들은 계속해서 다양한 기회를 이용해야 한다. 과학 저널, 전문가 회의, 지속적인 의학 교육 과정 등은 그들을 새로운 정보의 급류로 안내한다. 동료들과의 협력, 곰프 가족이 창설한 것과 같은 운동 단체, 감염병 전문가와의 토론, 전문 네트워크 참여는 집단의 지혜를 모아 새로운 위협을 인식하고 수월하게 대응하도록 돕는다.

지식의 홍수 속에서 의사에게 중요한 기술은 참을성과 관찰력이다. 신종 전염병의 징후를 인식하려면 임상 환경의 미묘한 변화에 집중하고 새로운 위협의 조짐을 파악하며 열린 마음으로 의문을 제기할 줄 알아야 한다. 이런 식으로 의사들은 새로운 위협이 출현하더라도 축적된 지혜, 경계하는 태도, 인간과 자연의 상호연결성에 대한 이해를 근거로 맞설 수 있다.

그렇다면 우리 일반인은 어떻게 해야 할까? 바이러스와 박테리아는 지속적으로 진화하고 기후는 계속 변한다. 우리는 서로가 의사만큼 감염병의 발전에 대해 잘 이해하고 있기를 기대해서는 안 된다. 그 대신 보건 당국의 말을 들어야 한다. 코로나19 바이러스가 세계를 휩쓰는 동안 보건 당국에 대한 믿음이 흔들렸을지도 모르지만 보건 기구들은 전염병의 조짐이 보일 때 조기 경보를 울리고 최전선에서 연구 및 관찰을 거침으로써 정보를 전해준다. 우리는 계속 알고자 하면서 정보를 얻어야 한다. 그러기 위해서는 우리 앞에 펼쳐지는 광기를 해독하는 데 평생을 바치는 과학자와 연구자의 이야기에 귀를 기울여야 한다. 무엇보다 우리는 상호연결성에, 우리 자신에게 투자할 수 있다. 나는 크라우드펀딩 플랫폼 또한 그런 연대와 투자의 전초기지가 될 수 있다고 생각한다.

케일럽 지겔바우어의 경우에는 "일어나, 케일럽!"이라는 제목을 내건 기금 캠페인이 있었다. 감염 후 3개월이 지난 2022년 10월, 케일럽의 이모 케이티가 이런 글을 게시했다. "오늘은 삽관을 빼는 날입니다! 케일럽의 기도가 다 나았거든요." 느리기는 하지만 진전은 진전이다. 앞으로 몇 달 동안 그는 앉는 법을 배우고 야구방망이를 휘두르는 법을 배울 것이다. 3월이 되면 집에 있게 될 것이다. 물론 아직 집중 치료를 더 받아야 한다. 가야 할 길이 멀다. 하지만 중요한 점은 케일럽이 지금 실제로 깨어 있다는 사실이다.

과연 우리는 깨어 있나?

THE
WEIGHT
OF
NATURE

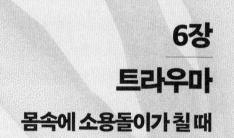

6장

트라우마

몸속에 소용돌이가 칠 때

그건 시작되지요
연기와 함께
그건 늘 시작되지요 연기와 함께

_재즈 머니Jazz Money, 〈달콤한 연기sweet smoke〉

고통이구나.

_토니 모리슨Toni Morrison, 《재즈Jazz》

THE
WEIGHT
OF
NATURE

"개틀린버그에 화재가 있었다." 이 문장으로 이야기가 끝났으면 좋겠다. 하지만 마이클 리드Michael Reed에게는 그게 시작이었다.

2016년 11월 28일, 마이클은 아내 콘스턴스에게 온 전화를 받았다. 아내의 목소리는 근심으로 떨렸다. 마을 외곽에 화재가 났다는 건 가족 모두가 알고 있었다. 그런데 그 화재는 맞은편 집을 집어삼키며 다가오고 있었다. 마이클과 아들 니콜라스는 무슨 일이 일어났는지 확인하려고 가족의 유일한 차를 타고 개틀린버그 시내로 나온 상태였다. 콘스턴스와 두 딸을 집에 남겨놓고 온 마이클은 아내에게 911에 전화하라고 말했다.

잠시 후 대원과의 전화에서 그녀는 이렇게 말한다. "이웃집에 불이 났어요. 남편은 집에 없고 차도 없어서 여기서 나갈 방법이 없어요. 나갈 방법도 없고 집에 아이들도 있다고요." 잠깐 급박한 대화가 오간다. 대원은 콘스턴스에게 "끊지 마세요"라고 말한다. 전화가 끊긴다.

마이클은 이 통화를 듣지 못했다. 시내에 있었으니 들을 수 없었다. 어느 산림경비원은 마이클에게 근처 휴양도시인 피전포지로 가라고 권했다. 마이클과 니콜라스는 그곳에서 나머지 가족과 재회하리라 기대했다.

그해 대스모키산맥에 가을이 내려앉았을 때 평소 녹색으로 울창

했던 애팔래치아를 불쏘시개로 바꾼 건 이례적으로 덥고 가문 날씨였다. 11월에 생겨난 불씨는 이곳 역사상 가장 파괴적인 산불 중 하나로 자라났다. 시작은 무해했다. 국립공원의 광대한 초원에 불빛 하나가 소리 없이 반짝 빛났을 뿐이다. 실제로 얼마 뒤, 침니탑스 산책로 근처의 메마른 땅에 불붙은 성냥을 던져 산불을 일으킨 혐의로 10대 2명이 기소되었다.[1] 처음에는 가소로웠던 불길이 점점 커지기 시작했다.

결국 불길은 개틀린버그와 리드 가족을 향해 질주했고 그러는 와중에 수많은 집과 역사를 집어삼켰다. 땅에는 대재앙의 어두운 그림자가 남았다. 사람들의 인생과 기억을 조용히 담고 있던 건물들은 뼈대만 남았다. 버려진 차량들은 열기 때문에 형태가 일그러졌다. 한때 전나무 향기로 신선했던 공기는 매운 연기로 목을 막았다.

마이클 입장에서는 상상도 못 했던 시나리오였다. 마이클은 뿌연 연기, 타는 바람, 잿빛 비를 뚫고 나머지 가족을 찾고 싶었다. 하지만 집에 갈 수조차 없었다. 화재가 앞을 가로막았기 때문이다. 마이클은 며칠 동안 잔해를 뒤졌다. 그러나 사건 발생 거의 일주일 뒤 콘스턴스, 클로이, 릴리가 화재에서 살아남지 못했다는 소식이 전해졌다. 그들의 시신은 인근 집에서 발견됐다.

이 이야기는 상당 부분 내가 뉴스 보도와 법원 기록을 보고 짜깁기한 내용이다. 마이클 리드와 직접 대화할 때는 개틀린버그나 콘스턴스, 클로이, 릴리에 대해 거의 이야기를 나누지 않았다. 그 대신 마이클이 미 연방정부를 상대로 제기한 불법행위 청구 소송, "국립공원관리국 직원들의 부주의"로 손해가 발생했다는 청구 소송에 대해 이야기했다. 그렇다. 마이클은 테네시의 전례 없던 가뭄을 고소할 수는 없었기에 국가를 고소할 수밖에 없었다.

솔직히 말해, 내가 마이클과 주로 소송 얘기만 하는 이유는 가뭄에 의한 화재로 평생의 반려자와 두 자녀를 잃은 남자에 대해 사실을 서술하는 것 말고는 달리 뭐라고 써야 할지 감이 잡히지 않기 때문이다. 여기에 비유 따위는 존재하지 않는다. 그들은 문자 그대로 불에 타 죽었다.

외상 후 스트레스가 우리 몸에 일으키는 반응

그러나 스트레스를 논할 때는 비유가 효과적이다. 초원에서 풀을 뜯는 외로운 사슴을 상상해보자. 작은 나뭇잎이 사각거리는 소리에 사슴의 감각은 날카로워진다. 사슴의 근육은 긴장한 채 도약할 준비를 한다. 이는 정상적인 스트레스 반응이다. 수백만 년의 진화에 의해 섬세하게 다듬어진 필수적인 생존기제다. 사슴처럼 우리의 몸도 위협을 인지하면 경계 상태에 돌입한다. 심장이 빨리 뛰고 호흡이 가빠지며 감각이 예민해진다. 이와 같은 급성 스트레스 반응, 즉 투쟁-도피 반응은 인류가 야생과 공유하는 핵심적인 유산 중 하나이다. 투쟁-도피 반응은 우리가 생존을 위한 자원을 총동원해 위험에 맞서거나 도망칠 준비를 하게 만든다. 사슴이 덤불 속 사각거리는 소리가 바람일 뿐임을 알고 나면 점차 긴장을 풀듯이 우리 몸도 위협이 지나가고 나면 평소의 상태로 돌아간다.

그런데 심각한 외상을 입고 나면 스트레스 반응의 자연스러운 리듬이 교란될 수 있다. 말 그대로 외상 후 스트레스 장애PTSD이다. 음울할 정도로 구체적이고 의학적으로도 모자람이 없는 용어이다. 나도 그 정의를 그대로 따르려고 한다. PTSD에 관한 설명은 1980년에 3판이 출간된 심리학계의 바이블《정신 장애의 진단 및 통계에 관한 지침서Diagnostic and Statistical Manual of Mental Disorders》에도 나와 있다. 이 정의에 따르면 PTSD를 일으키는 위협은 덤불에서 들리는 일시적인 사각거림과는 거리가 한참 멀다. 그보다는 마음의 풍경에 깊은 흉터를 남기는 화재와 같다.

그런 흉터 중에서도 가장 뚜렷하게 드러나는 증상은 침습적 사고이다. 외상 사건 당시의 생생한 기억은 머릿속에 남은 채 툭하면 플래시백 형태로 평온한 일상에 끼어들어 당사자로 하여금 외상을 반복해서 경험하게 만든다.[2] 악몽은 특히 조용한 밤 시간에 자주 찾아온다. 외상을 상기시키는 장소, 활동, 사람을 피하는 회피적 행동(침습적 사고와 감정을 우회하려는 시도) 역시 PTSD의 대표적인 증상 중 하나이다. 이런 행동은 당사자를 세상으로부터 점차 고립시킨다.

PTSD의 또 다른 주요 특징은 과민성으로 사람들을 지속적인 경계 상태에 머무르게 만든다. 이는 수면 장애, 건망증, 성급함, 과도한 놀람반응을 일으킨다.[3] PTSD의 눈으로 바라보면 삶 곳곳에는 위험이 숨겨져 있다. PTSD 증상은 인지와 기분 전반에 부정적 변화를 촉진할 수 있다. 한 사람이 세상을 경험하는 방식이 바뀐다. 죄책감, 자기비난, 지속적인 슬픔 등이 일상을 휘감는다. 한때 즐거웠던 활동마저 흥미를 잃은 채 감정적 무감각에 빠지기도 한다.

마이클 리드 역시 처음 연락했을 때 2016년 11월 밤의 외상이 촉발한 PTSD로 고생 중이라고 말했다.[4] PTSD는 빠르고도 거칠게 찾아왔다. 우리는 종종 PTSD를 전투 경험이 많은 참전용사가 겪는 장애로만 이해하지만 마이클의 경우를 보면 집에서도 얼마든지 큰 외상을 얻을 수 있음을 깨닫게 된다. 마이클은 "내가 부서졌다는 표현으로도 부족해요"라고 말했다. 부서짐의 시작은 목적의 상실이었다. 마이클은 허공을 떠다니는 기분이었다. 제대로 생각할 수 없었다. 가족 없이 살아간다는 것은 어떤 의미일까?

이런 단절을 이해하는 데 신경과학이 도움이 될 수 있다. 우리는 뇌에서 외상 후 스트레스와 관련이 있는 세 영역에 주목할 수 있다. 먼저 신경계의 경비병이라 할 수 있는 아몬드 모양의 편도체를 고려해보자. 편도체의 주요 역할 중 하나는 위험을 경고하는 것으로 위협의 그림자가 드리울 때 투쟁-도피 반응을 활성화한다. 그런데 심각한 외상을 겪고 나면 편도체가 과민하게 반응하여 지극히 사소한 위험 징후나 외상 원인과 유사한 무해한 자극에 대해서도 경보를 울릴 수 있다.[5]

기억을 담는 해마도 PTSD의 흉터를 안고 산다. 해마는 만성 스트레스 호르몬의 영향으로 번개에 타버린 나무처럼 쪼그라들 수 있다.[6] 이런 위축 현상은 기억을 불안정하게 만들뿐더러 과거와 현재의 경험을 구별하는 능력에 결함을 초래한다. 외상을 촉발한 사건이 과거 사건으로 분류되어야 함에도 현재 일어나는 사건처럼 느낄 수 있다는 뜻이다. 사실상 PTSD는 기억을 맥락화하는 해마의 능력을 저해함으로써 과거의 플래시백을 오늘 일어나는 것처럼 느끼게 만든다.[7]

마지막으로 뇌의 지휘자인 전두엽피질이 있다. 건강한 몸을 기준으로 전두엽피질은 우리의 감정 반응을 조절하는 데 기여함으로써 위험이 지나간 후 편도체의 경보를 진정시키는 역할을 한다. 그러나 PTSD를 겪는 사람의 전두엽피질은 이 역할을 수행하지 못하기 때문에 편도체의 경보가 끊임없이 울리게 내버려두고 장기간에 걸친 불안과 과민을 유발한다.[8] 기억 시스템과 상호작용하는 과정에서도 PTSD 환자의 전두엽피질은 해마의 반복적인 발작을 진정시키는 데 어려움을 겪는다.

신경학적 관점에서 외상을 바라보면 외상이 우리 머릿속에서 어떻게 펼쳐지는지 어느 정도 이해할 수 있다. 그럼에도 PTSD를 뇌수술로 치료하지는 못한다. 한 가지 이유는 외상이 우리 머리에만 국한되지 않기 때문이다. 외상은 우리 몸 깊숙이 울려 퍼지는 메아리와 같다. 우리 몸은 평형을 유지하기 위해 미세하게 조율된 시스템을 가지고 있는데 PTSD는 거기서 줄을 잡아당기고 스위치를 딸각거리며 평형을 유지하지 못하게 방해한다. 다시 말해, PTSD가 있는 사람은 자율신경계(투쟁-도피 반응을 위한 몸의 제어판)가 고도의 경계 상태를 유지하기 때문에 몸이 지속적인 흥분 상태를 벗어나지 못한다. 이는 차의 가속페달을 끝까지 밟은 채 달리는 것과 같다. 엔진이 정상적으로 기능할 리 만무하다. 당연히 그 영향은 시스템 전반에 걸쳐 광범위하게 나타난다.

심혈관계도 주요한 표적이다.[9] PTSD의 영향을 받는 심장은 더 불규칙한 리듬으로 뛰며 아드레날린이나 코르티솔 같은 스트레스 호르몬이 쇄도하는 데 맞서 초과근무를 하려 애쓴다. 혈압이 계속 높다 보니 심장병과 뇌졸중의 위험 역시 증가한다. 소화기관도 끊임없는 공세에 타격을 받는다.[10] 스트레스 상황이 닥치면 인간의 몸은 소화 같은 "비필수적" 기능에서 자원을 회수해 눈앞에 놓인 위험에 대응하는 데 활용하기 때문이다. 따라서 PTSD가 있는 사람은 메스꺼움, 식욕부진, 복통, 과민성 대장 증후군 같은 증상에 시달릴 수 있다. 장의 미생물 생태 균형 역시 깨지며 이는 신체와 정신 건강을 더욱 악화시킨다.[11]

면역 체계도 PTSD의 영향에서 자유롭지 못하다.[12] 만성 스트레스는 몸의 방어력을 약화시켜 감염과 질병에 더 취약하게 만든다. 따라서 PTSD 환자는 감기에 더 쉽게 걸리며 병균을 축출하는 데 어려움을 겪는다. 지속적인 스트레스는 세포 차원에서도 노화를 가속화하여 염색체 끝의 보호막이라 할 수 있는 텔로미어를 단축시킨다. 악몽과 불면증은 몸이 회복하는 데 필수적인 수면의 양과 질을 떨어뜨린다. 이와 같은 수면부족은 그 자체로 스트레스 요인이 되기 때문에 신체의 긴장도가 더 높아지고 경계 상태가 더 오래 지속되는 악순환을 불러일으킨다.

외상에 노출되는 일은 흔하다. 연구자들은 미국 성인의 절반 정도가 일생 동안 다양한 형태로 극심한 외상 사건을 경험하리라 추정한다.[13] 대부분의 경우에는 PTSD까지 이어지지는 않는다. PTSD의 평생 발병률은 약 7%이다. 발병 기제는 여전히 수수께끼다.

다만 확실한 건 전쟁터에 가지 않아도 PTSD를 경험할 수 있다는 점이다. 전장의 소음이나 군사 충돌 현장으로부터 멀리 떨어진 조용한 일상에서도 우리는 늘 외상의 위협에 노출돼 있다. 사고나 자연재해의 생존자, 대인 간 폭력이나 학대의 피해자, 끔찍한 사건의 목격자, 유년시절의 감정적 상처가 남은 자도 PTSD를 겪을 수 있다. 각각의 이야기는 지문처럼 독특하지만 전부 하나의 공통점을 공유한다. 외상 경험이 숨었다 나타났다를 반복하면서 삶의 방향을 결정한다는 점이다.

트라우마는 선천적이면서도 후천적이다

2012년 10월 말, 열대성 사이클론이 대서양 북부의 차가운 전선을 만났다. 샌디라는 이름의 초대형 폭풍은 상상할 수 없는 규모였다. 그런 샌디가 해안선을 향해 망치질을 하며 다가왔다. 뉴저지주와 뉴욕주 주민 입장에서 폭풍 해일은 전례 없는 자연재해였으며 그들의 눈앞에 닥쳐온 것은 파도라기보다 물의 벽에 가까운 무언가였다. 해일은 거리를 침수시켰고 고속도로를 강으로 뒤바꿨으며 집을 통째로 집어삼켰다. 육지와 바다의 경계가 사라졌다. 샌디는 철과 유리의 도시, 잠들지 않는 도시 뉴욕을 변전소의 으스스한 불빛만이 희미하게 비치는 어둠 속으로 몰아넣었다. 지하철망은 짠맛 나는 부식성 소금물에 잠겼다. 지상에서는 바람이 나무와 전력선을 모두 잡아 뜯어 낯선 풍경만을 남겼다.

기후변화로 자연재해가 더욱 극단적이고 빈번하게 나타남에 따라 PTSD 발생 역시 증가할 것으로 예상된다. 이는 기후변화와 뇌 질환의 관계와 유사하다. 설령 PTSD에 대한 인간의 민감성이 일정하게 유지되더라도 기후변화에 의한 위험 요인의 증가만으로 발병 사례가 증가할 것이다.

2019년 대법원 앞에서 열린 기자회견에서 빅 배럿Vic Barrett은 이렇게 말했다.[14] "샌디부터 시작해 마리아, 이르마, 도리안에 이르기까지 우리는 기후위기와 서로를 이름으로 부르는 친숙한 사이가 됐습니다. 그리고 저와 동료 원고들은 이로부터 매일 직접적으로 영향을 받고 있죠." 당시 뉴욕주 화이트플레인스 출신으로 20세였던 빅은 기후변화에 대한 연방정부의 무대응에 법적으로 맞서는 중이었다. 빅이 언급한 허리케인들은 길들여지지 않은 환경이 무엇인지 보여주는 상징과도 같았다. 2012년에 샌디가 뉴욕주를 강타한 이후 빅의 집에는 전력이 들어오지 않았고 대학 학기도 중단됐다.

다행히 오늘날 빅은 다시 정상적인 삶을 되찾았지만 허리케인이 휩쓸고 지나간 곳에 남은 사람 중에는 그렇다고 말할 수 없는 이들도 많다. 예를 들어, 2010년에 허리케인 카트리나가 뉴올리언스 저소득층 부모들의 정신과 신체 건강에 미친 영향을 연구한 학자들은 400명에 달하는 연구대상 중 절반 정도가 PTSD를 앓고 있음을 발견했다.[15] 그 영향은 허리케인과 직접적인 관계를 맺고 있었다. 다시 말해, 노출이나 재산 피해 측면에서 허리케인을 더 끔찍하게 경험한 사람일수록 정신병, PTSD, 스트레스를 경험할 가능성이 더 높았다.

더 충격적인 결과를 요코 노무라Yoko Nomura의 연구에서 찾아볼 수 있다. 뉴욕시 출신으로 CUNY대학원센터와 퀸즈칼리지 소속 심리학자인 노무라는 샌디가 뉴욕주를 강타할 당시 스트레스가 산모의 출산에 어떤 영향을 미치는지 알아보기 위해 예비 어머니 모집단을 구성한 상황이었다. 노무라는 다양한 환경 스트레스 요인이 이후 엄마와 아이의 삶에, 특히 정신건강에 미치는 영향을 측정할 계획이었다. 그런데 마침 모든 환경 스트레스 요인 중에서도 가장 막강한 요인 하나가 도시에 들이닥친 셈이었다. 샌디가 지나가는 동안 산모들은 물도 마시지 못한 채 승강기에 갇혀 있어야 했다. 삶을 뒤흔든 사건이었다.

노무라의 연구결과는 믿기 어려울 정도다. 2022년 말, 노무라가 10년 전의 샌디를 돌아보며 밝힌 바에 따르면, 폭풍이 지나가는 동안 자궁 내에 있던 아이들은 폭풍 전이나 후에 태어난 아이들에 비해 정신과적 질환을 앓을 가능성이 상당히 높았다. 예를 들어, 자궁 내에서 샌디를 경험한 여아는 그렇지 않은 여아에 비해 불안 장애를 앓을 가능성이 20배, 우울증을 앓을 가능성이 30배 높았다. 남아의 경우에는 ADHD를 겪을 가능성이 60배, 행동 장애를 겪을 가능성이 20배 더 높았다. 증상은 유치원 때부터 나타났다. 학술 논문임에도 연구진은 "극도로 놀랍다"라는 표현을 쓸 수밖에 없었다.[16] 노무라는 〈워싱턴 포스트〉에 이렇게 전했다. "영향이 이렇게나 명확히 나타나리라고는 예상하지 못했습니다."

이 연구는 기후변화를 경고하는 동시에 트라우마가 대물림될 수 있다는 통찰 역시 전해준다. 최근 몇 년간 학계에서는 트라우마의 유전학에 집중해 트라우마 경험이 어떻게 한 세대에서 다음 세대로 전달될 수 있는지 밝혀냈다. 대물림된 트라우마는 비유적인 유산이 아니라 DNA의 이중나선에 실려 있는 실재적인 유산이다. 상대적으로 새로운 과학 분야인 후성유전학에서는 굳이 DNA 염기서열의 변화를 동반하지 않더라도 환경적 조건에 의해 유전자의 표현형이 변이를 일으킬 수 있음을 전제한다. 트라우마가 그런 변이를 초래할 수 있으며

흥미롭게도 이런 변화는 자손에게까지 전달될 수 있다.[17]

　노무라 이외의 학자들 역시 제국주의에 갈가리 찢긴 원주민 공동체, 르완다의 대규모 학살극에서 살아남은 생존자, 노예제의 고통을 몸소 체험한 사람들의 후손 등 심각한 재난으로 상처 입은 사람들을 관찰한 결과 그 자녀와 손주가 일반 인구에 비해 불안 장애, 우울증, PTSD 등 심리적 어려움을 겪을 확률이 더 높다는 사실을 확인했다.[18] 한 획기적인 연구에서도 특정 냄새를 맡을 때 가벼운 충격을 연상하도록 학습한 쥐가 새끼를 낳은 경우 새끼가 이전에 그 냄새를 접한 적이 없음에도 냄새를 맡고 불안해한다는 사실을 발견했다.[19] 인간도 마찬가지였다. 홀로코스트 생존자의 자녀들은 극단적인 트라우마를 직접 경험하지 않았음에도 스트레스 호르몬 수준이 대조군과는 다르게 나타났다.[20] 이렇듯, 트라우마는 후천적이지만 선천적이라고 볼 수도 있다.

환경 관련 트라우마가 신체적 장애가 될 때

2012년 10월 말, 몬태나주의 투닷으로 가는 중에 805km에 걸쳐 이어진 연기를 통과했다. 9월 초부터 한 달 동안 아이다호와 몬태나주에서 산불이 40건이나 발생한 탓이었다. 가장 큰 산불인 살몬-찰리스 국유림의 무스 산불은 내가 아이다호를 가로질러 동쪽으로 이동하던 날에 규모가 1억 2,242만 평을 넘어선 상태였다. 미줄라 남동쪽에서는 대기오염 지수가 거의 300에 달했는데 이는 정부가 긴급 건강 경보를 발령하는 수준이다. 294번 고속도로를 따라 울퉁불퉁한 언덕을 지날 때는 멀미가 날 정도였다. 연기가 지평선을 지워버린 탓에 세상의 끝을 넘어서는 것만 같았다. 차를 세우고 뒤를 돌아봤다. 해질녘에 맞춰 태양은 황금빛으로 빛났고 하늘은 진흙에 물든 강물처럼 뿌옜다. 여기서 뭘 찾아야 하는 걸까?

한 편집자가 뒷마당에서 바비큐가 열릴 때면 꼭 맨 가장자리에 앉는다고 말했던 기억이 난다. 캘리포니아주 주민이다 보니 숯불 한 점만 봐도 산불 철의 공포가 되살아나기 때문이다. 도로변의 뿌연 연기를 바라보며 편집자 테레사를 떠올리자 새삼 인간의 뇌가 연상의 귀재라는 사실을 깨닫게 된다. 때때로 뇌는 감각 자극을 위험과 연관시킨다. 이 원초적인 연상 시스템은 우리의 신경회로에 잠재적인 위협을 알리는 패턴을 각인시킴으로써 우리를 안전하게 지켜낸다. 하지만 트라우마가 등장하는 순간 이 연상 시스템은 보호 수단이 아니라 예상치 못한 트리거가 가득한 미로로 뒤바뀐다. 트라우마 기억은 깔끔하게 분류된 파일이라기보다는 숲 바닥에 깔린 뿌리 덩어리에 가깝다. 사건과는 상대적으로 무관해 보이는 자극(특정 냄새, 특정 하늘 색, 특정 목소리 톤)이 뿌리에 닿는 순간 기억 시스템은 한 차례 플래시백으로 요동친다. 연상 과정에서는 현재의 무해한 자극에 과거의 메아리가 뒤섞이는 식으로 기억의 풍경이 왜곡될 수 있다. 예컨대, 무해한 천둥소리가 포탄 터지는 소리로 들리고 깜빡이는 자동차 전조등이 사고 당시의 눈부심을 되살리며 악수할 때의 부드러운 압력이 가해자의 압박을 떠올리게 한다.

이런 연상 과정이 우리 행동에 영향을 미친다는 것이 놀랍지 않나? 트라우마는 숨겨진 힘으로 우리가 행동하게 만든다. 물론 우리가 **멈추도록**, 즉 얼어붙도록 만들기도 하지만 행동하지 못하게 막는 것도 결국 또 다른 유형의 행동일 뿐이다. 따라서 높은 온도가 폭력성을 유발할 때처럼 환경적 트라우마 역시 우리의 주체성을 앗아간다. 외상 후 스트레스 반응은 우리의 선택권을 훔쳐간다. 잊기 위해 술을 마시기를 **원한다**고 주장할 사람이 있을까? 바람 소리를 듣고 얼어붙고 싶다는 사람이 있을까? 이처럼 환경은 동의를 구하지도 않은 채 우리가 결정을 내리게 강요함으로써 우리의 판단에 영향을 미친다. 우리는 이런 식으로 기후변화의 꼭두각시가 되고 만다.

환경 관련 트라우마가 신체에 미치는 영향을 보고 당황할 이유는 없다. 체화된 인지(몸이라는 그릇에 놓인 뇌)의 관점, 즉 뇌가 몸이라는 맥락을 통해서만 이해할 수 있다는 관점에서 트라우마는 뇌보다 더 큰 문제이다. 체내의 신호 연쇄, 즉 신경전달물질이나 호르몬 등 생물학적 신호를 보내는 분자의 흐름은 몸 전체를 아우르면서 외부의 충격을 반영한다. 스테파니 푸Stephanie Foo의 복합 PTSD에 관한 책에 "내 뼈가 아는 것What My Bones Know"이라는 제목이 붙은 이유가 있다. 베셀 반 데어 콜크Bessel van der Kolk의 트라우마에 관한 책 제목이 "몸은 기억한다The Body Keeps the Score"인 이유가 있다. 뇌는 중재자에 불과하다.

일부 연구자들은 외상 후 스트레스가 전신에 작용한다는 점에 착안해 두려움, 특히 변칙적이고도 신체적인 연상적 두려움을 소멸시키는 방법에 관해 힌트를 얻을 수 있으리라 기대한다.[21] 예를 들어, 쥐가 특정한 음에 공포를 느끼도록 훈련시킨다고 해보자. 쥐를 우리에 가

두고 해당 음이 날 때마다 쥐의 발에 작은 전기 충격을 가하면 쥐는 해당 음을 다시 들을 때마다 얼어붙을 것이다. 사실상 파블로프의 쥐다. 과학자들은 이 얼어붙음(조건부 공포반응)을 쥐가 해당 연상을 망각할 능력이 있는지 측정하는 데 활용할 수 있다. 쥐가 본래부터 그 음을 두려워하던 게 아니기 때문이다. 따라서 음과 연상 관계를 맺은 발의 충격을 제거하면 결국 쥐는 해당 음을 듣고도 얼어붙지 않게 될 것이다.

모든 동물은 이와 같다. 우리는 세계에 대해 배우고(세계에 담긴 관계를 모델링하고) 뇌에 각인된 새로운 감각을 기반으로 믿음을 업데이트한다. 바람 소리를 충격과 연관시키는 건 부자연스러운 판단일 수 있지만 극적인 증거만 존재한다면 우리의 모델은 그에 맞춰 업데이트된다. 어떤 의미에서 우리의 뇌는 해야 할 일을 정확히 잘 수행하고 있는 셈이다. 외상 후 스트레스를 겪는 건 **당연**하다. 트라우마는 스트레스를 줄 수밖에 없다. 그러나 외상 후 스트레스가 장애가 되는 건 우리가 자극과 충격 사이의 연상 관계를 잊을 수 없을 때이다.

트라우마를 약화시키기 위한 기억의 재구성

두려움의 소멸 측면에서 볼 때 PTSD는 다양한 행동치료에 도움이 된다. 궁극적인 목표는 자연회복 과정을 촉진하는 것이다. 행동치료는 트라우마가 남긴 흉터 주변에 새 살이 돋도록 돕고 두려움을 기억하되 다시 경험하지는 않도록 이끈다. 치료적 맥락에서 이 과정은 일종의 노출치료 형태를 취할 수 있다. 노출치료 중에 환자는 안전하고 통제된 환경에서 외상 사건을 떠올리게 하는 자극에 점진적이고 체계적으로 노출된다. 불을 제대로 통제해 활용하면 숲의 치유 과정을 촉진하고 잠재적 화재에 대한 회복력을 기를 수 있는 것처럼, 노출치료법은 통제 가능한 범위 내에서 공포를 유발해 사람들이 두려움을 새로운 맥락(안전한 맥락)에서 경험할 수 있게 해준다.

마찬가지로, 인지행동치료CBT나 안구운동 민감소실 및 재처리 요법EMDR 같은 치료법은 개인과 외상 사이의 관계를 변화시킴으로써 처리되지 않은 기억을 안전한 기억 공간으로 옮기는 역할을 한다. CBT는 사고방식과 행동의 근원에 이르기 위해 마음의 층을 신중하게 뒤지는 여정이다. 이 치료법은 외부 사건 자체가 아니라 생각이 감정과 행동을 결정한다는 믿음에 기반한다.[22] 어떻게 보면 CBT의 과정은 정신적 법정의 모습을 띤다. 치료사와 환자는 비합리적인 생각이나 두려움의 정당성과 영향을 임상적 시선으로 꼼꼼히 심사한다. 외상은 우리의 현실 인식을 왜곡함으로서 고통의 순환을 유지하려고 한다. CBT는 바로 이 그림에 문제를 제기한다. 즉 더 합리적이고 균형 잡힌 관점으로 인식을 조정하고자 한다.

EMDR은 또 다른 길을 간다. 1980년대 후반 심리학자 프랜신 샤피로Francine Shapiro가 개발한 EMDR 요법은 다양한 치료법의 특성에 특이한 성분 하나를 추가한다. 안구운동을 유도해 양측 뇌를 자극하는 행위이다.[23] EMDR 요법 중에 환자는 외상 사건을 회상하는 동시에 양쪽으로 감각 자극(좌우 안구운동이나 양손 두드림 등)을 입력받는다. 치료사와 환자가 협력하여 기억이 불러일으키는 감정과 뇌에 저장되는 방식을 조정함으로써 기억의 경로를 재설정하는 과정이라고 보면 된다. EMDR의 정확한 원리는 여전히 연구 중이다. 일부 학자의 이론에 의하면 EMDR 치료 과정은 수면 중에 안구운동이 급속도로 이루어지면서 기억이 저장되고 처리되는 단계와 비슷하다. 또 어떤 학자는 이중집중(외상 기억과 감각 자극에 동시에 집중하는 것)이 기억이 머릿속에 보관되는 방식을 바꾸는 데 도움이 된다고 설명한다.

이러한 치료법들은 과거를 지우지는 못하지만 기억을 이해하고 재구성함으로써 외상의 영향력을 저하시킨다. 결과적으로 두려움이 자연적으로 소멸하는 과정을 촉진한다.

기후변화의 영향력을 해소하는
신경학적 해독제

2018년 11월 25일, 캘리포니아주 산림화재보호국은 캠프파이어 산불을 성공적으로 진압했다고 발표했다. 그러나 진압이 곧 광란의 끝을 의미하지는 않았다. 이 글을 쓰는 시점에도 여전히 신원이 확인되지 않은 시신들이 있다. 캠프파이어 산불은 캘리포니아주 역사상 가장 치명적인 화재로 여겨진다.[24]

이 산불은 발원지인 캠프크릭로드에서 이름을 따왔으나 사태가 전개될수록 일시적으로 야생에 머무르는 행위인 "캠프"와는 어울리지 않는 산불이 되어버렸다. 캠프파이어의 영향 중 일시적인 건 하나도 없었다. 산불은 맹렬하게 캘리포니아주 북부를 가로질러 퍼졌다. 파라다이스타운은 그중에서도 가장 큰 타격을 받았으며 거의 전소했다. 화재 때문에 자체적인 날씨마저 생겨났다. 소위 화재적운이 하늘을 향해 치솟아 불길이 얼마나 뜨겁고 강렬했는지 증명했다. 캠프파이어 화재는 17일에 걸쳐 1억 8,730만 평에 이르는 땅을 황폐화시켰다. 그곳의 집과 숲은 물론 추억마저 재가 되었다. 약 1만 9,000채의 구조물이 불에 탔고 3만 명이 집을 잃었다.[25]

조티 미슈라Jyoti Mishra는 캘리포니아대학 신경공학및해석연구소 소장이자 인지신경과학자이다. 화재 직후 미슈라는 인근 파라다이스 타운 생존자들을 대상으로 외상 후 스트레스의 징후를 조사했다. 그 결과 화재에 간접적으로 노출된 사람(피해 지역에 가족이 있는 사람 등)이 일반 인구에 비해 약 3배 더 높은 비율로 PTSD를 겪는다는 사실을 발견했다.[26] 직접적으로 노출된 사람(화재로 재산을 잃은 사람 등)은 PTSD를 겪는 비율이 그보다도 3배 더 높았다.

미슈라는 UCSF기후건강평등센터의 기후변화 및 정신건강 프로젝트를 공동으로 지휘하고 있기도 하다. 부모님이 의사이다 보니 미슈라 역시 병원 캠퍼스에서 자랐다. 결과적으로 어릴 때부터 정신건강의 중요성을 체감했으며 정신건강의 가족력에도 주목했다. 어떻게 보면 미슈라는 의학계에서 일하기 위해 태어날 때부터 운명 지어진 것이나 다름없었다.

미슈라는 트라우마의 인과 모델을 이해하는 데 관심이 있다. 트라우마가 무엇인지, 어디서 왔는지, 우리에게 어떤 영향을 미치는지 정확히 이해하고 싶어 한다. 그리고 그 연장선상에서 우리가 트라우마에 어떻게 잘 대처할 수 있는지 이해하고 싶어 한다.

2010년대에 대학원 공부를 마친 후 미슈라는 국제기구와 협업해 아동 트라우마 연구를 시작했다. 그때 미슈라의 연구는 흥미로운 전환점을 맞았다. 이전까지 미슈라는 위탁아동에게 ADHD 발병률이 높게 나타나는 현상을 연구하는 중이었다. 응용연구자답게 미슈라는 아이들의 산만함을 해소하기 위해 가장 효과적으로 실행할 수 있는 개입이 무엇인지 이해하고 싶었다. 그런 개입 수단 중 하나가 명상(마음챙김)을 통해 자제력을 기르고 주변 환경과 의식적인 관계를 맺도록 장려하는 것이었다.

일반적으로 명상은 현존에 집중하는 상태를 가리킨다. 명상을 통해 세계를 경험한다는 것은 자기 경험의 해안에 서서 내부(생각의 소용돌이, 감정의 파도, 감각의 조약돌)를 조용히 목도하는 것, 굳이 흐름을 바꾸지 않는 채 가만히 목도하는 것을 의미한다. 학문적인 관점에서 명상을 정확히 정의하기란 다소 어렵다. 하지만 미슈라와 동료들은 이제 연구를 시작했을 뿐이었다. 그들은 이것저것 시도하면서 무엇이 효과가 있는지 확인하고 싶었다.

놀랍게도, 다른 조건이 모두 동일하다면 명상은 아이들의 산만함을 해소하는 데 일관된 효과를 보였다. 명상 말고는 달리 설명할 길이 없었다. 이 초기 연구 덕분에 치료사로서의 미슈라의 활동에는 명상이 핵심 요법으로 자리 잡았다. 지금도 명상은 심리치료 과정의 두드러진 특징 중 하나이다. 이는 자연재해 생존자들의 경우에도 마찬가지다.

PTSD를 마음의 숲속 깊숙이 자리 잡은 가시덤불이라고 상상해보자. 미슈라 같은 연구자가 보기에는 이때 명상이 일종의 정원사 역할을 할 수 있다. 이 정원사는 덤불을 곧바로 쳐내거나 태우지 않고 인내심을 가지고 천천히 지형 전반을 탐색한다. 덤불이 존재한다는 현실을 인정하고 숲이라는 거대한 맥락에서 덤불이 차지하는 위치를 이해한다. 야생동물을 동굴에서 억지로 나오게 강요할 수 없듯이 외상의 기억과 메아리는 강제로 치유할 수 없다. 동물이 나오게 하려면 관찰자처럼 조용히 앉아 서로의 존재에 익숙해질 때까지 기다리는 것처럼, 명상을 수행하는 사람도 상처받은 자아가 스스로를 드러내 인정받을 수 있도록 안전하고 온화한 공간을 마련한다. 명상은 지금 이 순간과의 연결성을 강조함으로써 현재에 굳건히 뿌리내린 감각을 느끼게 한다.

살펴본 것처럼 PTSD는 종종 시간적 이탈을 불러일으킨다. 과거의 외상이 현재로 뚫고 들어와 우리의 안정감과 통제력을 압도하는 것이다. 하지만 명상은 우리가 감각 경험의 지속적인 흐름에 단단히 뿌리내리게 함으로써 어둠을 헤쳐나가게 돕는다. 마음이라는 숲은 위험과 불확실성이 가득 찬 곳일 수 있지만 경이로움과 아름다움, 회복력과 적응력이 샘솟는 곳이기도 하다. 우리는 명상을 통해 트라우마를 내면 풍경을 가득 메운 재앙이 아니라 풍경의 일부로 바라볼 수 있다. 자신의 상처를 연민으로 돌보고 내면의 폭풍을 우아하게 견디는 가운데 성장력과 적응력을 되찾을 수 있다. 자신이 겪은 외상과 평화를 이루고 그것을 인생이라는 더 큰 서사 속에 통합시킬 수 있다.

2023년 캠프파이어 산불 생존자들에 대한 후속 연구에서 미슈라는 한 가지 중요한 사실을 깨달았다. 생존자들이 10년 전 미슈라가 연구했던 위탁아동들과 비슷한 증세를 보였다는 점이다. 미슈라의 연구진은 주의력, 기억력, 충동성 등 다양한 요소에 걸쳐 실험참가자들의 인지기능을 테스트했다. 특히 기후 트라우마가 뇌에 어떤 영향을 미치는지 이해하는 데 집중했다. 또한 실험참가자가 다양한 인지 과제를 수행하는 동안 뇌파를 관찰해 기록함으로써 뇌 기능을 측정했다. 그 결과 연구진은 화재에 노출된 두 집단의 사람들(직접 노출 집단과 간접 노출 집단)이 화재에 노출되지 않은 사람들보다 주의산만을 통제하기 어려워한다는 사실을 파악했다.

이 발견은 미슈라에게 큰 의미가 있었다. 미슈라는 이렇게 말한다. "위협적인 환경은 과잉 경계하게 만드는 경향이 있습니다. 주변 환경의 모든 자극이 위험 신호가 될 수 있어요."[27] 지속적인 경계 모드에 들어가면 쉽게 산만해질 수밖에 없다.

미슈라는 이런 발견이 "우연"이었다고 지적한다. "이러한 측면에서 개입이 충분히 이루어지지 않고 있을 거라고는 생각하지 못했어요." 바로 이 지점에서 미슈라의 명상 연구가 더욱 중요하게 느껴진다. 연구진이 개발한 명상 요법(5~10분에 이르는 짧은 심호흡에 초점을 맞춘 요법)을 기후 트라우마에 적용해본 적은 없다. "하지만 다른 트라우마 관련 연구를 하면서 명상 훈련이 그런 결핍을 해소할 수 있음을 이미 알았죠. 명상과 관련된 지식을 전파하는 게 우리 사회에 어떤 기여를 할지 정말 궁금해요."

앞서 열과 인지 사이의 관계를 연구한 나디아 가와의 연구를 소개한 바 있다. 가와의 주장이 암시한 건 열기로 인한 불쾌감이 주의를 어지럽히기 때문에 시험 점수가 급락했다는 점이었다. 만약 가와의 주장대로 인지적 결함이 온도 변화 자체보다는 그로 인한 불쾌감 및 산만함과 더 깊은 관련이 있다면, 있는 그대로 수용하는 태도는 기후변화의 영향력을 해소하는 신경학적 해독제가 된다. 흥미로운 것은 기온 상승이 인지 과제를 수행하는 데 걸리는 반응 시간을 감소시킬 수 있다는 점이다. 주어진 문제를 푸는 데 있어 정확도는 떨어질지언정 속도는 빨라질 수 있다. 우리가 더 충동적이 된 것처럼 말이다. 이처럼 인지 및 주의 자원을 소모하는 면에서 뜨거움은 산만함과 행동학적으로 유사한 역할을 한다. 이는 오히려 좋은 소식이다. 미슈라 같은 연구자들이 우리가 산만함에 갇혀 있을 필요가 없음을 증명하고 있기 때문이다.

이야기에 몰입할 때
뇌와 사람에게 일어나는 일

애나 제인 조이너Anna Jane Joyner의 환경 정의를 향한 열망은 허공에서 생겨난 게 아니다. 앨라배마주의 저명한 복음주의 목사의 딸로 자란 조이너는 신앙이 살아 숨 쉬는 세계, 신앙이 한 사람의 세계관은 물론 타인과 신의 관계를 형성하는 지침이 되는 세계에서 살아왔다.

하지만 조이너의 내면에는 또 다른 신성한 관계 하나가 또렷이 그려졌다. 인류가 자연과 맺고 있는 관계이다. 오늘날 기후운동가로서 조이너는 복음주의 공동체와 환경주의 운동 사이의 간극을 메우기 위해 신앙의 언어를 빌리고는 한다.《성경》의 가르침과 기후 정의의 필요성을 결합시킴으로써 동료 기독교인들이 지구를 돌보는 일을 도덕적이고 영적인 책임으로 받아들이게 촉구하는 것이다. 조이너는 팟캐스트 〈집만 한 곳이 없지No Place Like Home〉의 공동 진행을 맡고 있는 것은 물론 기후변화의 영적·문화적 차원을 탐구하는 다큐멘터리 시리즈 〈위험하게 살아온 나날들Years of Living Dangerously〉을 통해 복음주의 공동체 내의 기후변화 논의를 촉진하려고 애쓰는 등 수많은 영역에 걸쳐 활동하는 중이다.[28]

요즘 조이너는 특히 스토리텔링의 중요성을 강조한다. "인간은 약 7만 년 전부터 죽음이나 상실 같은 인생의 어려운 과제를 탐색하기 위해 이야기를 만들기 시작했습니다. 마찬가지로, 기후변화의 세계에서 살아남으려는 우리에게도 이야기가 필요합니다."[29] 트라우마에 관한 이야기를 글로 쓰는 행위, 어떤 식으로든 타인에게 서술적으로 표현하는 행위에는 보이지 않는 힘이 있다. 기후 트라우마와 PTSD를 탐색하는 방식으로서 스토리텔링이 얼마나 큰 가치를 지니고 있는지는 이 주제를 논할 때마다 빼놓을 수 없는 요소이다.

이야기에 깊이 몰입할 때 우리의 뇌는 신경결합neural coupling 현상을 일으킨다.[30] 이 개념은 조화(심오한 종류의 공감)와 유사하며 이야기하는 화자와 듣는 청자 사이의 경계를 흐리는 신경 메아리 역할을 한다. 이 과정에 대한 fMRI 연구는 흥미로운 통찰을 던져준다. 일례로, 연구자들은 이야기를 듣는 사람의 뇌 활동이 이야기를 하는 사람의 뇌 활동을 거울처럼 반영할 뿐만 아니라 예측할 수도 있다는 사실을 발견했다. 두 사람 사이의 신경결합이 강할수록 이야기를 듣는 사람은 내용과 감정을 더 잘 이해한다. 사실상 신경결합은 공유된 이해의 현현, 두 마음이 잠시 만나는 정신적 회합이라 말할 수 있다.

그러나 신경결합은 이해를 향상시키는 데서 더 나아가 반응하고 예측하는 데도 도움이 된다. 그런 반응과 예측은 시의적절하게 고개를 끄덕여 수긍을 나타낸다거나 상대방의 웃음을 보고 거울처럼 따라 웃는 등 대화상의 미묘한 신호를 통해 드러난다. 하품이 방 전체에 전염되거나 친구끼리 말투가 비슷한 것도 그 증거이다. 이렇듯 신경결합은 우리가 특정 사람들과 느끼는, 말로는 설명할 수 없는 유대감을 가리킨다.

결국 스토리텔링은 단순한 의사소통 행위 이상이다. 이야기는 우리의 뇌를 풍부하고도 다양한 방식으로 몰입하게 만드는 복잡하고 역동적인 과정이다. 조이너의 설명에 따르면 이야기는 우리가 상호연결성을 느끼게 하고 인류애를 공유하게 하며 개인 간 경험의 경계를 초월하는 능력을 강화시킨다. 이 모든 사실은 우리 모두가 각자만의 방식으로 이야기이자 이야기꾼임을 되새기게 해준다.

트라우마를 글로 표현할 때 우리는 필연적으로 이야기를 하는 사람이자 듣는 사람이 된다. 우리 자신도 종이에 있는 단어들을 읽으면서 고통의 지대를 횡단해야 한다. 스토리텔링은 우리가 겪은 고난이 언어라는 형태를 갖추게 해준다. 스토리텔링은 경험을 기록하는 과정만이 아니라 고통을 햇볕 아래서 끄집어내 우리가 이해할 수 있는 무언가로 변화시키는 과정이다.

그렇다면 PTSD의 경우 스토리텔링은 땅을 가는 행위와 유사하다. 노출치료와 인지행동치료 역시 이 개념에 근거를 두고 있다. 스토리텔링을 통해 우리는 트라우마의 거친 면을 갈고 또 갈아 부드럽게 쓰다듬을 수 있는 상태로 바꾼다. 글쓰기는 곧 변화이다. 글쓰기는 아직

소화시키지 못한 경험의 파편을 이해할 수 있는 무언가로 바꾼다. 이야기 덕분에 우리는 관찰자로 거리 위에 서서 사건이 일어날 당시의 시각 밖에서 사건을 바라볼 수 있다. 형태가 없는 것에 형태를 부여함으로써(말할 수 없는 것에 이름을 붙임으로써) 트라우마가 주입하는 독을 일부 배출할 수 있다. 글쓰기와 말하기 행위는 우리가 스스로의 이야기를 읽고 또 읽을 수 있도록, 듣고 또 들을 수 있도록 해준다. 그때마다 각 단어에서 느껴지던 얼얼한 고통은 점차 완화되어 궁극적으로는 인생 서사의 일부가 된다. 게다가 이야기를 할 때 우리는 단순한 관찰자를 넘어 창조자가 된다. 따라서 글쓰기 행위를 통해 우리는 한때 과거라는 녀석에게 인질로 잡혔던 통제권을 되찾을 수 있다. 이야기에 어떤 내용을 포함시킬지, 어떤 내용을 생략할지, 스스로를 어떻게 제시할지, 어떤 색조로 경험을 그려낼지 결정하는 건 우리 자신이다. 이 과정 자체가 치유 행위가 된다.

마이클 리드는 명상 수행자는 아니지만 개틀린버그 화재 직후 글쓰기를 시작했다. 그건 절벽을 오르는 것만큼이나 어려운 일이었다. 그러나 정상에서 전망을 내다보면 등반할 만한 가치가 있었다는 느낌이 든다. 우리는 고통을 단어로 치환함으로써 고통 밖의 안전한 곳에서 고통을 바라볼 수 있다. 자연과학자가 흥미로운 표본을 연구하듯, 우리는 호기심과 연민을 가지되 충분히 거리를 둔 채 고통을 살펴볼 수 있다.

리드는 이렇게 말한다. "슬픔, 상실, 정신질환에 대한 국가적 차원의 논의가 절실합니다. 대화가 필요해요. 우리는 너무 많은 걸 금기시하죠. 하지만 홀로 버림받아 수치와 창피를 느끼고 싶지는 않다는 사람들이 수백만 명 있습니다. 사람들은 괜찮지 않아도 괜찮다는 사실을 알아야 합니다." 리드의 주장에 따르면 트라우마를 이야기로 풀어내는 행위는 자연에서처럼 모든 것에 계절이 있다는 사실을 이해하는 것이라고 주장한다. 우리 인생에는 아파하는 계절, 치유하는 계절, 무너지는 계절, 그리고 다시 세우는 계절이 있다. 우리가 자기 인생의 이야기를 되짚어봄에 따라 한때 극복할 수 없을 것 같았던 트라우마조차 삶이라는 책을 이루는 하나의 장이 된다. 그 장도 우리 인생 이야기에 포함된다는 것을 이해하고 인정하지만 그렇다고 그게 이야기의 전부는 아니다. 트라우마에 대해 글을 쓰는 행위는 자연의 리듬을 따르는 것과 같다. 즉 겨울이 지나면 봄이 오고 밤이 지나면 새벽이 온다는 것을 기억하는 것과 같다. 지구처럼 우리도 항상 변해가는 과정에 있음을 인식하는 것이다.

리드는 이렇게 이어나간다. "이것이 내가 아직 이 세상에 존재하는 이유입니다. 이것이 제 삶의 목적이죠. 이 사실을 가르쳐줘야 할 사람들 모두에게 어떻게 다가가야 할지는 모르겠지만요." 블로그를 운영하는 리드는 길을 거닐다 스쳐 지나가는 사람들이 각각 어떤 이야기를 품고 있을지 궁금해한다. "우리 모두가 자신의 흉터를 가리려고 애쓰지 않는 세상은 얼마나 경이로울까요? 자신의 불안과 약점을 드러냄으로써 세상이 우리 영혼까지 들여다보도록 허락한다면, 그리하여 우리의 진짜 모습을 보여줄 수 있다면 어떨까요?" 리드는 이야기가 다리와 같다고 설명한다. 이야기는 트라우마가 우리 내면 깊이 파낸 고독의 심연을 가로지른다. 자신의 이야기를 공유함으로써 우리는 서로에게 가까이 다가갈 수 있다. 마치 이렇게 말하는 것과 같다. **보세요!**

여기 내가 살아온 여정이 있습니다. 여기 내 상처가 있어요. 각각의 단어들이 다른 누군가의 경험 속에서 공명을 일으킬 때 이야기는 우리가 인간으로서 같은 경험을 공유한다는 속삭임을 전달해주며 덩달아 우리가 혼자가 아니라는 사실을 상기시켜준다. 때로 우리가 치유에 이르는 데 이보다 중요한 건 없다.

조이너에게 스토리텔링은 열정이자 직업이다. 조이너가 새롭게 기획한 사업은 할리우드를 위한 기후 커뮤니케이션 컨설팅 회사 굿에너지Good Energy이다. 이를 통해 조이너는 기후 스토리텔링을 블록버스터에 접목하여 더 많은 사람이 기후변화의 현실을 인식하게 하려고 한다. "제가 영웅 이야기를 그다지 좋아하지 않는 이유는 여럿 있습니다. 그럼에도 영웅 서사가 마음에 드는 게 하나 있다면 그건 영웅이 이길 것이라고 생각해서가 아니라 옳은 것이라고 생각해서 일에 나선다는 점입니다. 프로도가 모르도르에 맞선 것도 이길 것이라고 생각해서가 아니라 옳은 일이라고 생각했기 때문이죠."

조이너는 스토리텔링이 옳은 일이라고 생각한다. 세 번이나 죽을 고비를 넘긴 조이너는 때때로 기후 커뮤니케이션의 수단으로 자신의 인생 배경을 소개한다. "취약한 이야기를 공유할 위치에 있는 사람은 흔치 않죠. 마침 제가 안정적인 직업을 가지고 있고 저를 진심으로 지지해주는 가족도 있으니 이 특권을 활용해서 제 이야기를 세상에 알리고 싶어요. 제 이야기가 누군가에게 도움이 되기를 바랍니다."[31] 리드가 했던 말과 비슷하다.

첫 번째 죽을 고비는 호주에서 뉴질랜드로 가기 위해 태즈먼해를 건너는 도중에 찾아왔다. 당시 조이너는 19세였고 친구와 함께 모험을 찾아 나섰다. 특히 물에서만 할 수 있는 무언가를 찾고 싶었다. 항해 경험이 조금 있었기에 선장을 구해 곧바로 출항했다. 그러나 여행 8일째가 되는 날 폭풍이 몰아쳤다. 9.3km/h만 빨랐어도 허리케인으로 분류될 폭풍이었다. "그런 폭풍 속에서 돛을 두 개 잃으면 배가 뒤집혀서 다 죽는 거예요."**32** 배는 돛 하나를 잃은 채 그날 밤을 겨우 버텨냈다.

두 번째 죽을 고비는 2020년 9월, 허리케인 샐리가 앨라배마주에 있는 집을 강타했을 때였다. "저는 기후변화의 최전선에서 살아간다는 게 얼마나 스트레스가 되고 트라우마가 되는지 몰랐어요." 조이너가 잠자리에 들 때만 해도 평범한 열대성 폭풍에 불과했던 샐리는 조이너가 잠든 사이 급격히 세력을 불렸다. 새벽 1시경에는 2등급 허리케인으로 변모해 조이너를 깨웠다. 4.6m짜리 건물인데도 물이 차 있었다. 두 집 지나 거리에는 휠체어가 아니면 어디에도 다니지 못하는 90세 할아버지가 계셨다. 할아버지 댁에도 이미 물이 창문 아래 30cm까지 차오른 상태였다.

조이너는 서둘러서 짐을 쌌다. 전화기, 컴퓨터, 좋아하는 책, 가족의 보석, 이런저런 메모까지. 주어진 시간은 2시간도 채 안 됐다. 조이너는 30cm 높이의 물을 헤치며 할아버지를 대피시켰다. 빠져나가는 내내 세탁기 안에 빠진 것만 같았다.

나중에 파손된 집을 찾아가 보니 전쟁터나 다름없었다. "나무가 24그루나 뽑혔는데 그중에는 정말 오래된 거대한 참나무도 있었어요. 그 나무가 할아버지를 대피시킨 그 위치에 쓰러져 있더군요." 마치 오랜 일상으로부터 배신당한 느낌이 들었다고 한다. 이때부터 조이너는 이미 기후운동가였다.

　세 번째 죽을 고비는 그 뒤를 이은 불안과 마비 증세였다. 친구가 조이너에게 호텔 방을 하나 잡아줬고 조이너는 그곳에서 잠들기 위해 술을 마셨다. 하지만 잠들기 힘들었다. 그래서 술을 진탕 마시기 시작했다. "사실상 매일 24시간 술을 마셨죠. 마리화나 젤리랑 수면제랑 항불안제도 먹었어요." 그럼에도 여기저기서 한두 시간씩 쪽잠을 자는 게 다였다. 결국 병원을 찾아가니 의사는 조이너가 PTSD와 지독한 조증 삽화를 겪고 있다고 진단했다(조이너는 이미 조울증을 앓고 있었다). "울증과 조증 발작은 익숙했어요. 하지만 심각한 울증과 조증이 그런 식으로 결합돼서 나타난 적은 없었어요. 너무 무서웠죠."

　"문득 바다 저 멀리 어딘가로 나가서 서서히 사라지는 모습이 머릿속에 생생하게 그려졌어요." 잔해를 치우기 위해 2~3일 떨어져 지냈던 남편은 호텔로 돌아오자마자 아내가 어딘가 다르다는 사실을 알아차렸다. 그래서 담당 정신과의사와 통화했고 일주일 뒤에 아내를 치료시설로 보냈다. 고통스런 한 달이 지난 후 마침내 조이너는 시설 밖으로 나왔다.

　조이너는 바로 이 부활의 메시지를 자신의 이야기를 통해 공유하고자 한다. "우리가 살아가는 삶을 부끄러워해서는 안 돼요."

　남자 하나가 도로에 차를 댄다. 그는 자신이 왜 여기에 왔는지 확신하지 못한다. 2022년 12월, 마이클 리드는 모든 것이 불타버린 뒤 처음으로 옛집에 운전해서 왔다. 6년이 지났다. 리드는 집을 향해 천천히 나아가 차를 옛 진입로에 세운다. 그런 다음 차에서 내려 땅바닥에 앉는다.

눈앞에는 전혀 다른 집이 서 있다. 리드는 진입로에 앉은 채 콘스턴스, 클로이, 릴리의 흔적을 찾는다. 그들은 이따금 생전에 좋아했던 동물로 나타나고는 했다. 하지만 이곳에는 무당벌레도 올빼미도 나비도 없다. 타버린 그루터기만 남았다. 얼마 지나지 않아 리드는 자리에서 일어난다.

떠날 시간이 되었으니 다시 소송에 집중해보자. 리드는 내게 이렇게 말했다. "저에게 이번 건은 마침표를 찍을 수 있는 유일한 기회예요. 이번 소송은 제 정신건강과 직접적인 관련이 있습니다. 생존자의 죄책감이란 게 무엇인지 몇 시간이고 떠들 수 있습니다. 그런 게 어디 있느냐고 묻는다면 분명 가까운 사람을 잃어본 적 없는 사람이겠죠." 국립공원관리국에 제기한 소송이 별일 없이 법정을 통과해 지나가자 리드는 책임이라는 소재를 고민할 수밖에 없다. 책임질 존재가 없다면 자신에게 남는 건 머릿속 생각밖에 없으니까 말이다. "우리 뇌는 생각보다 강력하죠. 하지만 뇌가 오작동을 일으켜서 비합리적인 생각이 정신을 지배하면 뇌는 최악의 적이 될 수도 있어요." 리드는 여전히 PTSD를 앓고 있지만 여전히 글을 쓰고 있기도 하다. 어떤 날은 괜찮고 또 어떤 날은 힘들다.

그즈음 리드는 블로그에 이런 글을 썼다. "왜 하느님이 제 영혼의 4분의 3이나 빼앗아 가셨는지 모르겠습니다. 왜 저는 치유에 이를 수 없는지 모르겠습니다. 왜 이 순간이 6년 전이랑 똑같이 아픈지 모르겠습니다. 왜 명절이 올 때마다 점점 더 힘들어지는지 모르겠습니다. 왜 아직도 안개를 보면 겁이 나는지 모르겠습니다."

개인적으로 욥(악한 천사가 제기한 의문 때문에 가족과 재산을 비롯한 모든 것을 잃는 고난을 맞이한 성경 인물-옮긴이) 이야기를 읽고 만족스러워하는 사람을 본 적이 없다. 마이클, 어쩌면 당신 이야기 덕분에 당신이 두려워하는 이유를 우리가 알게 된 것 같군요.

마음이라는 숲은 위험과 불확실성이 가득 찬 곳일 수 있지만

경이로움과 아름다움, 회복력과 적응력이

샘솟는 곳이기도 하다.

우리는 명상을 통해 트라우마를 내면 풍경을

가득 메운 재앙이 아니라 풍경의 일부로 바라볼 수 있다.

자신의 상처를 연민으로 돌보고 내면의 폭풍을

우아하게 견디는 가운데 성장력과 적응력을 되찾을 수 있다.

자신이 겪은 외상과 평화를 이루고 그것을 인생이라는

더 큰 서사 속에 통합시킬 수 있다.

3부

마음,
상실과 회복의 운동

THE
WEIGHT
OF
NATURE

7장

감각

뇌와 세계를 잇는 힘

당신이 LSD에 취했다는 걸 안다면 여행을 즐기는 느낌이겠지만, 이것은 그것과는 매우 다른, 훨씬 심각하고도 끔찍한 경험이다.

_그레고리 베이트슨Gregory Bateson, 《마음의 생태학Steps to an Ecology of Mind》

우리는 어떻게 춤을 보고 무희를 알 수 있을까?

_윌리엄 버틀러 예이츠William Butler Yeats, 〈학교 어린이 사이에서Among School Children〉

2100년을 상상해보자. 당신은 흰동가리로 산호초 근처에 산다. 몸에 주황색과 흰색 줄이 번갈아 나타나는데 그리 중요한 건 아니다. 중요한 것은 당신의 내이에 이석이 있다는 것이다. 물을 통해 그리고 당신의 몸을 통해 전달되는 소리 파동이 이석을 움직이고 작은 모발 세포를 건드려 청각 신경에서 전기화학 신호를 유발한다. 니모, 당신은 소리를 듣는 중이다.

그러나 잘 듣지는 못한다. 21세기 끝에 인류는 탄소중립을 달성했지만 100년 전부터 이어진 추세를 되돌리지는 못했다. 대기 중 이산화탄소 농도는 400ppm에서 2100년에 600ppm으로 상승했다(평균적인 예측이다). 당신과 당신 귀의 이석에게 이산화탄소의 증가는 중요하다. 이석은 탄산칼슘, 즉 탄소를 기반으로 한 염으로 만들어지고 해양 산성화는 이를 더 크게 자라게 하기 때문이다. 비대하고 투박해진 이석 때문에 다른 생물이 내는 소리가 모두 이상해졌다. 보통은 이런 소음을 피할 것이다. 포식자의 위험을 시사하기 때문이다. 하지만 그 대신 당신은 소리 쪽으로 다가간다. 헤드폰을 착용한 사람이 교차로로 걸어가며 브레이크가 고장 난 트럭의 경적 소리를 인식하지 못하는 것처럼. 니모, 당신의 삶에 대한 영화는 아무도 만들지 않을 것이다. 아무도 당신을 찾지 못할 테니까.

장난삼아 해보는 생각이 아니다. 2011년에 대만의 아카데미아시니카Academia Sinica에서 홍영옌Hong Young Yan이 이끄는 국제 연구팀은 이러한 종류의 미래 산성화 환경을 해수 탱크에서 모의실험했다.[1] 해양 산성화가 친구와 적의 냄새를 구별하는 물고기의 능력을 손상시켜 평소라면 피할 만한 냄새에 이끌리게 만든다는 사실은 이전 연구에서 밝혀졌다.[2] 산성화 수준이 가장 높을 때, 물고기는 후각 신호에 반응하지 않았다. 홍과 그의 동료들은 같은 현상이 물고기 귀에도 적용될 수 있다고 의심했다. 다양한 이산화탄소 농도의 탱크에서 수십 마리의 흰동가리를 사육한 연구자들은 방수 스피커를 물속에 배치하고 포식자가 많은 산호초에서 녹음된 소리를 재생하며 물고기가 소리의 근원을 피하는지 평가함으로써 그들의 가설을 실험했다. 현재의 해양 환경처럼 통제된 조건을 제외하고 모든 조건에서 물고기는 피하지 않았다. 마치 위험을 듣지 못하는 것 같았다.

그러나 이런 결과가 순전히 이석 팽창 때문인지는 분명하지 않다. 높은 해양 산성도가 물고기 이석의 성장을 촉진할 수 있음은 이미 다른 연구에서 확인했지만 홍의 연구에서는 이석의 변화가 나타나지 않았다. 게다가 나중에 해양 생물학자들이 과대한 이석의 영향을 수학적으로 모델링한 결과 더 큰 이석이 물고기 귀의 민감도를 증가시킬 가능성이 있다고 결론지었다. 물고기가 증가한 민감도를 어떻게 인지하는지에 따라 "유익할 수도 해로울 수도" 있다.[3] 항해를 위해 원거리의 소리를 감지하는 데 유용할 수도 있다. 반면에, 바다의 온갖 소음이 들리는 탓에 유용한 소리가 묻힐 수도 있다. 정확한 답은 알 수 없다.

과도한 이산화탄소가 초래한 물고기의 청력 저하

이석의 영향의 불확실성은 홍과 동료들로 하여금 이산화탄소가 더 심오한 차원에서 생각지도 못한 영향을 미치고 있을지도 모른다는 결론에 이르게 했다. 이산화탄소가 직접적으로 물고기의 신경계를 교란하고 있을지도 모른다. 다시 말해, 물고기의 청력 문제는 감각기관의 문제가 아니라 더 근본적인 원인에 뿌리를 두고 있을 수 있다. 귀가 청각 신호를 받더라도 물고기의 뇌가 신호를 제대로 처리하지 못하는 것이다.

다음 해, 홍영옌의 동료 중 한 명인 호주의 제임스쿡대학 소속 필립 먼데이Philip Munday는 이에 대한 답을 확인하는 데 성공했다.[4] 그의 이론은 한마디로 하이재킹 이론이다. 신경세포는 집과 같다. 단열되어 있지만 때때로 문과 창문을 통해 물질이 투과된다. 답답한 파티 장소의 창문을 열어 시원한 공기를 조금 들여보내듯이 뇌세포는 세포벽 안팎의 물리적 차이를 이용해 세포 간 신호의 흐름을 유지한다. 신경계에서 이 차이는 온도와 관련이 없으며 전기적인 문제이다. 살아 있는 몸속에는 여러 이온들(칼륨, 나트륨, 염화물 등)이 떠다니고 있으며 여기저기에서 전자를 얻거나 잃어 전하를 띤다. 신경세포막 안팎의 원자들이 서로 다른 전하를 띠기 때문에 전압 차이가 유발된다. 대부분의 신경세포 내부는 외부에 비해 음전하를 더 띤다. 하지만 뇌세포의 벽에도 창문이 있어서 창문이 열리면 이온이 흘러 전기적 변화가 촉발된다.

신경세포의 창문은 막을 가로지르는 단백질에 해당한다. 집의 창문처럼 단백질도 형태와 크기가 다양하다. 이 구멍으로 소파를 넣을 수는 없지만 어쨌든 창문이긴 해서 물리적 차단막 역할을 한다. 내부가 덥고 외부가 추우면 창문 하나를 열어서 열을 식힌다.

그런데 이런 작용은 뒤집힐 수 있다. 필립 먼데이가 제시한 흰동가리 신경계의 하이재킹 현상은 다음과 같다. 핵심은 해수에서 과도한 이산화탄소가 나와 물고기 신경세포 내에 중탄산염 분자의 이상 축적을 초래한다는 것이다. 신경 신호 전달에 있어 전하를 띤 중탄산염이 세포 내부에 너무 많이 있으면 전기적 환경의 역전을 유발한다. 이제 신경세포 내부가 외부보다 더 추워진다. 창문들(이온 통로들)을 열면 원자들이 반대 방향으로 흐른다.

먼데이의 이론은 신경 활동을 억제하는 유형의 이온 통로에 적용된다. 모든 신경 시스템이 하는 일 중 하나는 흥분과 억제의 균형을 맞추는 것이다. 전자가 너무 많으면 발작과 같은 것이 발생하고 후자가 너무 많으면 혼수상태와 같은 것이 발생한다. 우리는 두 극단 사이에서 균형을 맞추는 과정에서 풍부한 경험을 얻는다. 하지만 전기적 조건이 역전되면 이 억제 통로가 흥분하게 된다. 그러고 나면 모든 것이 불확실해진다. 뇌에게 그것은 웬 탈취범이 조종석에서 무작위 버튼을 누르며 비행기가 공중에 떠 있기를 바라는 상황과 같다. 만약 먼데이가 옳다면 흰동가리에게 산성 해수는 물고기의 후각과 청각 감각을 단락시켜 위험을 향해 수영하게 만든다. 과연 우리는 어딜 향해 헤엄치고 있는 걸까?

놀라움을 최소화하고,
감각 증거를 최대화할 것

세계를 감지하는 것은 그것을 이해하는 데 필수적이다. 어떤 생명체도 자신 외부의 세계에 대한 정보를 수집할 수단이 없다면 생존에 필요한 판단이나 결정을 내릴 수 없다. 시각, 촉각, 후각 같은 감각 시스템은 동물이 환경을 모델링하고 변화를 감지할 수 있는 수단을 제공한다. 이러한 변화를 인지하지 못하면 생명체는 위험(또는 쾌락)에 적절히 반응하지 못한다. 감각 정보 없이는 빙판 위의 하키 퍽처럼 방황한다.

감각 정보는 다양한 충돌 신호로 구성된다. 광자는 원자가 빽빽이 들어찬 환경에 닿으면 튕겨 나오고 다양한 파장의 빛은 서로 다른 에너지량을 가진다. 온갖 생명체, 연기가 나는 공장, 쓰레기 매립지, 사과 조각들은 다양한 구성의 기체 분자를 방출한다. 이와 같은 환경의 구성 요소들은 종종 공기를 압축하고 팽창하는 방식으로 진동한다. 해수면에서는 이 보이지 않는 파동이 초속 340m로 이동한다. 어떤 물질은 썩은 냄새가 나거나 자기적일 수 있으며 질감을 지닐 수도 있다.

세계를 해석하기 위해서는 이 모든 감각 정보를 투영할 물리적 장소가 필요하다. 인간의 경우에는 그 장소가 뇌이다. 예를 들어, 머리 뒤쪽의 작은 뇌 조직 덩어리인 후두엽은 시각 정보를 처리하며 뇌의 좌우측 열구의 피질은 청각 정보를 처리한다.

신경과학이 독립된 분야로 자리 잡기 시작하던 1950년대, 전기생리학 실험은 고양이의 시각 피질에 전극을 삽입하고 다양한 빛 패턴을 눈에 비출 때 무슨 일이 일어나는지 관찰하는 것이 전부였다. 이 실험들로부터 우리는 다음과 같은 일화를 얻었다.[5]

검안경에 유리 슬라이드를 삽입하는 순간 세포가 갑자기 활성화해 기관총처럼 자극을 발사하기 시작했다. 이 현상이 세포 자체와는 관련이 없다는 것을 발견하는 데는 시간이 걸렸다. 세포는 유리 슬라이드 가장자리에서 발생한 미세한 그림자에 반응하고 있었다.

이는 하버드대학 신경생리학자인 데이비드 허블David Hubel과 토르스튼 위즐Torsten Wiesel이 사례를 통해 얻은 발견 중 하나로, 일차시각피질에 방향 및 정향 선택적인 세포가 존재해 신경세포가 빛 자체에 반응하는 것은 물론 빛과 그림자의 움직임에 따른 물리적 성질에도 반응한다는 사실이 드러났다. 20세기 중반의 신경과학은 허블과 위즐의 섬세한 탐구가 일군 결과라 해도 과언이 아니다(이들은 고양이 뇌에 대한 우연한 발견들로 1981년에 노벨상을 수상한다).

하지만 뇌의 상당 부분은 이러한 작업을 수행하지 않는다. 일차감각피질은 상당히 흥미롭고 연구하기 쉽지만 대뇌 표면의 대부분은 일차감각 정보와 다른 신경 데이터를 **결합하고 비교하는** 데 관여하며 이 피질들은 훨씬 난해하다. 기능이 어찌나 복잡한지 "연합피질"이라고 뭉뚱그려 부를 정도이다. 현대 신경과학 교과서는 그 정의를 서툴게 제시한다. "연합피질의 다양한 기능은 '인지'라고 느슨하게 언급되며 이는 문자 그대로 우리가 세계를 알아가는 과정을 의미한다('인지'는 넓은 범위의 신경 기능을 나타내기에 가장 적합한 단어는 아닐 수 있지만 이미 신경과의사나 신경과학자가 빈번히 사용하고 있다).ᵀ 이러한 진술은 우리가 연합 피질을 제대로 이해하고 있다는 신뢰를 불러일으키지 않는다. 하지만 우리는 연합피질에 대해 몇 가지를 알고 있다. 예를 들어, 그것들이 신경 정보를 어디서 받는지(일차감각피질에 더해 움직임을 조정하는 운동피질에서 받는다)와 신호를 평가한 후 어디로 보내는지를 알고 있다. 연합피질은 신경 정보를 처리한 뒤 내부 중계 센터이자 운동 패턴 생성기인 시상하부 및 기저핵, 기억 영역인 해마로 신호를 보낸다. 요컨대 연합피질은 다양한 감각을 통해 세계를 그리고 그것으로 무엇을 할지 결정하는 것으로 보인다. 감각을 통해 의미를 도출하는 셈이다.

여기서 문제는 연합피질이 그린 그림이 정적이지 않다는 것이다. 뇌는 시간의 지배를 받으며 그것을 둘러싼 세계는 어떤 식으로든 자주 변한다. 다음 순간에 무슨 일이 일어날지 알기 위해서는 세계를 지속적으로 샘플링하고 재연관시켜야 한다. 우리는 이전 순간에 무슨 일이 일어났는가와 다음에 무슨 일이 일어날 것 같은가에 대한 어느 정도의 생각을 지녀야 한다. 이러한 시간적 연결이 없다면 우리는 지속적인 혼란 상태에서 살게 될 것이다. 모든 순간이 놀라움이 될 것이며 그것은 생일 파티 같은 유쾌한 놀라움이 아니다. 이는 존재론적 위기를 불러일으킨다. 매 순간 중력이 존재한다는 것을, 당신의 팔이 당신의 몸에 연결되어 있다는 것을, 눈을 깜빡일 때 세계가 사라지지 않는다는 것을 다시 배워야 한다. 기억이 없는 것보다 더 끔찍할 것이다. 기억이 있다고 해도 당신은 그것을 어떻게 사용해야 할지조차 모를 것이다.

다시 말해, 존재를 유지하기 위해서는 놀라움을 최소화하는 방식으로 세계를 모델링해야 한다. 비유적인 표현이 아니다. 시시각각 신경계는 눈, 귀, 코와 같은 감각기관을 사용하여 환경을 샘플링한다. 연합피질에서는 이러한 지각 정보의 흐름을 현재 세계 상태에 대한 이해를 바탕으로 예측했던 것과 비교한다. 기존의 기대와 새로운 지각을 비교하여 그 차이(오류)를 기반으로 세계 모델을 조정한다. 모든 과정은 다음에 비교하는 동안 발생할 수 있는 놀라움을 최소화하기 위함이다.

이런 관점에서 생명체의 임무는 자기 내면의 세계 모델에 대한 증거를 수집하는 것이다. 그것이 생존하는 방법이다. 각 생명체가 세계를 모델링하려는 이유가 외부세계를 최대한 정확히 표상하기 위함(놀라움을 불러일으키는 사건을 가장 잘 설명해주는 가설을 생성하기 위함)이라면 최상의 모델에는 그에 걸맞은 최상의 근거가 필요하다. 요컨대, 모델의 예측 오류를 최소화한다는 것은 결국 모델을 지탱하는 근거를 최대화하는 것과 같다. 각각의 생명체가 곧 환경을 담은 모델이라면(생명체가 하는 일이 세계를 표상하여 탐험하는 일이라면) 결국 "놀라움을 최소화하는 것은 자신의 존재를 지탱할 감각 증거를 최대화하는 것"과 같다.[6]

이 마지막 인용구를 몇 번이고 다시 읽어도 좋겠다. 머리를 아프게 하는 문장이다. 이는 놀라움 최소화에 뿌리를 둔 통일된 뇌 이론을 개발하고 확장하고 옹호하는 데 지난 수십 년을 보낸 UC런던의 신경과학자 칼 프리스턴Karl Friston의 말이다. 놀라움 최소화로 존재를 설명한다니 조금 신비주의적으로 들릴 수 있지만, 칼 프리스턴이 디팍 초프라Deepak Chopra와 다른 점은 그가 자신의 이론을 뒷받침할 수학적 논거를 가지고 있다는 것이다. 더 중요한 것은, 그의 예측의 함의가 경험적으로 입증되었다는 것이다. 프리스턴은 몇 년 전에 노벨상 후보로도 거론되었으며 어떤 사람들은 그의 놀라움 최소화 연구가 지난 반세기 동안 신경과학계가 이룬 가장 뜻깊은 성과라고 본다. 그럼에도 앞서 두 단락 읽으면서 머리가 어지러웠다고 주눅들 필요는 없다. 2022년 〈더 랜셋The Lancet〉에서는 프리스턴의 연구에 관해 "악명 높은 난해함"을 자랑한다고 평했다.[7]

하지만 산성화된 대양과 필립 먼데이의 흰동가리가 처한 위험을 이해하고 싶다면 그것을 면밀히 살펴봐야 한다. 지금까지 우리가 이 책에서 다룬 것을 생각해보자. 뇌 입장에서는 세계가 변하지 않는다고 가정할 수 없다. 첫 번째 장에서 기억을 다루면서 본 것처럼 그런 가정을 버리지 않으면 우리는 역동적인 세계에 적응할 수 없다. 프리스턴의 이론은 이 논리를 여러 차원에서 공식화한다. 프리스턴은 모든 생명체의 목적이 자신의 모델(자신의 존재)을 뒷받침할 증거를 최대화함으로써 세계에서 마주치는 놀라움을 최소화하는 것이라고 주장한다. 증거 수집은 원인과 결과 사이의 관계에 대한 지금의 이해를 바탕으로 이루어진다. 이때 원인이란, 우리 외부에 존재하는 현실세계를 가리킨다. 또한 결과란, 우리가 주변의 세계를 누비며 느끼는 인식과 감각을 가리킨다. 우리의 기대가 지각과 일치한다면 우리의 뇌는 잘 작동하고 있는 것이다. 일치하지 않는다면 뇌는 그에 따라 조정을 한다. 다시 말해, 적응한다.

그러나 환경 변화가 단순히 모델 조정을 초래하는 것에서 그치지 않는다면 어떨까? 그것이 모델의 적응 능력을 손상시킨다면 어떨까? 우리의 모델링 과정은 환경을 감지할 수 있는 능력에 의존한다. 그러나 기후변화가 우리의 감각 자체를 위협하고 있다면 산성화된 바다, 강수 패턴, 온난화 연구에서도 그랬듯 상황은 2배로 나쁘다. 기후변화는 뇌에 변화를 일으킬 뿐만 아니라 생존에 필수적인 신호를 알아차리는 능력도 잃게 만든다.

그 영향은 은밀하고 미묘하다. 잠시 이석과 이온 통로를 잊어보자. 대양 산성화 자체도 물속의 소음을 증가시킨다. 소리 흡수는 물의 산성도에 따라 달라지기 때문이다.[8] 온난화와 산성화는 해양 동물을 더 깊은 바다로 밀어내 시야를 어둡게 만든다. 해안에서도 이산화탄소가 갑각류의 후각 시스템 연쇄반응에 미치는 파괴적인 영향이 확인됐다.[9] 산 위에서는 변화된 온도와 강수 패턴이 곤충이 화학적 신호를 감지해 반응하는 능력에 영향을 미칠 수 있다. 기후는 차치하고 소음 공해만 하더라도 해양 동물이 의사소통하고 탐색하는 능력에 영향을 미친다. 살충제는 꿀벌의 귀가 능력을 손상시킬 수 있다.[10]

뇌와 세계는 함께 춤추고 변화한다

은발에 이마에 주름이 진 칼 프리스턴은 내가 런던에 있는 집으로 화상통화를 걸었을 때 인자한 미소로 답했다. 그는 환경 변화가 뇌의 감각 처리 능력에 미치는 영향이 사실상 잘못된 믿음을 강화하는 것이라고 말했다. 그는 이렇게 말했다. "이 영향은 망상으로 이해할 수 있습니다. 당신이 세계에 관한 믿음을 구축하려고 증거를 도출하는 환경은 모델을 업데이트하는 능력을 손상시킵니다."[11] 기후변화가 주된 연구대상이 아니었음에도 이런 개념은 프리스턴에게 낯설지 않았다. 신경정신의학 연구를 하다 보면 손상된 모델을 심심치 않게 발견할 수 있기 때문이다. 그가 이전에 동료들과 조현병을 연구했을 때도 "감각 정보에 대한 확신 감소"라는 개념이 망상이 발생하는 원인을 가장 잘 설명했다.[12] "믿음을 수정하는 속도는 손에 있는 증거의 정밀도를 올바르게 추정하는 데 달려 있습니다." 그 정밀도가 저하되면 생명체는 변화에 저항한다. 고온과 대양 산성화 때문에 감각을 잃어가는 흰 동가리를 언급하자 프리스턴이 대답했다. "그 물고기도 망상을 겪고 있어요."

깨진 화병이 거꾸로 조립되는 영상을 보면 세상의 정상적인 작동 방식이 아니라는 느낌이 든다. 시간의 흐름은 이러한 현상을 허용하지 않는다. 화병이 다시 조립되는 것을 목격할 때 느끼는 당혹감은 시간의 화살표가 잘못된 방향을 가리키고 있다는 사실에서 비롯한다. 이러한 오류는 자연의 근본 법칙, 즉 우주가 장기적으로 무질서를 향해 나아간다는 두 번째 열역학 법칙을 위반한다. 유리는 깨지기만 하고 다시 조립되지 않는다. 이러한 무질서로의 보편적인 경향, 즉 엔트로피라는 무질서의 척도는 시간의 화살표를 가리키는 개념이다. 열역학 시스템(예를 들어 화병)이 더 무질서해지는 것처럼 보일 때 우리는 시간의 화살표가 평소처럼 미래를 향한다고 이해한다. 만약 화병이 다시 조립되는 것을 관찰한다면, 즉 엔트로피가 감소한다면, 화살표는 과거를 향해야 한다. 영국의 천체물리학자 아서 에딩턴Arthur Eddington 은 1927년에 시간의 화살표라는 개념을 발표하면서 이렇게 말한다.

"물리학적인 관점에서 구별할 수 있는 건 이것뿐이다. 무작위성의 도입만큼은 결코 되돌릴 수 없다는 주장을 인정한다면 이는 즉시 딸려 나오는 사실이다."[13]

크리스토퍼 놀란Christopher Nolan은 에딩턴의 주장을 인정하지 않았다. 2020년에 연출한 영화 〈테넷Tenet〉에서 시간의 화살표라는 개념은 순진한 착각에 가깝다. 영화 초반부터 관객은 엔트로피가 역전된 총알, 즉 시간을 거스르는 탄환이라는 개념을 알게 된다. 클레멘스 포시Clémence Poésy가 맡은 캐릭터는 혼란스러워하는 주인공(배우는 존 데이비드 워싱턴John David Washington)에게 이런 조언을 한다. "총알을 쏘는 게 아니라 총알을 잡는 거야." 이러한 관점의 전환은 영화 내 악당들을 식별하는 데 필수다. 그들이 온갖 것들의 엔트로피를 역전시키기 때문이다. 주인공은 현실, 인과관계, 사물의 질서를 파악하기 위해 시간의 화살표에 주의를 기울여야 한다. 영화 〈인셉션Inception〉스러운 난장이 벌어진다.

다시 현실로 돌아와서, 옥스퍼드대학의 신경과학자 모튼 크링겔바흐Morten Kringelbach와 스페인 폼페이우파브라대학의 신경과학자 구스타보 데코Gustavo Deco는 생명의 본질, 특히 생명이 엔트로피에 의해 풀어헤쳐지지 않도록 막아주는 수학적 강력 접착 테이프가 무엇인지 궁금했다. 칼 프리스턴처럼 두 신경과학자도 열역학 시스템을 비평형 상태로 유지하는 근본 원리가 무엇인지 이해하고 싶었다. "궁극적인 평형 상태는 죽음이기 때문"이다.[14] 환경과 뇌가 이 치명적인 평형 상태를 피하기 위해 어떻게 상호작용하는지 이해하기 위해 둘은 실험실에서 사실상 놀란 감독과 같은 일을 해냈다. 시간의 화살표를 포착한 것이다.

엔트로피가 증가하는 시스템은 시간의 화살표 개념을 잘 따른다. 깨진 유리를 손상이 없던 처음처럼 다시 붙일 수 없는 게 그 예이다. 그러나 모든 열역학 시스템이 이런 식으로 작동하는 것은 아니다. 크링겔바흐와 데코는 최근 에세이에서 이렇게 밝혔다. "반대로, 평형 상태에 있는 시스템의 예로는 당구공이 충돌하는 영상을 보면 된다. 이 영상을 앞으로 돌리든 뒤로 돌리든 각각의 경우에 시간의 화살표가 어느 방향을 가리키는지 구분하기 어려울 것이다. 그 까닭을 열역학 용어로 설명하자면 이 과정이 엔트로피를 생성하지 않는다는 점에서 본질적으로 가역적이기 때문이다." 엔트로피를 생성하는 시스템은 비가역적이다. 제로-엔트로피 시스템은 반대다. 여기서 주목해야 하는 점은 연구자들이 시간과 엔트로피의 관계를 설명하는 틀이 뒤집혔다는 것이다. 에딩턴이 제시한 기존 공식에 따르면, 시간의 화살표가 시스템의 엔트로피 생성 여부를 설명해준다. 하지만 이 공식을 거꾸로 뒤집을 수도 있다. 시스템의 엔트로피 생성 여부를 토대로 **화살표를 이해**할 수도 있다는 말이다. 즉 엔트로피 공식은 등호 양쪽으로 대칭을 이루는 방정식이다. 우리는 시간을 토대로 무질서를 이해할 수도 있지만 무질서를 토대로 시간을 이해할 수도 있다. 두 요소가 모두 비평형 상태를 유지하는 문제(즉 생존의 문제)와 밀접한 관련을 맺고 있으므로 크링겔바흐와 데코는 뇌를 헤집어 두 요소와 관련된 실마리를 찾아보기로 했다. 뇌의 가역성을 이해한다면 환경과 몸이 뇌의 작용에 어떤 영향을 미치는지도 이해할 수 있을 것이다. 두 학자는 이 새로운 연구 분야를 '마음의 열역학'이라 불렀다.

크링겔바흐와 데코의 분석 시스템은 테닛TENET이라 불리는 뇌 분석 알고리즘 접근법이다. 이들은 TENET에 뇌에서 측정되는 다양한 전기 신호를 학습시키는 와중에 인위적으로 시간을 역전시킨 신호도 가르침으로써 알고리즘이 정방향 신호와 역방향 신호를 구별하도록 했다. 훈련이 완료되면 TENET에 새로운 뇌파 신호를 제시해 해당 신호의 가역성을 판단하게 시켰고 이를 통해 시간의 화살표가 어디를 향하는지 간접적으로 이해했다. 이 업적은 뇌의 상태에 따라 무질서의 정도도 달라지기 때문에 가능했다. 엔트로피 생성이 환경 및 몸의 나머지 부분과 어떤 관계를 맺고 있는지 이해함으로써(무엇이 무엇을 일으키는지 이해함으로써) 크링겔바흐와 데코는 환경이 뇌를 비평형 상태로 이끌 가능성을 유례없는 정밀도로 추정했다. 알고리즘의 이름은 짐작대로 영화에서 따왔다.

2022년에 두 연구자는 "일반적으로 뇌는 환경에 의해 주도되며 특히 인간의 뇌는 휴식할 때보다 다양한 작업을 수행할 때 비평형에 가깝고 더 가역적"임을 확인했다.[15] 즉 환경을 인식하고 상호작용하는 것이 우리를 살아 있게 유지한다는 것이다. 그런 상호작용은 우리가 평형 상태로 붕괴하는 것을 막는다. 놀랍게도 ADHD, 양극성장애, 조현병 환자의 뇌 기록을 검토한 결과 이들의 뇌는 휴식 중 대조군에 비해 평형 상태에 더 가까웠다. 연구자들은 이렇게 밝힌다. "신경정신과 환자들의 뇌는 환경으로부터 고립된 채 내재적인 요인에 따라 작동할 가능성이 더 높다는 뜻이다. 우울한 사람이 깊은 상념에 빠지면 외부 세계로부터 스스로를 고립시킨 채 우울증을 악화시킬 수 있다는 사실과도 일치한다."

그들의 추측은 신경정신과 장애와 놀라움 최소화 모델에 대한 칼 프리스턴의 고찰과 일치한다. 프리스턴의 말대로, 본질적으로 "세계가 변하면 생성 모델도 변해야" 한다. 그게 요점이다. 중요한 점은 그 변화가 늘 **일어나는 것은 아니며** 일어나더라도 늘 건전한 방식으로 일어나지는 않는다는 점이다. 변화에 대처하는 방식은 병리적일 수도 있다.

우울증을 생각해보자. 프리스턴의 이론에 따르면 우울증 환자가 스스로를 고립시키는 행위는 압도적으로 변화하는 세계에 대처하는 합리적인 방식이다. 문제는 이 고립이 자기강화를 거치기 때문에 벗어나기 어렵다는 점이다. 프리스턴은 이렇게 말한다. "세계로부터 떨어져 있는 것은 확실히 하나의 대처 방법이죠. 지극히 기능적인 회피 행동입니다. 하지만 그 대가로 세계가 안전하다는 가설을 시험할 기회를 포기하게 되죠." 열역학적 의미에서 이런 사람의 뇌는 평형 상태에 가까워지는 것처럼 보인다. "말하자면 자기확신에 빠진 생성 모델에 갇히는 셈입니다. 아무 데도 보지 않기로 결정하니 모델이 흔들릴 일이 없죠."

우울증이나 조현병 같은 신경정신과적 질환은 뇌에 대해 많은 것을 가르쳐준다. 우리는 이로부터 자신과 세계와의 관계에 대한 더 깊은 이해도 얻을 수 있다. 예를 들어, 놀라움 최소화 관점에서 보면 자기강화 모델의 반대는 변화에 대처하기 위해 환경과 동적으로 상호작용하는 모델이다.

처음에는 이 생각이 너무 당연해서 동어반복으로 느껴질 수 있다. 하지만 이런 생각의 정수는 애초에 "환경", 즉 모델 밖의 거대한 현실이 무엇을 의미하는지 이해하는 데 있다. 당연히 **세계 자체**가 세계를 반영하는 최고의 모델이다. 그런데도 우리는 왜 그걸 우리 방식대로 표상하려는 걸까?

프리스턴의 생명체 – 환경 상호작용 이론에는 빛나는 생태학적 진리가 둘이나 담겨 있다. 첫째로, 놀라움 최소화 관점에서 세계가 모델이라는 생각은 틀렸다. 오히려 **세계는 최고의 세계**일 뿐 모델을 구성하는 건 생명체 각자이다. 무엇보다도 그 모델은 선택적 모델이다. 세계 전체를 반영하려다가는 세계 자체가 되어버린다. 그렇다기보다 생명체는 "세계에서 자신의 생존과 번영에 관련된 측면, 즉 스스로 구축한 생태틈새econiche에서만 최고의 모델"이다.[16] 이런 식으로 볼 때 진화도 놀라움 최소화를 따른다. 여기까지가 우리가 기억해야 할 첫 번째 생태학적 진리다.

이제 개별 생명체를 넘어 종으로까지 시야를 넓힐 준비가 됐다면 두 번째 생태학적 진리를 맞이해보자. 전체 환경에서 우리에게 잘 맞는 부분만을 잘라낸 결과물인 생태틈새는 우리를 위해 거기 존재하기만 하는 게 아니라 우리와 상호작용도 한다. 인간을 비롯한 동물들이 계속해서 밟아 다져온 오솔길을 생각해보자. 우리는 앞에 놓인 발자국을 습관처럼 따라 걸으면서 땅 위에 길을 남긴다. 이를 프리스턴적으로 해석할 수 있다. 즉 **땅이 패턴을 인식한다**고, 그 위를 지나는 생명체를 모델링한다고 이해할 수도 있다. 요컨대, 칼 프리스턴의 이론에 담긴 진정한 아름다움은 놀라움 최소화가 완벽하게 상호적이라는 것이다. 생명체든 환경이든 수학적인 차원에서는 구별이 되지 않는다. 단지 한쪽으로 감각이 향하고 다른 쪽으로 행동이 향할 뿐이다. 우리는 인간이 세계를 인식해 그에 맞춰 행동한다고 이해하는 경향이 있다. 하지만 역도 성립한다. 우리의 행동이 세계에 감각을 선사하듯 세계의 행동이 우리에게 감각을 선사한다. 함께 추는 춤이다.

이런 개념을 설명한 이유는 혼란을 주려는 게 아니다. 주변의 변화하는 감각 풍경에 주의를 기울임으로써 그것이 생명체에게 무엇을 의미하는지, 그 자체로 어떤 본질적 가치를 지니는지 이해하도록 초대하기 위함이다.

기후변화로 소리와 색을
잃는다는 감각

2019년, 호기심을 유발하는 논문이 학계에 나왔다. 제목에서는 "지구의 박자를 망가뜨리는 기후변화"라고 선언했다.[17] 제롬 수어Jérôme Sueur가 이끄는 연구팀은 기후변화의 과소평가된 면 중 하나가 지구의 "자연적 음향 구조"를 바꾸는 능력이라고 주장했다. 연구진은 이렇게 말한다. "우리는 기후변화가 지구의 음향 풍경 중 두 요소를 변형시킨다는 것을 강조하고자 한다. 하나는 생명체의 소리를 가리키는 바이오포니biophony, 다른 하나는 물, 바람, 땅의 움직임 등 생명이 없는 자연물의 소리를 가리키는 지오포니geophony다."

그들은 소리 속도가 온도, 습도, 바람, 비 같은 환경 요인에 의존한다는 사실을 지적한다. 기후변화가 풍경의 소리에 계절성의 변화를 촉발할 수 있다는 뜻이다. 생물종의 다양성이 약화됨에 따라 "음향 풍경을 지배하는 편재 종들로 인한 음향 동질화를 기대"할 수 있다. 프리스턴이 종이 모델링하는 것이 무엇인지 이해하기 위해 생태틈새라는 개념을 제안한 것처럼 수어의 연구진은 우리가 기후변화 앞에서 잃을 수 있는 것을 지적하기 위해 음향틈새acoustic niche라는 개념을 제시한다. "생태틈새라는 개념에서 유래된 음향틈새라는 개념은 각 종이 간섭을 피하기 위해 중첩되지 않는 특정 음향 공간을 차지하는 것을 의미한다." 기후 교란으로 생물다양성이 저해되고 물리적 공간이 변질됨에 따라 그와 같은 음향틈새 경계가 무너지는 중이다. 그 결과로 생기는 부조화는 어떤 영향을 미칠까? 그건 미지의 영역이다.

우리는 이미 그러한 영향 중 일부를 접하고 있다. 2001년 뉴욕주 이타카에서 환경과학자 제임스 깁스James Gibbs와 앨빈 브라이쉬Alvin Breisch는 뉴욕주 양서류 및 파충류 지도책 프로젝트의 일환으로 세월에 따른 개구리 울음소리의 등장 시점을 기록했다. 그들은 이 데이터를 20세기 초의 기록과 비교했다. 온도가 개구리의 번식에 영향을 미치기 때문에 개구리의 울음소리가 나타나는 시점이 "기후변화에 대한 생물학적 반응의 민감한 지표"가 될 수 있다는 가설 때문이었다.[18] 가설은 실제로 맞아떨어졌다. 이타카에서 2000년을 기준으로 적어도 4종의 개구리가 100년 전에 비해 1.5~2주 더 일찍 울었다. 세계가 따뜻해짐에 따라 청각적 풍경이 변화하고 있었고 그와 함께 번식 풍경도 변화하고 있었다.

색깔도 변화하는 기후의 영향을 받는다. 온도가 상승함에 따라 전 세계의 식물은 열파와 점점 더 흔해지는 장기간의 가뭄과 힘겨운 싸움을 벌이고 있다. 방대한 영역에 걸쳐 잎사귀들이 싱그러운 초록빛을 잃은 채 누렇게 혹은 붉게 말라붙는 중이다. 수분 증발과 건조한 토양은 식물을 극도의 탈수 환경에 노출시킨다. 그에 따라, 기체 교환을 조절하는 작은 기공인 엽문은 물 손실을 최소화하기 위해 수축한다.[19] 이 자기보호 기제는 광합성의 효율성을 저해한다. 특히 식물은 엽록소 생산을 줄이는 식으로 반응한다. 엽록소는 식물을 녹색으로 만들기 때문에 엽록소가 줄어들면 자연히 어두운 색조가 나타난다. 이에 더해 산불은 그을린 풍경을 남긴다. 녹아내린 눈과 얼음도 탁한 바닥을 드러낸다.

세계의 소리나 색깔 풍경이 변화하는 것 같은 기후변화의 지표들은 시아노박테리아로 인한 신경퇴행이나 외상 후 스트레스 장애만큼 심각한 문제가 아닐 수 있다. 녹색을 조금 잃는 것은 사랑하는 사람을 잃는 것만큼 중요해 보이지는 않는다. 정말로 그럴까? 그러나 색깔을 사랑하는 사람이 색이 칙칙해지는 풍경을 애도하는 것은 바람직한 일이다.

프리스턴에게 모든 것은 감각으로 귀결된다. 그런 의미에서 슬픔은 세계를 학습하는 양식이 된다. 상실은 세계가 변했다는 증거다. 풍경이 칙칙해질 때 우리는 사랑하는 사람을 일상에서 잃었을 때와 마찬가지로 새로운 환경에 적응해야 한다. 무슨 일이 일어났는지 이해하는 데 몇 년이 걸릴 수도 있다. 프리스턴은 말한다. "공통점은 우리가 놀라운 사건에 적응하는 방식이 자기보존적이라는 점입니다. 우리의 모델은 앞으로 몇 주 동안 혹은 수십 년 동안 새로운 감각 증거를 설명해내야 합니다. 계절이 바뀌는 것이든 사랑하는 사람을 잃는 것이든 둘 다 똑같이 진실이니까요."

기민하게 예측하고 반응하고
행동하는 몸의 게임

1891년 볼티모어에서 케너드노벨티Kennard Novelty라는 회사는 새로운 장난감 특허를 받았다. 인형, 구슬, 나무블록이 전부였던 19세기에 그 장난감은 아이들에게, 적어도 부유한 아이들에게 환영받을 만한 발명품이었어야 했다. 하지만 케너드의 새 장난감은 오히려 성인을 겨냥했다. 전후의 상실감으로 가족들은 여전히 슬퍼하고 있었고 그만큼 영성주의가 전국을 휩쓸고 있었기 때문이다. 장난감은 특별한 점이 없었다. 도마로 착각할 수도 있었다. 하지만 그럼에도 특별했다. 그걸 가지고 놀면 죽은 자와 소통할 수 있었으니까.

위저보드Ouija board는 관념운동 효과에 의존한다. 1840년대 빅토리아시대의 심리학자들이 처음 소개한 관념운동 효과는 생각이나 심상이 무의식적 또는 반사적 운동을 촉발하는 현상을 가리킨다. 최면치료사들이 질문에 대한 반응으로 나오는 신체 운동을 해석할 때도 관념운동 효과에 기댄다. 일부 거짓말 탐지 기술도 이러한 효과에 의존한다. 미세하고 무의식적인 손의 움직임이 이른바 "단서"를 알려줄 수 있다는 것이다. 포커선수들도 상대가 흘리는 "단서"를 인식할 수 있다고 주장한다(1998년도 포커 영화 〈라운더스Rounders〉에서 조직폭력배 테디 KGB는 좋은 패를 얻을 때마다 오레오를 먹는다).

관념운동 효과는 유사과학 같기도 하다. 하지만 일말의 진실도 담고 있다. 이른바 관념운동 반응은 몸 전체에 나타난다. 생각이 신체 반응을 촉발하는 모든 경우가 이 범주에 속한다. 좋아하는 음식을 생각할 때 침을 흘리면 그것도 관념운동 반응을 경험하는 것이다. 지금도 나타날 수 있다. 일반적으로 반사 작용은 당신의 **선택**이 아니다. 분비 작용 역시 당신이 **선택**하는 게 아니다. 그럼에도 당신의 생각은 그런 유형의 반응을 촉발할 수 있다.

여기에는 큰 비밀이 있다. 또 다른 진실이 이 복잡한 실타래에 숨겨져 있다. 사실 놀라움 최소화 이론은 **모든** 행동이 이런 식으로 작동한다고 본다. 놀라움 최소화 원칙이 희박성에 의존한다는 뜻이다.

우리가 예측 오류를 최소화하는 게임 중이라는 사실을 기억하자. 우리의 감각 시스템은 세계의 상태에 대한 정보를 수집하고 우리는 이 정보를 기존 예측과 비교한다. 우리는 생각한다. 해석한다. 그리고 행동한다. 최종적으로 행동의 결과를 관찰한다. 우리는 결과를 감지하고 다시 지금까지의 과정을 반복한다.

방금 무슨 일이 일어났는지 주의 깊게 생각해보자. 일련의 사건 속에서 행동은 예측 오류를 계산한 직접적인 결과로서 따라 나온다. 행동은 우리 머릿속의 모든 것과 마찬가지로 우리 모델의 일부이며 우리의 행동 역시 놀라움을 최소화하는 일에 동참한다. 더 중요한 점으로, 우리의 행동을 일으킨 건 **우리의 감각이 아니다.** 그건 바로 예측 오류이다. 둘 사이에는 틈이 있다.

즉 칼 프리스턴의 이론은 우리가 감각적으로 살려면(지각 – 행동 연쇄 작용이 작동하려면) 우리의 지각과 행동 사이에 직접적인 연결이 없어야 한다고 말한다. 예를 들어, 당신은 손이 컵을 집어 들도록 지시하는 것을 느끼지 않는다. 의도를 인지할 수는 있지만 유령처럼 컵 쪽으로 손을 움직이고 당신의 눈과 손가락 등 감각 체계로 컵을 잡는 것을 감지할 뿐이다. 당신은 행동의 **결과**만을 감지하고 그 결과의 원인을 추론해야 한다. 감각적인 심상을 불러일으키는 세계의 다른 모든 사건의 원인을 추론해야 하는 것과 같다. 당신은 당신의 예측과 당신이 받은 인상을 비교하고 다시 연쇄작용을 반복한다. 당신의 행동은 당신의 감각에 직접 연결되어 있지 않다. 그게 희박성sparsity이다. 당신은 항상 몸의 공간적 위치를 파악하고 있으며 당신의 행동은 파악한 것에 대해 놀라움을 최소화하는 방식으로 작동한다.

이것이 관념운동 효과다. 행동을 인식하려면 그 행동을 **관찰**해야 한다. 우리의 지각은 우리의 예측을 최적화하는 방식으로 작동하여 우리의 행동이 놀라움을 최소화하도록 한다. 따라서 우리의 행동은 다음에 일어날 것이라고 믿는 일에 대한 결과일 뿐이다. 이 현상이 시너지를 일으킬 때 우리는 잠재적 위험을 피한다. 우리는 생태틈새 안에 머문다.

칼 프리스턴의 연구에 담긴 함의는 생명을 가능하게 하는 조건이 희박성에 의해 정의된다는 것이다. 그가 2017년에 썼듯이, 놀라움 최소화는 효과적으로 관념운동 이론을 공식화한다.[20] "모든 움직임은 다음에 무슨 일이 일어날 것이라는 믿음에 해당하는 심상에 따라 주도된다. 이러한 믿음은 본질적으로 역동적이다. 우리와 환경의 상호작용이 뇌 역학에 섬세하게 제약을 받는다는 말이다. 이러한 역학은 진화, 신경 발달, 경험에 의해 행동을 최적화하는 방향으로 신중하게 형성되었다." 포커선수가 알아채는 단서는 인간 행동의 조각이 아니라 뼈대 자체인 셈이다.

하지만 희박성이 다는 아니다. 생명을 가능하게 하는 조건에는 특정한 종류의 변동성jitter 역시 포함된다. 이 변동성은 "역동적인" 학습이 지속되는 상태와 관련이 있다. 당신은 항상 세계의 모델을 업데이트하고 있다. 당신은 항상 탐험하고 있다. 당신은 어떤 식으로든 움직인다. 당신은 숲길을 따라 걷거나 이웃을 더 잘 보기 위해 목을 빼거나 눈을 조금씩 움직여 세계의 흥미로운 부분들이 당신의 망막에 닿게 한다. 당신은 틀에 박힌 패턴에 빠지지 않도록 주변을 움직인다. 당신은 변동성의 지배를 받는다.

그러나 탐험 방식은 무한하지 않다. 변동성에는 한계가 있다. 예를 들어, 당신의 눈알 하나를 빼서 디스크 모양으로 만들어 문 밑으로 넣은 다음 반대편에 무엇이 있는지 볼 수는 없다. 순간이동을 할 수도 없고 갑자기 폭발하는 일도 없다. 당신에게는 한계가 있다. 모델이 세상의 유용한 정보를 배우기 위해서는(모델이 자기검증을 계속 이행하기 위해서는) 모델이 담길 수 있는 **제한된** 조건이 필요하다. 모든 곳에서 동시에 모든 것이 될 수는 없다. 그렇다고 언제 어디서든 똑같아서도 안 된다. 그건 전혀 흥미롭지 않은 조건이다. 사실, 죽은 것과 같다. "변동성"이란 결국 "움직임movement"이다.

살기 좋은 행성을 만드는
예측 불가능의 운동

변동성과 희박성 원칙을 합쳐놓고 보면 이례적인 결론이 나온다. 지속가능성, 즉 존재의 유지는 불확실성과 제한된 연결에 의존한다는 점이다. 사실 이게 핵심이다. 우리는 서로의 관계를 제한하자는 요구를 자주 듣지 않는다. 하지만 프리스턴은 자신의 이론을 진지하게도 문자 그대로 적용한다. "연결성을 끊고 희박성을 유지하는 데 주의를 기울이지 않으면 위험합니다. 연결성은 곧 살인마예요."

복잡한 시스템은 고정된 지점에 이르거나 통제할 수 없는 반복을 시작해 해체될 때 붕괴한다. 기후가 다시는 원래 상태로 돌아올 수 없는 지점인 티핑포인트를 생각해보자. 1940년 강풍으로 인해 갑자기 진동이 강화되어 무너진 타코마 다리를 생각해보자.[21] 통제를 벗어난 사례 중 이보다 더한 사례를 찾기 어렵다. 프리스턴은 세계화를 떠올린다. X(예전의 트위터)도 마찬가지라고 생각한다. "세계화라는 개념은 위험하고도 잘못된 개념입니다." 그것이 착취의 경향이 있기 때문이 아니라 종종 **한 사람으로 하여금 너무 많은 사람에게 영향을 미치게 하는 경우가 많기** 때문이다. 과도한 영향력은 변동성의 반대다. 공명하고 진동한다. 복잡한 동적 시스템이 무너지게 만드는 것이다. 따라서 프리스턴은 이렇게 말한다. "탈세계화 의제를 촉진하는 사람들을 볼 때마다 마음이 따뜻해져요."

생명의 의미를 논하는데 이처럼 추상적인 추측을 이야기하는 것 외에 무엇을 해야 할지 모르겠다. 어쩌면 지금 우리가 하고 있는 것도 생명 작용일지 모른다. 지속적인 자기검증 말이다. 한 가지 얻은 게 있다면 그게 바로 생명의 의미라는 점이다. 그것은 **존재**의 의미이다.

그러니 추측과 추상에 참여하자. 놀라움 최소화 이론의 마법은 자연의 역학을 모든 분석 규모에서 동일한 언어로 읽을 수 있는 도구를 제공한다는 점이다. 미토콘드리아와 세포와 생물체와 종과 생태계에 대해 같은 언어를 사용할 수 있다. 너무 자의적으로 들린다면 아직 그런 식으로 생각하는 데 익숙하지 않기 때문이다. 단일한 뇌 세포, 개개의 보노보, 숲속의 살구버섯 군락 전체에게 지속 가능한 존재 기제가 똑같이 적용된다는 사실을 믿기란 어렵다. 프리스턴의 연구는 경계를 무작정 해체하고 "우리는 모두 연결되어 있다"는 식의 주장을 하는 게 아니다. 오히려 놀라움 최소화 이론은 개별 존재를 **한정**하기 위함이다. 말이 되려면 결국 개체성이 필요하다. 물론 우리는 모두 연결되어 있다. 하지만 그것은 지루하다. 지루하지 않은 것은 우리 사이를 성기게 이은 경계와 개체와 환경 사이의 연결성에도 불구하고 **우리가 물리적으로 존재하는 다른 모든 것과 성공의 정의를 공유한다는 사실**이다. "지속가능성"은 모든 것에 동일한 의미를 지닌다.

그렇다면 이제 우리에게 집중해보자. 프리스턴의 가치를 환경운동에서 흔히 이해하는 지속가능성에 적용해보자. 살기 좋은 행성을 구성하는 복잡한 시스템을 지속시키는 목표에는 어느 정도 예측 불가능성이 포함되어야 한다. 우리는 몸을 흔들어야 한다. 그게 지구와의 호혜성이 의미하는 바다. 움직임이 곧 기후 공감이다. 환경을 거울처럼 반영하고 싶다면 예상치 못한 곳에서 허리케인이 되어라. 파이프라인을 폭파시켜라. 수프를 던져라.

철학자 티머시 모턴Timothy Morton(이른바 "인류세 어둠의 왕자")은 최근 반 고흐 작품에 수프를 던지는 행위를 적극적으로 옹호했다. "그게 수프 시위의 핵심이다. 모든 것을 갑자기 낯설게 만들어 의도적이든 아니든 사람들을 멈추게 하고 다르게 보게 만드는 것이다."**22** 이를 뒷받침할 근거도 있었다. 수프 시위가 기후 시계의 바늘을 움직인 것이다.

환경운동가들은 자신의 동네에서 등유로 작동하는 낙엽 청소기를 금지시키려고 6년을 애썼는데 관련 기관에 수프 시위를 트윗한 지 5시간 만에 기계를 없애는 데 성공했다(모턴은 라이스대학에서 영문학을 가르치는 교수로 이때 이후로 수프를 던진 사람들의 모임인 저스트스탑오일Just Stop Oil에 예술 고문으로 합류했다).

모턴은 최근 철학자 크리스 줄리엔Chris Julien과의 인터뷰에서 이렇게 말했다. "처음에는 이해하지 못했어요. 그러다 깨달았죠. '아, 이해할 수 없다는 느낌, 이게 핵심이구나.' 그런 운동은 이해할 수 없는 무언가를 활용해 당신을 멈춰 세웁니다. 그런 행위에서 가장 아름다운 지점은 오히려 의미가 없다는 점이죠."[23]

분명히 말하지만, 세상을 바꾸기 위해 반드시 반 고흐 작품에 수프를 던질 필요는 없다. 사실 그러라고 권하고 싶지도 않다. 낙엽 청소기를 금지시키는 데 효과가 없기 때문이 아니라(오히려 매우 효과적이지만) 이미 행해졌기 때문이다. 이제 수프 던지기는 예측 가능성의 영역에 도달했다. 반대로 당신은 예측 불가능해야 한다. 모턴은 말한다. "반 고흐 그림에 던진 수프는 다중적인 의미가 있습니다. 그 핵심에는 무엇이 있을까요? 그건 바로 전적인 난센스입니다. 난센스를 통제하는 자가 세상을 통제할 것입니다." 그러므로 당신은 수프보다 더 이상하고 우스꽝스러워야 한다. 운이 좋다면, 당신은 자신마저 놀라게 할 것이다.

8장

고통
공감의 요청

내가 죽음을 사랑하는 법을 배운다면 변화 속에 안식처를 찾을 수 있으리라.

_테리 템페스트 윌리엄스Terry Tempest Williams, 《안식처Refuge》

점점 더 많은 것들이 우리에게 힘을 발휘할 수 있도록 허락한다면 어떨까?

_티머시 모턴, 《생태적 삶Being Ecological》

THE
WEIGHT
OF
NATURE

1892년 1월 22일, 어느 예술가의 일기에 담긴 내용이다.[1]

어느 저녁, 나는 길을 걷고 있었다. 한쪽에는 도시가, 아래에는 피오르드가 있었다. 나는 피곤하고 몸이 좋지 않았다. 그래서 멈춰 서서 피오르드를 바라보았다. 해가 지고 있었고 구름이 피처럼 붉어졌다. 나는 자연을 통해 울부짖음이 퍼져나가는 것을 느꼈고 그 울부짖음을 실제로 들은 것만 같았다.

이후 이 피비린내 나는 구름을 영원히 기념하게 될 그림을 생각하면 삭막한 기록처럼 느껴질지도 모른다. 당신은 이 작품을 잘 알고 있다. 바로 〈절규The Scream〉이다. 머리를 움켜쥔 허약한 형상, 벌어진 입, 그 너머로 불타는 하늘의 이미지. 이 포즈는 여기저기서 찾아볼 수 있고 제목 역시 그 자체로 행위와 동의어가 되어 이모티콘에까지 영감을 주었다. 하지만 에드바르트 뭉크Edvard Munch의 일기를 읽어보면 그림 속에서 절규하는 것은 그 인물이 아니라는 것을 알 수 있다. 우리가 거기서 볼 수 있는 것은 벌어진 입뿐이다. 작품의 원래 독일어 제목이 이를 명확히 설명해준다. 바로 "자연의 비명Der Schrei der Natur"이다. 하늘을 가로지르는 비명에 주인공은 귀를 막고 있다.

노르웨이의 화가 뭉크는 당시 오슬로(당시 이름은 크리스티아니아)에 살고 있었고 그곳에서 그를 괴롭힌 붉은 구름을 마주했다. 오늘날 그의 그림은 불안의 현대적 상징으로 여겨진다. 하지만 그가 판화지에 물감을 바르기 전 다리에서 겪은 경험은 그저 고독하고 개인적이었다. 그것은 심오하고 무력하게 만드는 경험이었다. 뭉크는 그 순간에 대해 시를 썼고 네 가지 버전의 그림을 그렸다. 다른 버전인 〈절망Fort-vilelse〉에서는 우울한 형상이 그의 일기에서 언급한 슬픔을 몸소 나타낸다. 그 인물은 뭉크가 그날 했던 것처럼 난간에 기대어 있다. 〈절규〉와 같은 다리, 같은 지점에서 바라보는 관점으로 그려졌다. 〈불안Angst〉에서도 군중이 가득하다는 점을 빼면 장소와 시야는 같다. 뭉크의 친구는 뭉크의 집착에 대해 얘기하면서 "뭉크는 오랫동안 석양의 기억을 그리고 싶어 했다. 피처럼 붉은 석양 말이다. 아니, 그것은 말라붙은 피였다"라고 말한다.[2] 그 다리에서 무언가가 일어난 게 분명하다. 그건 뭉크를 집착으로 몰아넣을 만큼 격렬한 자연의 경련이었다.

많은 이들이 뭉크가 본 말라붙은 피를 찾기 위해 천문학과 기상학 기록을 탐색했다. 어쩌면 뭉크는 빙정운이라고 알려진 눈에 띄는 극지방 성층권 현상을 마주쳤을지도 모른다. 이 현상은 얼음 결정으로 형성되고 뭉크 그림의 하늘과 유사한 파동 모양을 띤다. 평범한 일몰이 근처 도살장의 소리나 뭉크의 누이가 언덕 아래의 정신병원에 입원해 있었다는 사실 때문에 유난히 돋보였을 수도 있다. 하지만 일부 학자들은 피처럼 붉은 하늘이 화산 일몰과 관련이 있다고 생각한다. 그가 일기에 기록하고 많은 시와 스케치를 통해 회상한 순간이 1883~1884년 겨울 크라카타우 화산 대폭발이 있은 뒤 전 세계에 불타는 일몰을 유발했을 때라는 것이다.[3] 화산이 지구 반대편에 있음에도 불구하고 크리스티아니아 천문대의 당시 기록에 따르면 하늘이 "관측자들을 놀라게한 매우 강렬한 붉은 빛"과 "붉은 띠"로 변화했다고 한다. 뭉크가 〈절규〉의 초기 스케치에 바른 유일한 색상은 칼처럼 생긴 구름에 담은 붉은 피였고 나머지는 전부 잿빛이었다.

어쩌면 작품의 뒷이야기는 작가의 의도에 정확하게 부합하지 않을수 있다. 하지만 우리가 알 수 있는 것은 그림이 견고하게 내면이 닫힌 사람의 고통을 묘사하지 않는다는 것이다. 인물의 머리 밖에서 무언가가 일어나고 있다. 이런 맥락에서 〈절규〉는 현대적 "불안"을 묘사하는 흔한 그림(외딴곳에 앉아 눈을 가린 채 벽에 기대어 울부짖는 여인의 그림)과전혀 다르다. 〈절규〉에서 인물은 배경에 녹아든 채 파동처럼 흐른다. 뭐라고 정의할 수가 없다. 구름을 반영할 뿐이다. 뭉크 작품의 요점은 늘 하늘의 비명과 그것이 우리 내면에서 무엇을 산산조각 낼 수 있는가였다.

극단적인 날씨는
기후불안을 야기한다

세계가 부서질 때 우리 역시 함께 부서진다는 것은 놀라운 일이 아니다. 환경(감각을 통해 인지하는 땅, 지평선, 하늘 등)은 우리의 기준점이다. 칼프리스턴의 연구가 보여주듯, 존재한다는 건 세계를 모델링하는 것이다. 존재의 요점은 이 모델링 노력을 계속하는 것이다. 당신은 거울이다. 당신은 세계의 흩어진 빛을 포착하고 그것을 한 지점으로 집중시키기 위해 오가는 수천 개의 거울이다. 때로 이 빛은 당신 친구들의 얼굴이나 축제의 불빛이나 난로의 따스함에서 나온다. 하지만 때로는 크라카타우 화산, 개틀린버그에서 발생한 살인적인 불길, 산이 있던 자리에 남은 텅 빈 구덩이, 지금은 조류가 번식해버린 순수했던 어린 시절의 호수에서 오기도 한다. 마음이 이런 사건들에 기쁨을 부여한다는 것은 말이 되지 않는다. 마음은 다른 수단으로 재앙을 나타내기를 바란다. 이런 이유로 불안, 고뇌, 절망은 오래전부터 혼란스러운 지구를 반영했다고 볼 수 있다. 누군가가 "기후불안climate anxiety"이라는 용어를 만들기 훨씬 전부터 말이다.

이 표현을 들어본 적 있을 것이다. 그것은 **임박한 기후위기에 대한 지배적이고도 병적인 걱정**을 의미하게 되었고 눈알을 굴리는 멸시와 자기정당화 선언부터 진정한 심리적·정신과적 관심에 이르기까지 모든 것에 적용되었다.

기후불안이란 무엇일까? 그것이 무엇이 아닌지를 살펴보는 것이 더 쉬울 것이다. 기후불안은 허리케인을 경험할 때 느끼는 것이 아니다. 그것은 외상 후 스트레스 장애가 아니다. 그것은 일반적인 불안 장애, 우리가 흔히 "불안"이라고 부르는 진단 가능한 질환도 아니다. 사실, 기후불안은 아직 정식 진단명이라고 할 수 없으며 DSM-5(정신질환 진단 및 통계 편람)에 나오지도 않는다. 그렇다고 기후불안이 실재가 아니라는 건 아니다. 물론 기후불안은 실재한다. 하지만 표현이 잘못됐다. 정신의학적으로 불안은 비합리적인 두려움을 내포한다. 하지만 세계의 붕괴에 대해 걱정하는 것은 비합리적인 것이 아니다.

2021년 6월 열돔 현상을 겪은 브리티시컬럼비아주 주민들에 대한 심리학적 연구에서 캐나다 연구자들은 새로운 설문 조사 도구를 시험할 기회를 얻었다. 오하이오주의 심리학자들이 "일관된 측정과 이해를 가능하게 할 기후변화 불안의 척도"로 개발한 기후변화 불안 척도CCAS는 기후변화와 관련된 부정적인 감정을 측정하는 정신적 온도계 역할을 한다. 연구에서 브리티시컬럼비아주 주민 대부분은 "열돔으로 인해 기후변화에 대해 매우(40.1%) 또는 다소(18.4%) 더 걱정하게 되었다"고 증언했다. 열돔 이후 주민들의 CCAS 점수는 평균적으로 1.66에서 1.87로 올랐다. 〈기후변화와 건강 저널The Journal of Climate Change and Health〉에 게시해도 될 만한 증가량이었으며 극단적인 날씨가 이후 기후불안의 증가에 영향을 미친다는 뚜렷한 사례였다.[4]

오하이오주의 심리학자들이 CCAS를 고안한 이유는 기후변화에 대한 인간의 반응을 시간에 따라 비교할 수 있는 도구가 필요했기 때문이다. 그들은 또한 언어적 명료함을 원했다. 그들은 이렇게 말했다. "근본적으로, 척도가 유효하다는 것은 기후불안에 대해 이야기할 때 그것이 우리가 말하고 있는 바가 무엇인지 정의할 수 있게 해준다는 말이다."

인지를 다룬 2장의 내용에 비추어 보면 브리티시컬럼비아주 주민들의 불안이 왜 증가했는지 짐작할 수 있다. 폭염 중에 리턴이라는 마을의 기온은 섭씨 49.6도에 달했다. 유럽이나 남미에서는 그렇게 높은 온도를 기록한 적이 없었다고 기상학자들은 말했다. 기록을 세운 후 하루 만에 리턴은 불에 타 잿더미가 됐다. 싹 타버렸다. 태평양 북서부 해안에서는 갑각류가 껍데기 속에서 구워졌고 해변에서는 부패한 냄새가 났다. 내가 며칠 후 이 해변 중 한 곳을 방문했을 때 죽은 것들을 셀 수조차 없었다. 10억 마리의 동물이 죽었다. 그러나 이 모든 변화는 CCAS를 고작 0.2점 올렸다. 척도가 잘못 조율된 것인지 관찰자가 잘못 조율한 것인지 궁금하다.

솔라스텔지어,
기후변화로 인한 우울감

산을 잃는 것이 어떤 느낌인지 설명해줄 수 있는 사람을 소개받고는 그에게 전화했다. 버지니아주 와이즈카운티에 있는 캐시 셀비지Kathy Selvage의 집 근방에서는 산의 정상이 잘려 나가고 석탄왕의 팔이 허리춤까지 뻗쳤다. 66세인 셀비지는 몇십 년 동안 이 뾰족한 능선이 평평해지는 것을 지켜봤다. 셀비지는 내게 말했다. "이곳은 죽은 지역이나 다름없어요. 신체적으로만 상처를 받는 게 아니라 영적으로도 상처를 받지요. 산과의 깊은 유대감이 사라졌습니다."[5]

산을 옮기는 건 흔히 노천 채굴이라고 불린다. 산을 옮긴다니, 소극적인 목소리로 참 잘도 돌려서 말했다. 정확히 누가 산을 옮기는 걸까? 누구에게서 옮겨지는 걸까? 그러면서 우리는 또 무엇을 옮기고 있을까?

셀비지는 산들과 친밀한 유대감을 느끼는데 그 그림자 속에서 평생을 보냈기 때문이다. 21세기에 들어서면서 셀비지는 이곳 생활의 질을 향상시키고 노천 채굴로 인한 파괴를 막기 위해 지역공동체 기관 남부애팔래치아산지킴이Southern Appalachian Mountain Stewards를 창설했다. 최근까지 어머니를 돌보다가 2015년에 어머니를 떠나보낸 셀비지는 그 슬픔을 산에 투영한다. "여러 면에서 저는 어머니를 위해 애도합니다. 그런데 산을 잃어버린 것에도 애도하는 마음이 들어요. 좀 이상하게 들릴 수도 있겠지만 저한테는 어머니랑 산이 같은 존재거든요. 그러니 둘 다를 위해 애도합니다."

나랑 처음 대화를 나누기 전에 셀비지는 자신이 무단침입 금지 표지판 앞에 서 있는 사진을 보내 왔다. 낡은 청바지와 오렌지색 티셔츠를 입은 그는 오른손으로 표지판을 꽉 쥐고 있었다. 그녀 뒤에는 돌, 석재 블록, 모래, 시멘트가 있었다. 카메라를 향하는 강철 같은 시선이 빛났다. 내가 그 사진에 대해 묻자 그녀는 "내가 자란 고향이 잔해 아래 파묻혔죠"라고 설명했다. 한마디로 "고향"이었다. 그런 고향이 불도저에 밀려버린 셈이다.

노천 채굴이 진행되는 마을 사람들과 대화하면 항상 두 가지 이야기가 나온다. 첫 번째는 강력하고 변함없는 토착 의식이다. 미네소타주의 평지에서 온 여행자 입장에서 땅과 산에 대한 유대감을 이해하기란 쉽지 않다. 하지만 셀비지의 어린 시절 이야기를 들어보면 맨발로 시내를 거닐고 가재와 피라미를 잡고 이웃집 과수원에서 과일 서리를 했다. 산에는 정상으로 여행을 떠난 이야기, 열매를 따러 다닌 이야기, 올빼미, 꿩, 메추라기를 잡으러 다닌 이야기가 담겨 있다. "그 모든 것이 파괴되고 빼앗기고 지리상에서 없어진다는 게 불안한 일 중 하나예요. 산의 죽음을 바라보는 거죠."

두 번째는 석탄 회사가 산에 저지른 일을 강탈 행위에 빗대는 것이다. 지난 10년 동안 정신건강 전문가들과 전염병학자들은 이처럼 정신적으로 침해당했다는 감정을 차갑고 객관적인 언어로 옮기기 시작했다. 즉 학계의 승인을 받을 만한 통계 및 사례 연구, 그런 침해가 실재한다는 사실을 입증하는 연구를 수행하기 위해 힘썼다. 예를 들어, 2012년과 2013년에 두 개의 독립적인 연구팀이 학술지인 〈에코사이콜로지Ecopsychology〉에 각각 논문을 발표했다.[6] 이 연구는 노천 채굴이 초래하는 공중보건 위기를 새롭게 묘사했다. 노천 채굴이 천식, 암, 기형 출생뿐만 아니라 약물남용, 불안, 불면증, 우울증과도 관계가 있음을 보여준 것이다. 지역 내 다른 노천 채굴 지역과 비교해보자, 교육 수준이나 사회경제적 요인 등에 맞춰 조정을 하더라도 우울증 증상 비율은 해당 지역이 대조군 지역보다 유의미하게 높게 나타났다. 채굴을 하지 않는 지역과 비교하는 경우는 말할 것도 없었다. 어떤 이유 때문이든 노천 채굴 지역에 사는 사람들은 대조군 지역에 사는 사람들에 비해 중등도 이상의 우울증 증상을 보일 가능성이 1.5배 더 높다. 비채굴 지역에서는 100명 중 약 10명 정도가 중증 우울증을 겪을 것으로 예상된다. 그러나 채굴 지역에서는 그 수가 100명 중 약 17명으로 더 높았다. 이 지역에는 200만 명이 산다.

물론 이러한 연구들이 밝힌 내용은 주민들이 이미 알고 있던 사실이다. 산의 죽음은 그것 아래 사는 사람들을 찍고 긁는다. 상처가 폐에 있는 경우 고통은 더 쉽게 드러난다. 〈에코사이콜로지〉의 2013년도 논문을 집필한 마이클 헨드릭스Michael Hendryx는 "전통적인 생물학적 이슈를 더 많이 살펴볼수록 더 납득이 갔다"라고 말한다.[7] 헨드릭스는 2008~2013년 웨스트버지니아농촌건강연구센터의 소장이었으며 현재는 인디애나대학 블루밍턴캠퍼스의 응용건강학 교수이다. 물론 석탄 먼지와 천식 사이의 관련성을 상상하는 것은 비교적 쉽다. 그러나 우울증은 덜 명확하며 공기 중 알루미늄이나 규산과 관련짓기 쉽지 않다. 대기오염이나 수질오염에 대한 얘기가 아니다. 헨드릭스는 "우울증의 경우 환경의 붕괴와 더 깊은 관련이 있어 보인다"라고 주장했다. "산들이 폭파되고 길이 파괴되고 공동체가 쇠퇴하고 직업이 사라지고 정치인들이 매일 자신들이 무엇을 하고 있는지 거짓말을 하는 것을 보는 심리적 충격을 말하는 것이다."

헨드릭스의 주장은 새로운 게 아니다. 캐시 셀비지가 남부이팔래치아산맥지킴이를 창설하던 시기에 호주 철학자 글렌 알브레히트 Glenn Albrecht는 환경 손실과 장소 기반의 고통을 설명하는 데 도움이 될 용어를 만들고 있었다. "솔라스탤지어solastalgia"는 향수를 뜻하는 "노스탤지어nostalgia"와 대조되는 용어로 좋은 시기가 지났기 때문이 아니라 환경이 변했기 때문에 느껴지는 고통과 그리움을 가리킨다.[8] 알브레히트는 뉴사우스웨일스주의 지역 공동체에서 노천 채굴의 심리적 영향을 목격한 후에 "위안solace"과 "황폐desolation", 고통을 뜻하는 라틴어 접미사-algia를 활용하여 이 표현을 만들었다. 노천 채굴이 가는 곳에 솔라스탤지어도 따라온다.

다른 〈에코사이콜로지〉 연구의 저자이자 임상심리학자인 페이지 코디얼Paige Cordial은 솔라스탤지어라는 개념을 이렇게 설명한다. "이것은 일종의 향수이되 당신이 고향을 떠나지 않았기 때문에 느끼는 향수이다. 주변의 풍경이 변했기 때문에 느끼는 향수병이다."[9]

이 용어는 자연재해 생존자들뿐만 아니라 기후와 풍경의 변화에 직면한 가나 농부들과 이누이트 공동체에게도 해당되었다. 코디얼은 사우스웨스트버지니아주에서 태어났으며 켄터키주에서 학부를 마치고 다시 고향으로 돌아와 대학원을 마쳤다. 그는 노천 채굴이 벌어진 마을에서 외상 후 스트레스 장애에 관한 증언을 수집했다. 자주 발생하는 폭발과 예측할 수 없는 홍수는 어떤 사람들에게는 "급성"에 심한 정도로 "스트레스 장애를 유발"할 수 있다.[10] 코디얼은 노천 채굴에 반대하는 사우스웨스트버지니아주 주민이자 사회운동가인 보 웹Bo Webb의 2011년 인터뷰 내용을 인용한다. "나는 총격전의 정신적 영향을 직접 보았다. 베트남에서 그것을 목격하고 경험했다. 노천 채굴 현장 아래나 근방에서 살아가는 사람들 역시 그와 같은 공포를 경험할 것이다."[11]

헨드릭스와 코디얼은 노천 채굴 도시에서 우울증 비율의 불균형적인 증가를 설명하는 데 솔라스텔지어라는 개념이 도움이 된다고 보았다. 코디얼은 "진짜 고향으로 돌아갈 수가 없다"는 감정, 쫓겨난 듯한 감정이 곪기 시작한다고 주장한다. 코디얼의 박사 학위논문은 노천 채굴이 미치는 심리적 영향에 초점을 맞춘다. 코디얼은 자신이 인터뷰한 사람의 말을 떠올린다. "전부 다 너무 이상하게 보여요. 달 위를 걷는 것 같다고 할까. 예전에는 모든 게 아름다웠는데, 지금은 달 위를 걷는 것만 같아요."[12]

아미타브 고시Amitav Ghosh의 책 《대혼란의 시대The Great Derangement》에서는 기후변화의 예측 불가능성(규칙성에 따라 움직이는 부르주아 사회의 붕괴, 그로 인해 느껴지는 기묘한 감정, 인간의 통제를 벗어나는 힘이 존재한다는 자각 등)이 "비인간적인 힘은 인간의 사고에 직접 개입할 수 있는 능력이 있다"는 생각을 불어넣는다고 주장한다.[13] 계속 보면 알겠지만 이 주장은 보이는 것처럼 그리 허황된 말이 아니다. 사실상 기후불안, 즉 환경

파괴로 인한 우울증을 다루고 있다. 이러한 것들은 둔하고 미묘한 힘일 수 있지만 어디에나 있다. 워싱턴주에서는 산불 시즌 동안 산들이 잿빛으로 변해 우리를 우울하게 하며 사우스웨스트버지니아주에서는 채굴 작업을 위해 산꼭대기가 잘려나가 주요 우울 증상이 1.5배 증가한다. 당신의 머릿속에 있던 산을 찾으려고 할 때 느끼는 찌릿함은 인지부조화에 의해 촉발된 신경화학 변화의 영향이거나 고시가 주장하듯 우리가 과소평가하던 비인간적인 힘을 자각한 결과일 것이다. 사람들이 산을 없앴을지언정 산 자체는 당신 내면의 버팀목과 같았다. 그런데 그 버팀목이 사라졌다. 그리고 이 아픔은 기후변화로 인근 강상태가 변하면서 당신 가족이 수세기 동안 의존해온 어업을 포기해야 할 때 발생하는 실질적인 정체성의 해체와 재정립에 비하면 아무것도 아니다.

하나의 산꼭대기가 없어지면
공동체가 사라진다

신경과학에서 정체성 형성은 일반적으로 세 가지 과정을 포함한다.[14] 자기 인식, 독립성 확립, 그리고 역설적이게도 집단과 관행에 자신을 연관시키는 작업이다. 이 과정 이면에는 우리가 완전히 해독하지 못한 신경 경로가 뒤얽혀 있다. 하지만 여기서 신경해부학은 그렇게 중요하지 않다. 중요한 것은 정체성 형성이 고독한 여정이 아니라 우리 주변의 사회적 풍경과 깊이 얽혀 있는 여정이라는 깨달음이다. 그리고 이러한 얽힘은 자아의 관계적인 성격을 우리에게 상기시킨다. 그리고 이러한 측면에서 신경과학은 해줄 말이 있다. 겸손한 거울뉴런mirror neuron을 고려해보자.

거울뉴런과의 첫 만남은 1990년대 이탈리아 파르마의 한 실험실로 거슬러 올라간다. 마카크원숭이를 연구하던 신경과학자들은 원숭이가 땅콩으로 손을 뻗는 등의 행동을 할 때뿐만 아니라 다른 원숭이가 같은 행동을 수행하는 것을 단순히 관찰할 때도 활성화되는 전두엽의 세포 군집을 발견했다.[15] 마치 이 뉴런들이 관찰된 행동에 거울을 들이대고 그것을 관찰자 자신의 뇌에 반영하는 것처럼 보였다.

그 이후로 인간에게서는 비슷한 뉴런에 대한 증거가 누적되었다. 거울뉴런 시스템의 정확한 성격과 범위는 여전히 뜨거운 연구대상이지만 이러한 발견에 담긴 함의는 큰 관심을 불러일으켰다. 거울뉴런의 복잡한 네트워크는 다른 사람들의 행동과 감정에 반응하는 것으로 보인다. '공감'이라는 개념이 떠오른다. 추정컨대, 이 세포들은 우리의 사회적 상호작용을 반영하고 형성하는 데 도움을 준다.[16] (이야기하는 사람과 듣는 사람 사이의 뇌 활동을 동기화시키는 신경결합 현상을 기억해보자.)

거울뉴런은 심오한 문제에 대해 간단하면서도 우아한 해결책을 제안한다. **우리는 다른 사람들의 행동, 의도, 그리고 감정을 어떻게 이해하는가?** 전통적으로, 이 과정은 복잡한 인지 작업(추론에 추론을 연속적으로 빠르게 처리하는 작업)을 요구하는 것이라 생각했다. 하지만 거울뉴런은 보다 직접적인 경로를 제안한다.[17] 체화된 시뮬레이션이다. 우리는 다른 사람의 행동, 감정, 고통을 우리가 직접 경험하는 것처럼 자신의 신경회로에 울려 퍼지게 만들기 때문에 다른 사람들을 이해한다.

우리가 자연환경을 거울처럼 반영할 수 있다고 상상하는 것이 그렇게 어려운 이야기일까? 우리는 정체성(우리를 둘러싼 관행과 행동의 모음)이 강의 흐름과 마찬가지로 고정되어 있지 않고 우리의 경험과 관계의 지형에 의해 지속적으로 변화하고 재구성된다는 것을 안다. 우리는 정체성이 우리 개인의 신경생물학의 산물만이 아니라 우리가 거주하는 사회, 문화, 그리고 환경 사이의 복잡한 상호작용의 산물이라는 것을 안다.

우리는 숲이 타버린 자리, 산이 소실된 자리, 한때 영양을 풍부하게 공급하던 들판이 메마른 자리를 볼 때 정체성이 흔들린다는 것을 안다. 풍경을 지우는 것은 우리의 정체성을 지탱하던 리듬을 뒤흔드는 것이기 때문이다. 신경과학이 밝혀주는 진실 하나는 학습과 기억이 새로움과 놀라움에 뿌리를 두고 있다는 것이다. 슬롯머신은 언제 잭팟이 터질지 예측할 수 없기 때문에 중독의 신경 경로를 활성화한다. 경로를 따라 나타나는 작은 놀라움들이 우리를 다시 반복하게 한다. 칼 프리스턴이 주장하듯, 우리는 불가능한 것을 가장 쉽게 기억하고 그런 불가능이 실현될 때 변화한다. 산이 사라지는 건 작은 놀라움이 아니라 충격을 준다.

고시의 설명대로 계몽주의에서 탄생해 부르주아 생활양식을 통해 확립된 규칙성이라는 개념은 그에 견주어 새로운 세계를 이해하는 방식을 제공한다. 고시는 느리고 무겁게 진행되는 예측 가능성에 의해 지배되는 삶(현대 소설에 자주 등장하는 개념이자 오전 9시에 출근해 오후 5시에 퇴근하는 생활양식이 표방하는 개념)이 세계에 대한 일련의 가정에 기반을 두고 있지만, 결국 세계는 그런 가정을 지속적으로 부정한다고 주장한다. 예컨대, 우리는 해안에 도시를 건설할 때 그것이 해일의 타격을 받지 않을 것이라고 가정한다. 우리는 과도한 담보를 잡아 아주 쉽게 대출을 받을 때 주택 시장 가격이 계속 상승할 것이라고 가정한다.

하지만 허리케인 샌디, 금융위기, 코로나19 바이러스, 산 소실 같은 사건들은 우리를 비웃는다. 그러고 나서 우리를 변화시킨다. 생물학적으로 바꾸는 건지는 모른다. 산의 죽음과 황폐한 지역의 탄생이 어떻게 임상적으로 우울증을 초래하는지는 아직 완전히 밝혀지지 않았다. 그 영향은 생각보다 더 복잡하다. 게다가 산꼭대기가 소실된 마을에 사는 모두 혹은 대다수가 이런 방식으로 반응한다고 전제하는 것은 무책임하다. 애팔래치아는 이미 넓게 뻗친 지역이다. 2015년에 사진가 로저 메이Roger May도 이를 "함께 묶여 조롱당하는 미국의 마지막 보루"라고 묘사했다.[18] "산골 시골뜨기" 앞에 "우울한"을 붙이는 건 아무에게도 도움이 되지 않는다. 하지만 역학적 증거에 따르면 적어도 취약 계층의 사람들에게는 산꼭대기 소실이 정신건강에 악영향을 미치는 것으로 보인다. 더운 학교에서 모든 아이가 시험 성적이 떨어지는 것은 아니지만 평소보다 더 많은 아이가 그렇게 되는 것과 같다.

2015년 10월, 에모리대학과 기후및위성협동연구소의 연구진은 환경파괴와 정신건강 사이의 연관성을 논리적으로 설명하는 논문을 발표했다.[19] 그 연결고리에는 "장소 유대의 파열, 문화 변화 및 손실, 변화된 공동체 및 가족 역학"이 들어간다. 이 모든 것이 불안과 우울증에 연결되어 있다. 어떻게 환경과의 관계 변화가 정신건강에 영향을 미칠 수 있을까? 그들은 정체성 손실을 답으로 제시하는 셈이다.

실제로 연구진의 논리는 셀비지에게도 진실로 들린다. 셀비지는 이렇게 말한다. "당신은 단지 땅을 파괴하는 게 아닙니다. 당신은 사람들을 파괴하고 있어요. 당신은 단지 산을 제거하는 게 아니라 공동체와 그 구성원의 역사를 함께 제거하고 있습니다."

낙후된 지역일수록 더 나빠지는 정신건강

인디애나대학 블루밍턴캠퍼스의 연구자 헨드릭스의 이전 연구에 따르면, 애팔래치아의 농촌 지역인 카운티의 70% 지역에는 정신건강 관리 전문가가 부족하다.[20] 이 비율은 같은 주의 다른 농촌 지역 카운티에 비해 현저히 높다. 2009년 전국 단위의 연구 또한 많은 중앙 애팔래치아 카운티들이 정신건강 전문가의 충원 필요성이 높은 지역에 속한다는 결론을 내렸다.[21] 채굴 지역에서 치료책을 찾기란 너무나 어렵다.

물론 이조차도 사람들이 그런 치료책을 찾으려 한다고 가정하는 경우에나 해당된다. 미국 농촌에서는 정신건강 치료에 대한 편견이 없다는 전제가 필요하다는 말이다. 하지만 편견은 존재하며 그것은 상황을 더 악화시킨다. 이 지역에서는 일반적으로 정신건강에 대해 이야기하지 않는다. 코디얼은 이렇게 말한다. "상담을 받으러 간다고 해보죠. 그런데 주민 모두가 당신 차를 알죠." 많은 사람이 여전히 상담가나 정신과의사를 만나는 걸 "미친" 짓이라고 생각하기 때문에 이는 큰 문제다.

이 모든 구조적인 문제들은 이 지역의 정신건강 관리 상태를 3배나 나쁜 상태로 만든다. 경제적·환경적 스트레스 요인들은 약물 사용, 불안, 우울증의 더 높은 발생률로 이어지고 정신건강 전문가 수의 부족은 기본 필요를 충족시키지 못하게 하며 정신건강 치료에 대한 편견과 중앙 애팔래치아 특유의 운명론은 많은 사람이 애초에 몇 안 되는 사용 가능한 자원조차 찾지 않게 만든다. 건강한 농촌 지역에 사는 사람들에 비해 정신건강이 좋지 않은 농촌 지역 사람들은 보험 또한 없을 가능성이 더 높다.[22] 그럼에도 해당 지역에서는 오바마를 탓하지 석탄을 탓하지는 않는다.

코디얼은 말한다. "여기서 석탄 산업은 아직도 규모가 크지만 빠르게 줄어드는 실정입니다. 그러다 보니 사람들이 석탄의 부정적인 영향에 대해 이야기하기를 더욱 주저해요." 산업의 역사가 이 지역에서 석탄의 그것처럼 깊이 뿌리내린 경우 산업이 쇠퇴할 때 그 산업을 반대하는 것은 계부가 심장마비를 일으켰을 때 도움을 요청하지 않는 것과 같다. 중앙 애팔래치아 주민들에게 석탄의 영향을 구체적으로 개념화하는 것은 이번 장의 범위를 벗어나기에 그것이 실재하며 사람들을 질식시키고 있음을 분명히 밝히는 선에서 넘어가자.

헨드릭스는 이렇게 말한다. "이 채굴 사업은 가치 있는 것을 없애 버립니다. 거의 모든 부가 사라집니다. 이게 바로 자원의 저주죠." 내가 그의 연구에 대해 묻기 위해 처음 전화했을 때, 헨드릭스는 자기가 연구를 시작한 데 다른 꿍꿍이가 있었던 게 아니라고 강조했다. 중요한 지점이다. 그가 연구 때문에 석탄 기업으로부터 심한 공격을 받았기 때문이다. 2015년에 한 회사는 상당한 자원을 들여 소송을 제기함으로써 헨드릭스가 이전에 근무했던 웨스트버지니아대학으로부터 그의 연구와 관련된 수천 개의 문서를 강제로 넘겨받았다. 전화 속 목소리에는 믿을 수 없다는 실망감이 섞여 있었다. 그 문서들은 채굴과 건강 사이의 연관성에 대해 그가 "발견한 것일 뿐"이었다.

코디얼은 말한다. "석탄 회사들이 지역 대학에 많은 돈을 준 것을 잊으면 안 되죠." 이렇듯 우리로 하여금 수많은 감정과 이야기와 데이터를 잊게 만들려는 많은 이해관계가 존재한다. 컨트리 음반을 거꾸로 돌리면 아내와 개가 돌아온다는 농담 같다. 당연히 세계는 그런 식으로 돌아가지 않는다. 산들은 여전히 죽어 있고 소리는 어느 방향으로 돌리든 모두 엉망이다.

셀비지는 어머니가 여러 해 동안 집 현관에서 위안을 얻었던 것을 회상한다. 어머니는 매일 아침 그곳에 앉아 《성경》 읽기와 풍경 바라보기를 번갈아 했다. "어머니에게는 그게 꼭 필요한 권리 같은 거였어요." 하지만 그때 석탄 트럭이 왔고 그와 함께 먼지와 산꼭대기의 소멸이 닥쳤다. 봉우리와 함께 위로의 원천도 사라졌다.

어쩌면 산의 손실에 대해 할 수 있는 일이 없을지도 모른다. 그것들을 만드는 데 4억 년이 걸렸다. 당연히 하룻밤 사이에 돌아오지 않는다. 마찬가지로 우울증도 관리되는 것이지 치유되는 것이 아니다. 편견을 없애는 데는 수십 년이 걸린다. 빈곤은 그냥 사라지지 않는다. "진보"는 많은 사람의 입에 오르내리는 단어가 아니다. 우리가 계속해서 거인의 어깨를 잘라내는 이상 거인의 어깨 위에 서기는 어렵다.

원래 감사관 출신인 셀비지는 미래에 대해 이야기할 때 진심으로 임한다. 셀비지는 그 이유를 이렇게 설명한다. "저는 애팔래치아 석탄 지역만큼 전략적인 계획이 필요한 곳을 본 적이 없어요. 우울하고 불행하며 정체되어 있고 무엇을 해야 할지 모르는 이상 진보를 알아보지 못할 테니까요. 적어도 진보를 측정할 방법이 나타날 때까지는요."

하지만 농촌 정신건강 분야에서 진보는 측정될 수 있는 것이다. 진보는 모바일 건강 서비스의 확장처럼 보인다. 이는 광대역 접속의 확장을 요구한다. 학교 기반 프로그램, 전화 기반 건강 서비스에 대한 일관된 보상 체계의 개발, 페이지 코디얼과 같은 지역 출신 정신건강 전문가를 유치하는 것도 필요하다. 산의 손실에 대해 할 수 있는 것은 없을지도 모르지만 어쩌면 이런 식으로 새로운 산이 솟아날 수 있을지도 모른다.

셸비지에게 "희망"은 복잡한 단어지만 셸비지는 희망이 지식 창출의 약속, 문제의 인식, 지역 계획, 기업가 정신, 인재 유출을 되돌리는 것에 숨겨져 있다고 믿는다. 셸비지는 이렇게 말한다. "저는 애팔래치아에 희망이 있다고 믿지만 그렇다고 애팔래치아가 스스로 변할 수 있다고는 믿지 않아요."

"저희가 이 나라에 불을 붙였죠. 저희가 이 나라를 밝혔어요. 이제 나라는 저희를 위해 무엇을 해줄까요?"

고통은 마음, 몸, 세계를 연결시킨다

2017년 12월, 제니퍼 앳킨슨Jennifer Atkinson이 연휴를 맞아 집으로 돌아왔을 때 그녀는 검게 탄 땅을 마주했다. 짙은 연기가 머리 위를 지키던 별들을 가렸고 어두워진 하늘 아래 땅은 알아볼 수 없었다. 그달 중반까지 토마스 화재는 캘리포니아주에서 기록된 네 번째로 큰 화재가 되어 약 980km²를 전소시켰다. 화재가 이렇게 오랫동안 타오를 것이라고는 생각하지 않았다. 앳킨슨은 이렇게 말한다. "화재로 유발된 유독물질을 우리가 실제로 호흡해 폐와 몸으로 들이킬 수 있다는 것을 알고 나면 화재는 일종의 공격이나 침입처럼 느껴집니다. 지극히 개인적인 문제가 되지요."[23]

캘리포니아주가 2018년과 2020년에 다시 불탔을 때 이전 화재들은 암울한 리허설처럼 보였다. 2020년에만 1만 6,187km² 이상이 타버렸다. 현대 역사상 가장 심각한 화재 시즌이었다.[24] 재는 메뚜기 떼처럼 내려왔다. 관개 시설을 갖춘 포도원(역사적으로 화재 방지구역이었지만 최근 몇 년 동안 기후변화에 의해 말라버린 지역)들은 돌격소총 앞의 창처럼 쓰러졌다.

화재의 폭력성과 밀접성은 앳킨슨이 고향에 방문한 후 시애틀로 돌아갈 때 가져간 소득이었다. 앳킨슨은 새로운 강의를 할 예정이었다. 워싱턴대학 보셀캠퍼스의 학부 세미나로 〈환경적 슬픔과 불안: 기후변화의 시대에 희망 구축하기〉라는 수업이었다. 앳킨슨은 "기후변화 때문에 우울하신가요?"라고 적힌 전단지로 수업을 홍보했다. 수십 명의 학생이 세미나에 등록하자 앳킨슨은 자신이 핵심을 건드렸다는 것을 알았다.

이 핵심이란 자신이 준비한 것과 같은 교육의 사회적 기능, 기후와 관련된 온갖 우울감과 불안감에 공개적·집단적으로 맞서는 일과 관련이 있다. 정체성은 물론 고통과도 관련이 있다는 뜻이다.

죽음 직전까지 간 상황에서 우리의 시간 감각은 확장된다. 교통사고나 번개나 폭풍 속에서 살아남은 생존자들은 거의 모두 마지막 순간을 특징짓는 명확성과 평온함에 대해 증언한다. 신경과학자 데이비드 이글먼David Eagleman은 외상 경험에서 뇌가 더 많은 감각 정보를 기록하고 복잡하게 기록된 순간들을 되돌아볼 때 우리의 생물학적 시계가 느려지는 것처럼 보인다고 이론화했다.[25] 벼랑 끝을 들여다볼 때 우리의 눈은 더 크게 떠진다.

그렇다면 죽음을 장기적으로 경험하는 것은 어떨까? 지구온난화로 인한 긴 사망 절차 속에서 기후불안은 명확함의 반대인 것 같다. 그것은 갑작스레 소용돌이를 치는가 하면 조금씩 슬픔을 불러일으키기도 하면서 시간의 흐름을 가속화하고 변질시킨다. 제이디 스미스Zadie Smith의 표현대로 "한 나라의 계절들을 위한 비가"이다.[26] 그것은 불명확한 고통일 뿐이다.

고통은 신경학적으로 흥미롭다. 고통은 진정한 연금술사이기 때문이다. 당신의 말초 및 중앙 신경계는 자극(엄지손가락에 난 상처 등)을 정신적 표상으로 변환하기 위해 협력한다. 이 시스템들은 당신이 느끼는 고통의 강도를 조절할 수 있다. 고통의 지각적 등급은 부상의 정도에 비례하지 않는다. 물론 뇌는 칼에서 튕겨 나오는 광자를 토대로 그 물체의 정신적 표상을 만든다. 그렇다고 칼을 만들지는 않는다. 고통을 만들 뿐이다.

그러나 고통의 핵심(고통의 신경학적 존재 이유)은 그것을 무시할 수 없다는 것이다. 마취과의사 압둘-갈리크 랄켄Abdul-Ghaaliq Lalkhen은 고통의 "본질은 주의를 요구"한다고 썼다.[27] 고통 덕분에 마음의 눈은 몸이 만든 실수를 바라보며 마찬가지로 기후불안 덕분에 인류는 자신의 실수를 바라본다. 하지만 마법을 잊지 말라. 고통은 해석에 달려 있다. 세포 손상을 히스타민과 브라디키닌으로 변환하고 이를 척수의 등각을 거쳐 뇌간을 통해 시상으로 전달하고 최종적으로 체성감각 피질에서 부상의 정도를 형상화하는 데에는 전기적으로 말하자면 오랜 시간이 걸린다.[28] 모든 것은 이해와 고통이 시작되기 전이다. 당신은 부상을 치료한 뒤에야 그것에 의미와 감정을 부여한다. 당신의 뇌는 지각의 창문 너머로만 고통의 감각을 드리운다.

공유하는 의미에 의해 고통이 특징지어진다는 사실은 그것이 실제로 사회적 기능을 함을 시사한다. 랄켄 역시 이렇게 서술한다. "부상에 의미를 부여하는 측면에서 개인이 고통을 뇌에서 처리할 때만 고통이 겉으로도 나타난다. 이런 면에서 고통은 일종의 의사소통이다. 그것은 다른 사람들로 하여금 부상이 우리에게 무엇을 의미하는지 볼 수 있게 함으로써 공감과 도움을 유발하기 때문에 존재 가치가 있다." 따라서 고통은 강력한 소통 능력자이다.[29] 그것은 고독의 환상을 깨뜨리고 다른 이들을 우리의 경험 속으로 끌어들인다. 동물의 왕국에서는 미어캣의 경보 소리, 벌의 위험 신호, 영장류의 그루밍이 그 예다. 랄켄이 주장하듯 인간에게 있어서 고통의 표현이나 고통의 외침은 즉각적인 주의를 끌어내며 공감, 관심, 도움을 촉발한다. 우리가 표현하는 고통이 같지 않은가? 공유된 공감은 우리가 인류로서 겪는 고난을 상호 인정하게 해준다.

또한 고통은 우리의 뇌가 몸에 존재하고 우리의 몸이 공간에 존재한다는 것을 상기시킨다. 우리는 먹어야 한다. 우리는 운동해야 한다. 우리는 우리의 몸을 몸처럼 대해야 한다. 불에 손이 닿으면 화들짝 물러나는 것을 생각해보라. 그 동작 자체는 고통스러운 자극에서 분리된 반응이 아니다. 그것은 자기 보존의 움직임이다. 위험과 탈출로 구현된 이야기다. 손은 고통의 감각을 전달하는 것뿐만 아니라 그것을 행동으로 나타낸다. 고통의 특정한 이야기를 그 움직임에 기록한다. 우리의 고통스러운 경험도 우리의 감정, 생각, 기억과 깊게 얽혀 있다. 고통스러운 경험은 과거의 고통스러운 기억을 불러일으킬 수 있고 두려움이나 스트레스의 감정을 불러일으키며 해를 입히거나 위협을 가하는 생각을 촉발할 수 있다. 고통은 감각, 감정, 인지, 기억이 복잡하게 얽힌 결과물이다. 우리가 우리의 몸을 몸으로 기억하여 인식을 체화할 때 고통은 존재의 복잡한 부분으로 자신을 드러내 마음, 몸, 자아, 세계가 깊이 상호 연결을 이루었음을 입증한다.

삶의 터전을 잃은
기후 이주민들의 흔적

기후 이주보다 이러한 상호 연결을 더 잘 포착하는 현상은 없을 것이다. 불을 피하는 것과 똑같은 행동이다. 기후 이주자들은 선택이 아닌 필요에 의해 여정을 시작한다. 그들은 평온한 떠돌이가 아니다. 메마른 들판, 불타버린 숲, 삼켜진 해안선에 뚜렷이 새겨진 절박함에서 움직이는 이들이다. 탐험이나 모험을 떠나는 게 아니라 변화하는 기후

라는 거대하면서도 애매한 적에 의해 집에서 쫓겨난 평범한 사람들
이다.

기후변화의 최전선에 위치한 개발도상국에서 이 현상은 특히 뚜렷
하다. 방글라데시를 생각해보자. 강에 둘러싸이고 벵골만에 노출된 땅
이다. 이곳에서는 상승하는 해수면과 반복적인 홍수가 경작할 수 있
는 땅을 갉아먹고 집들을 삼키며 밭을 염분으로 채워 메마르게 한다.
사람들은 터전을 박탈당했다고 느끼기 시작했고 한때 그들을 기른 그
강들에게 생계를 빼앗겼다. 무자비한 물의 진격에 쫓겨 그들은 붐비
는 도시나 외국 땅으로 새로운 시작을 찾아 떠난다.

선진국에서도 기후 이주가 펼쳐지지만 맥락이 다르다. 캘리포니아
주의 일부 지역을 황폐화시킨 산불, 제니퍼 앳킨슨을 충격에 빠뜨린
토마스 화재 등을 생각해보자. 그것은 꿈의 집들을 잿더미로 만들고
풍경과 그곳에 사는 사람들에게 상처를 남긴다. 이곳에서는 부 덕분
에 다른 곳에서 삶을 재건할 수 있는 더 많은 선택지가 주어지기는 하
지만 그렇다고 이주를 피할 수는 없다.

마이애미 같은 도시에서는 상승하는 해수면의 현실이 일상생활에
스며들고 있다. 물이 정기적으로 배수구를 통해 올라와 도로를 침수
시키고 집들에 침입한다. 지역이 수중 환경이 되어가면서 마이애미의
더 높은 지대에 있는 부동산들, 역사적으로 저소득층 지역에 속하던
집들이 점점 더 매력적으로 보인다. 이 새로운 매력은 가격을 상승시
키고 거주민을 내모는데, 그들은 폭등하는 생활비를 따라잡을 수 없
다고 느낀다. 리틀하이티 지역은 이를 뚜렷하게 보여주는 사례다. 이
곳의 고도는 마이애미의 다른 지역보다 몇 미터 더 높지만 그 몇 미터

는 해수면 상승 시나리오에서 구명보트를 의미한다. 그에 따라 개발업자들이 들어오고 고급 아파트가 솟아오르며 오랫동안 거주한 주민들이 밀려나고 있다. 기후변화 앞에서 극명해진 경제력 차이가 그들의 문화와 공동체를 해체시키고 있다.

기후 이주를 이해하는 것은 따뜻해지는 세계의 타는 듯한 현실을 직면하는 것이다. 그것은 낮은 땅과 가뭄에 시달리는 농장을 떠나는 가족들의 발자취를 따라가는 것이다. 그것은 산성화되는 바다에서 산호초가 표백되는 것을 지켜보는 어촌 마을의 조용한 절망을 듣는 것이다. 섬 주민들이 진격하는 파도 앞에서 조용히 후퇴하는 것을 목격하는 것이다. 바다가 조개껍데기를 핥듯 여러 세대가 살아온 터전을 쉽게 삼키는 것이다. 기후 이주는 인류세의 그림을 그린다. 여기서 인간의 지문은 대기와 바다뿐만 아니라 전체 공동체의 이주 패턴에도 표시된다. 우리가 산업의 날개에 실어 보낸 온실가스들은 이상기후 현상으로 메아리가 되어 돌아와 수백만 명을 집에서 몰아낸다. 인류 스스로 저지른 행동이 아무도 피할 수 없는 행성 규모의 되먹임 현상으로 돌아온다.

험난한 물길을 항해하기 위한 회복력과 적응력

기후가 유발하는 이주에 동반되는 고통은 질적으로 다르다. 그것은 떠나야 한다는 압박감이나 친숙한 환경을 떠나는 불안만이 아니다.

그것은 집을 갖고 싶다는 본능적인 갈망(곧 지속성에 대한 갈망)과 변화하는 세계에서 살아남기 위해 움직여야 한다는 의무감 사이의 불협화음이다. 모든 집에 불이 꺼진다는 건 대를 이어가는 기억의 연속성을 파괴하며 종의 멸종만큼이나 깊은 상실감을 남긴다. 너무나 극명한 손실이어서 언급할 필요조차 없어 보인다. 하지만 그게 현실이다.

이런 현실 앞에서 어떻게 해야 할까? 어떻게 견뎌야 할까? 기후불안, 환경파괴로 인한 우울증, 기후 이주의 만성 스트레스 앞에서 우리는 주변 환경과 원활하게 상호작용하지 못하는 칼 프리스턴의 자기강화 모델을 떠올릴 필요가 있다. 고통에는 근원이 있다. 주의를 다른 데로 돌릴 수 없을까? 예를 들어, 숲이 제공하는 치료법을 고려해보자. 산림욕이라는 풍습이다.[30] 일본에서 탄생한 이 치료법은 우리를 숲의 감각적인 풍경으로 몰입하게 이끈다. 속삭이는 나뭇잎의 소리를 듣고 땅과 나무의 향기를 들이마시고 빛과 그림자의 변화하는 패턴을 바라보게 한다. 숲과 친밀한 유대감을 형성함으로써 우리는 걱정으로부터 일시적인 안식을 얻을 뿐만 아니라 생명의 그물에서 자신이 어디에 놓여 있는지 깊이 이해하게 된다. 이러한 연결과 이해는 우리가 불안을 직면할 수 있게 해준다.

마찬가지로 우리는 "심오한 시간deep time"에 대한 성찰을 통해 위안을 얻을 수 있다. 우리는 지질학적 역사의 관점에서 생각함으로써 자신을 광대한 시간적 범주의 일부로 보는 법을 익힐 수 있다. 이 관점은 우리의 즉각적인 불안의 강도를 희석시킬 수 있으며 우리의 기후불안을 지질학적 변화와 생명 회복력이라는 더 넓은 맥락에 위치시킬 수 있다. 이러한 시간적 전환은 기후변화를 해결해야 하는 위급함을 줄여주지는 않지만, 두려움을 줄이고 얻은 여유를 건설적인 관심으로 바꿈으로써 우리의 감정적 반응을 조절하는 데 도움을 준다.

우리는 또한 시민과학에 일조할 수 있다. 우리는 소소한 자료 수집과 관찰 행위에 참여할 수 있다. 이러한 기여는 개별적으로는 사소해 보일 수 있지만 기후위기에 대처할 지식의 몸집을 키워간다. 이렇게 소소한 방식으로 해결책의 일부가 된 우리는 불안 대신 실천 의지를 불태울 수 있다.

더 나아가, '이야기하기'라는 단순한 행위가 있다. 기후변화에 대한 우리의 두려움과 희망을 공유함으로써 우리는 서사를 구축한다. 이는 미래에 대한 공동체적 꿈이다. 이 행위를 통해 우리는 개별적인 불안을 공유된 결의로 전환할 기회를 마련할 수 있으며 고독한 걱정 대신 집단 행동을 실현할 수 있다. 우리의 이야기를 나눔으로써 우리는 기후불안의 그림자를 넘어 신선한 회복력과 공유된 결의를 여명처럼 맞이할 수 있다.

물론 어려운 일이다. 불안과 우울, 만성 스트레스는 우리 안에 깊숙이 자리 잡고 있다. 우리 정신에 체화되어 있다는 말이다. 앞서 살펴보았듯, 스트레스의 그림자가 드리울 때 우리의 편도체는 신경적 무장 호출을 보내며 이 경보는 시상하부-뇌하수체-부신 축을 촉발시켜 신체의 주요 스트레스 호르몬인 코르티솔을 분비하는 호르몬 반응의 연쇄를 시작한다. 순간적인 스트레스 요인에 직면할 때 코르티솔은 중요한 아군이 된다. 코르티솔은 자원을 동원하고 초점을 날카롭게 하며 행동을 위해 우리를 준비시킨다. 하지만 스트레스가 지속될 때 코르티솔의 지속적인 분비는 뇌의 모습을 변화시킬 수 있다. 해마는 특히 취약하다. 만성 코르티솔로 범벅이 되면 해마는 위축될 수 있으며 신경 가지들이 시들 수 있다.[31] 이러한 손상은 기억과 학습에 대한 손상으로 이어질 수 있다.

계획을 관장하는 전두엽피질 역시 만성 스트레스의 침식적인 영향에 취약하다.[32] 지속적인 코르티솔 노출로 인해 우리의 명확한 사고, 판단, 감정 조절 능력이 손상될 수 있다. 이성의 길 위에 안개가 내려앉은 것처럼 말이다. 기후변화 중에 이러한 신경학적 손상은 심화될 수 있다. 삶의 터전이 변화하거나 사라진다면 피난처를 찾아야 한다는 불확실성과 새로운 환경에 적응해야 한다는 투쟁 의식이 끊임없는 코르티솔 폭풍을 일으킬 수 있다.

하지만 우리에게는 회복력과 적응력이 있다. 신경가소성, 즉 뇌가 신경회로를 재배열하고 재구성할 수 있는 능력은 희망의 씨앗 하나를 제공한다. 어떤 의미에서 신경가소성은 우리가 회복력을 발휘해 역경에서 배우고 스트레스 요인에 적응하며 도전을 새로운 관점으로 바라보는 능력을 부여한다. 우리는 사회적 지원, 명상 실천, 또는 치료적 개입을 통해 회복력을 증진시킴으로써 뇌가 성장과 회복으로 향하게 도울 수 있다. 만성 스트레스와 기후불안은 끔찍한 적이지만 불패의 적은 아니다. 그것들이 뇌에 미치는 영향을 이해하고 회복력을 촉진함으로써 우리는 이 험난한 물길을 항해할 수 있다.

다만 몸은 몸일 뿐이라는 사실을 기억하자. 정신이 그것을 대신할 수는 없다.

오슬로 여행 중 일몰 즈음에 나는 〈절규〉에 묘사된 다리와 전망대로 가기 위해 언덕을 오른다. 작은 표지판이 내가 올바른 장소에 있다는 것을 확인시켜준다. 한겨울이었고 도로 옆에서 추위에 떨고 있는 건 혼자였기에 무엇에도 아랑곳하지 않아도 된다. 그렇다. 나는 마음 놓고 뒤로 돌아 그림에 나온 표정을 짓는다. 여느 관광객에게처럼 내게도 그것이 옳은 일처럼 느껴진다. 돌아서서 도시를 내려다보며 하늘이 비틀거리고 붉어질 것을 기대한다. 물론 그런 일은 일어나지 않는다.

나는 애니 딜러드Annie Dillard를 생각한다.

마음은 영원히 살고 싶어 하거나 영원히 살지 않아도 좋을 지극히 합당한 이유를 알아내고 싶어 한다. 마음은 세상이 사랑을 돌려주기를, 혹은 인식을 돌려주기를 원한다. 마음은 세상 전부를, 영원이라는 개념을, 신을 알고 싶어 한다. 하지만 마음의 친구인 몸은 노른자를 조금 익힌 달걀 두 알이면 만족한다. 사랑스럽고도 어리석은 몸은 쉽게 만족하는 스패니얼 같다. 그리고 놀랍게도 이 스패니얼은 들끓는 마음의 주의를 달걀로 돌릴 줄 안다. 자존심이 세고 야심이 넘치며 끝도 없이 재잘대는 마음은 당신이 몸으로 달걀 하나만 던져주면 입을 닫는다.

나는 너무나도 늦은 점심을 먹기 위해 언덕을 내려간다.

9장

언어

사미어가 남긴 지구의 문법

언어만이 유일한 고향이다.

_체슬라브 밀로즈Czesław Miłosz

나는 홀로세의 혀 위에 인류세의 황소를 올려놓았다.

_로버트 맥팔레인Robert Macfarlane, 《언더랜드Underland》

GEASSI (여름)

러시아어에서 파란색은 "голубой(밝은 파란색)"과 "синий(어두운 파란색)" 두 가지로 나뉘며 다른 언어에는 보통 이런 구분이 없다. 예를 들어, 영어에서 "голубой"와 "синий"는 음영 차이만 있을 뿐 같은 색으로 여겨진다. 이런 차이는 인간 언어와 색상 인식의 진화 과정에서 발견할 수 있는 특이한 현상이며 파란색의 다양성을 구분해야만 하는 언어 공동체가 존재한다는 건 주목할 만한 사실이다. 이에 2007년 리라 보로디츠키Lera Boroditsky가 이끄는 MIT 연구팀이 색상 구분이 인지에 미치는 영향을 조사하기로 결심했다. "파란색"에 대한 추가적인 언어적 세분화가 사용자의 심리나 세계를 탐색하는 능력에 어떤 영향을 미치는지 알아보고자 한 것이다. 연구팀은 다양한 언어 사용자들에게 파란색 스펙트럼에 걸친 다양한 색조를 가능한 한 빨리 구별하도록 요청했다.[1]

색조 간의 언어적 구분은 러시아어 사용자들이 실제로 각각의 색을 식별하는 능력을 향상시킨 것으로 보인다. 다양한 파란색 색조가 제시되었을 때 그들은 "голубой"와 "синий"의 구분이 없는 언어 사용자들보다 더 빠르고 정확하게 파란색을 구별했다. 특히 색조가 미세하게 다른 어려운 과제에서 이 효과는 더욱 극명했다. 러시아어 사용자들이 더 섬세한 자극을 구별할 수 있게 해주는 추가적인 종류의 막대기나 원뿔을 가진 것처럼 보였다. 실제로는 단어 몇 개를 더 가지고 있었던 것뿐이지만.

이러한 효과는 러시아어에만 국한되지 않는다. 예를 들어, 나미비아의 힘바족이 사용하는 언어에는 파란색을 나타내는 별도의 단어가 없으며 실험에서 영어 사용자들이 파란색과 녹색이라고 부르는 색상을 구별하는 데 어려움을 겪는 것으로 관찰되었다. 그러나 그들은 영어 사용자의 평균적인 능력을 훨씬 뛰어넘어 녹색 스펙트럼의 미묘한 차이를 식별할 수 있었다.[2] 연구는 특정 언어적 범주의 존재 여부가 기억력과 같은 인지기능에 어떻게 영향을 미칠 수 있는지 탐구했다.[3] 일례로 러시아어 화자는 녹색 색조보다 파란색 색조를 더 잘 기억하는 경향이 있다. 이렇듯 언어는 우리가 세계를 바라보는 렌즈에 색을 입히며 우리가 인식하는 색상을 결정한다.

이 연구는 색상 인식이 보편적이고 불변하는 현상이라는 오랜 통념에 도전한다. 소위 언어상대성이라는 개념에 대한 보로디츠키 등의 연구는 언어가 인식을 형성하는 데 핵심적인 역할을 한다는 사실을 뒷받침한다. 프리즘이 빛을 굴절시키듯 언어는 우리 주변의 환경에 색을 입히고 우리의 인지 과정에 색을 입힌다. 이는 색의 음영에만 적용되는 현상은 아니다.

ČAKČA–GEASSI(가을-여름)

만다나 세이페디니푸르Mandana Seyfeddinipur는 사무실 의자에 앉은 고양이를 쫓고 그 자리에 앉았다. "워프 신봉자랑 마주 보고 앉게 되셨네요." 이는 보로디츠키 같은 언어상대주의자를 부르는 또 다른 표현 방법이다.

이 별명은 20세기 초 언어, 인식, 문화 간의 상호작용을 연구한 언어학자 벤저민 리 워프Benjamin Lee Whorf에서 유래했다. 워프가 언어학에 기여한 바는 언어가 단순한 의사소통 수단이 아니라 세계에 대한 인식을 형성하는 강력한 힘이라는 개념을 탐구한 것이었다. 그는 호피족 언어를 연구하며 그 언어에 내재된 독특한 시간 구조가 사건의 순환적·맥락적 특성을 강조한다는 사실을 발견했다.[4] 그들은 시나 분 같은 측정치에 의존하는 대신 사건을 계절, 자연 현상, 농사 주기 같은 더 큰 순환 구조에 결부시켰다. 중요한 점은 이와 같은 시간의 방향성이 호피족 언어 구조에 내재되어 있다는 것이다. 워프는 이것이 호피족 사람들의 시간 개념의 틀을 잡는 데 영향을 미쳤을 것이라는 가설을 세웠다. 이들의 인식 틀에서 시간은 정량화되고 분할될 수 있는 대상이 아니라 유동적이고 상호 연결된 흐름이었다.

이와 같은 방식으로 언어는 과거, 현재, 미래의 상호작용을 더 깊이 이해하고 능숙하게 다룰 수 있도록 돕는다. 호피족의 언어는 시간 사이의 경계를 흐리게 하여 화자가 시간을 **인식**하는 방식을 변화시킨다. 호피족이 특별한 것도 아니다. 예를 들어, 영어 화자가 시간을 왼쪽에서 오른쪽으로 공간화하는 것과 달리 포름푸라완족은 시간을 동에서 서로, 즉 태양의 움직임에 따라 구성한다.[5] 이러한 언어적 틀은 공간 인식에도 영향을 준다.

보로디츠키의 러시아어 연구가 21세기에 색상의 보편성에 도전했듯이 워프의 호피족 언어 연구는 시간이 선형적 진행이라는 지배적인 개념에 도전했다. 연장선에서 워프의 연구는 문화 간의 시간 다양성에 대해 더 넓게 이해해야 할 필요가 있음을 독려했다. 요컨대, 워프의 연구는 언어가 인식에 깊은 영향을 미친다고 주장했다. 그의 의견 중 일부는 점차 다듬어지고 논의되었지만 이 개념(언어가 사고를 결정한다는 개념)은 현대 인류언어학 조사의 기반이 되었다. 워프주의가 곧 언어상 대성 이론인 셈이다.

세이페디니푸르는 북부 이란 출신의 페르시아 부모와 독일에서 자랐다. 그녀가 언어와 현실 사이의 맥락 연결에 대해 처음으로 언급한 것은 이런 배경과 관련이 있다. 세이페디니푸르는 말한다. "집에서는 14세 수준의 페르시아어를 써요. 그게 집에서 소통하는 데 필요한 전부거든요. 페르시아어로 무엇을 먹을지, 언제 잠을 잘지, 언제 휴가를 떠날지 이야기할 수 있어요." 세이페디니푸르는 다른 언어들도 원어민 청소년을 능가하는 수준으로 구사한다. 언어 변화와 소멸에 관심이 많은 세이페디니푸르는 베를린의 브란덴부르크과학아카데미와 영국 런던대학에서 멸종위기 언어 문서화 프로그램과 멸종위기 언어 아카이브를 지휘하고 있다. 현재 전 세계적으로 약 7,000개의 언어가 사용되고 있으며 대략 절반만이 다음 100년 동안 살아남을 것으로 예상된다.[6]

언어는 다양한 이유로 사라진다. 한 가지 양상은 영어처럼 지배적이거나 정치적으로 강력한 언어가 외압, 세계화, 식민주의, 동화 같은 방침을 통해 원주민이나 소수 민족 언어의 억압에 결정적인 역할을 하는 경우이다. 억압된 언어의 사용자들이 지배적인 언어를 채택하도록 강요받으면 원주민 언어의 세대 간 전달이 방해받아 점차적으로 침식되고 사라질 수 있다. 토착 언어에 낙인을 찍는 행위 역시 언어 손실을 가속화할 수 있다. 국가 차원의 정책도 무시할 수 없다. 특정 언어를 공식적으로 사용하거나 명망 높은 언어로 우선시하면서 다른 언어를 소외시키는 정책은 언어 변화와 위기를 초래할 수 있다. 경제적 기회와 도시화 역시 젊은 세대를 그들의 집과 다른 소수 언어 사용자로부터 멀어지게 할 수 있다. 더 나은 교육이나 고용 기회를 찾는 와중에 접근성과 이동성을 높이는 데 유리한 언어로 바꿔 사용하는 경우도 존재한다.

여기에는 기후 및 생물다양성 요인도 작용한다.[7] 섬과 해안 지역의 작은 언어 공동체나 기후변화로 인해 농업과 양식업이 위협받는 지역은 기후 이주의 대상이 된다. 사람들의 이주와 강제 분산은 필연적으로 언어 분열을 초래하며 다른 언어 사용자들과 접촉하는 일이 늘어나면서 자신의 언어를 사용할 기회도 줄어든다. 또한 기후 난민이 새로운 공동체에 정착하는 경우 해당 지역의 지배적 언어를 사용하는 것이 유리한 경우들이 있다.

다시 말해, 기후변화는 단순히 풍경을 변화시키는 것이 아니라 환경에서 탄생한 언어다양성을 침식한다. 세계는 인간 생활과 표현의 풍부함에 기여하는 언어의 모체이다. 기후변화는 온갖 방식으로 이 풍부함의 퇴화를 가속화한다. 계절이 예측 불가능해지면서 1년 동안 이루어지는 절차와 과정을 나타내는 단어들이 방향을 잃는다. 종이 멸종하면서 그 종을 위해 사용하던 단어 역시 도도새나 나그네비둘기 사라지듯 언어적 틈새로 스르륵 빠져나갈 위험이 있다.

그러나 어떤 경우든 세이페디니푸르는 사람과 문화가 핵심이라는 사실을 강조한다. "언어 문제를 비유적인 표현으로 다룰 때면 우리는 언어가 죽거나 침묵한다고 말하고는 하죠. 그런데 이 비유에서 흥미로운 점은 죽는 건 언어가 아니라는 사실을 놓치고 있다는 것입니다. 언어는 침묵하지 않습니다. 아무것도 못 하지도 않죠. 죽는 건 인간입니다. 자기 권리를 가지고 행동하는 것도 인간이죠. 그런데도 우리는 사람들이 이탈하는 것에 관해 운동도 벌이지 못하게 하고 주체성도 빼앗고 있어요."[8] 기후 요인은 사람들에게서 모국어를 빼앗는 여러 요인 중 하나이다.

분명 둘 사이에는 명백한 상호작용이 일어나고 있다. 그러나 세이페디니푸르가 가장 흥미롭게 생각하는 건 그 밑에 깔린 함의이다. 언어상대주의에 따르면 언어는 현실을 구성하는 데 도움을 주며 환경을 자연적 수치로 읽어내는 데도 도움을 준다. 칼 프리스턴의 표현을 빌리자면 언어는 우리가 생태틈새를 찾아가도록 돕는다. 세이페디니푸르가 집에서 필요한 만큼만 페르시아어를 배워서 써먹은 것 역시 이를 반영한다. 그가 사용한 언어는 환경 구조와 일치한다. 환경 구조에 대한 강조는 기후변화로 인한 언어 손실의 독특한 구성 요소를 포착해낸다. 우리는 물리적으로 이동하지 않더라도 언어 변화를 경험할 수 있다. "환경이 변화하면 관행이 변합니다. 사람들이 변하고 특정한 일들을 하지 않게 되며 관련 어휘를 더 이상 사용하지 않게 됩니다. 그래서 무언가가 고이게 됩니다."

RÁGAT(발정기)

언어는 생각에 경계를 제공한다. 그것은 감정과 아이디어를 담는 그릇이다. 누수가 있는 그릇이지만 그럼에도 불구하고 그릇이다. 언어를 벗어나면 따뜻한 음료가 끝나고 뜨거운 음료가 시작되는 지점이 어디인지 알 수 있을까? 언어의 정밀함을 통해 우리는 세상의 어지러움에 구조를 부여할 수 있고 언어의 창의성을 통해 그 구조를 가지고 놀 수 있다.

눈을 생각해보자. 눈보라와 눈발, 눈과 물이 뒤섞인 끔찍한 "겨울 반죽"까지. 눈이 내려앉으면 그것은 가루, 슬러시, 진눈깨비, 껍데기, 싸락눈(작은 눈 알갱이로 이루어진 우박 형태의 눈) 형태를 취할 수도 있다. 누군가는 눈 더미를 삽으로 치울 수 있다. 누군가는 스노보드를 탈 수 있다. 참으로 호기심 많고 복잡한 언어가 아닌가. 그 위엄을 바라보자. 영어에 눈에 대한 단어가 넉넉하게 잡아 20개 있다고 해보자.

북부 지방 사미어에는 무려 318개가 있다. 이 언어의 사용자들은 주로 현재 스칸디나비아의 북부에 걸쳐 있는 사프미 지역에 거주하는 사람들이다. 이들이 눈과 밀접하게 관련된 이유가 있다. 사프미는 자주 춥다. 강수량도 많다. 따라서 어부와 목축업자에게는 그런 환경 조건에 따라 소통할 수 있는 언어의 섬세함과 정밀함이 필요하다.

하지만 기후변화로 인해 눈의 유형이 줄어들고 그에 상응하는 이름 역시 현실에서 분리되면서 언어도 고통받는다. 겨울이 짧아지고 온도가 변하며 눈과 얼음이 사라지고 변화함에 따라 이 단어들의 본질(자연 세계에서의 지시체)은 변화되거나 불확실해진다. 이런 식으로 기후변화가 북부 사미어에 미치는 영향은 상징적일 뿐만 아니라 놀랍도록 문자적이다. 눈이나 순록 뿔의 여러 단계에 대한 구체적인 단어들은 생존이나 전통과 밀접하게 연결된다. 하지만 기후변화가 북극을 잡아끌면서 균형이 깨진다. 겨울이 늦게 오고 일찍 끝나며 한때 예측할 수 있었던 눈은 이제 예측할 수 없게 온다. 수세기에 걸쳐 북부 사미어의 어휘와 문법에 새겨진 자연의 이정표들의 복잡한 달력은 기후변화의 혼란스러운 영향에 의해 뒤섞이고 있다. 예측할 수 없는 날씨 패턴, 따뜻한 겨울, 그리고 변화하는 풍경은 오랫동안 언어가 세밀하게 묘사하고 소중히 여겼던 생활을 변화시키고 있다.

기후변화는 물리적 세계를 변형시키는 것뿐만 아니라 그것의 문화적·언어적 풍경들도 재구성한다. 언어 역시 산꼭대기 같은 걸까? 언어가 사라짐에 따라 언어가 담고 있는 역사들도 사라진다.

세이페디니푸르는 언어가 전통 지식을 코드화할 수 있는 능력을 강조하면서 이렇게 주장한다. "우리의 유전 기술로 밀을 열과 추위에 강하게 만들어 단일 품종으로만 곳곳에 심는다면 새로운 기생충이 나타날 때 무슨 일이 벌어질까요? 작물 전부가 사라질 겁니다. 하지만 우리가 열 가지 품종을 가지고 있다면 여덟은 죽을지 몰라도 적어도 둘은 살아남겠죠." 세이페디니푸르는 언어 역시 마찬가지라고 생각한다. 우리는 언어를 단일문화로 만들 수 없다. 어떤 언어도 혼자서 모든 것을 할 수는 없다.

VUOSTTAŠ MUOHTA (첫눈)

내가 비행기를 타고 오슬로에서 노르웨이 북부 알타로 향할 때 눈이 세차게 내리고 버스는 취소되었다. 노르웨이 교통 앱을 반복적으로 캡처하여 검색엔진을 통해 번역해 봄으로써 그 사실을 알게 되었다. 작은 공항의 택시 승강장 앞에는 택시가 없었기에 눈보라를 헤치고 2시간 반을 걸어가야 하는 건지 고민하기 시작했다. 그런데 부츠 끈을 조이고 있을 때 택시가 도착했다. 나는 절박하게 운전사에게 다가갔다.

북동쪽으로 20분 거리에 있는 작은 마을 라프스보트(친구의 농가를 돌보고 나머지 여행을 위해 볼보를 빌릴 곳)로 운전하는 동안 택시운전사는 눈에 대해 불평했다. 많이 내리는 게 문제가 아니라 축축한 게 문제였다. 이런 눈보라 속에서 운전하려면 자주 멈춰서 헤드라이트를 닦아야 했기 때문이다. 예전에는 이런 일이 없었다. 실제로 얼마 안 되는 거리를 가는 동안 택시운전사는 두 번이나 헤드라이트를 닦았다.

뇌에서 언어 표현은 구불구불한 노르웨이 고속도로와 같은 모습을 하고 있다. 그것은 대뇌 풍경을 가로질러 꼬이며 수십 개의 신경 영역에 닿고 종종 헤드라이트를 닦아내기 위해 정차한다. 언어 처리에 전념하는 주요 영역들이 있다. 예를 들어, 전두엽에 위치한 브로카 영역은 언어 생성에서 중추적인 역할(말하기에 필요한 운동 움직임 조정)을 한다. 시상엽에 있는 베르니케 영역은 언어 이해에 복잡하게 관여하여 우리가 듣거나 읽는 단어의 의미를 해석할 수 있게 해준다. 이 언어 특화 영역들은 소위 고전 언어 네트워크의 핵심을 형성한다.[9]

하지만 이 신경 지형에는 언어 처리의 여러 측면에 기여하는 상호 연결된 영역들의 광범위한 네트워크가 있다. 일례로, 고전적인 언어 영역을 넘어서는 후두엽, 측두엽, 두정엽의 교차점에 거주하는 각상과 같은 곳이 있다. 그것은 시각적·언어적 정보를 통합하는 역할을 하며 읽기와 의미 처리에 관여한다. 베르니케 영역 옆에 있는 상위 측두이랑은 구체적으로 말로 된 언어를 이해하는 데 기여한다. 언어 네트워크는 브로카 영역과 베르니케 영역을 연결하는 경로로 기능하는 호선 섬유로와 같은 백질로 구성되어 언어를 처리하는 동안 정보의 흐름을 촉진한다.[10]

이것은 언어가 변함에 따라 당신 뇌의 많은 부분이 마찬가지로 변해야 하는 또 다른 이유이다. 다국어 사용자를 대상으로 한 연구는 뇌가 다양한 언어 시스템을 유연하게 활용하고 전환할 수 있는 능력을 보여주며 언어 표현의 역동적인 성격을 보여준다.[11] 이 유연성은 다른 작업에도 적용된다(러시아어의 파란색 사례를 기억해보자). 뇌는 가소성이 있다. 우리가 언어를 잃을 때 이 유연성은 악화된다.

기억에서도 언어는 결정적인 역할을 한다. 사건들이 눈앞에서 펼쳐질 때 우리의 해마는 이 사건들을 과거의 양피지에 새기느라 바쁘다. 하지만 우리가 이 사건들을 어떻게 회상하고 이해하는지는 우리의 언어가 구성하는 서사와 밀접하게 연결되어 있다. 따라서 우리의 자전적 기억은 과거의 완벽한 복제본이 아니라 언어가 제공하는 스토리텔링 도구에 의해 형성된 서사다. 이미 보았듯이, 시간이나 도덕적 판단과 같은 추상적 개념에 대한 우리의 이해 능력도 뇌가 세우는 언어적 지지대와 깊게 얽혀 있다. 시간이나 공간과 같은 추상적 개념을 인식하는 방식에 영향을 미칠 수 있는 언어의 시적 장치인 '은유'를 생각해보자. 예를 들어, 시간이 물리적인 실체인 것처럼 시간을 공간으로 비유하는 경우(우리는 "긴" 시간이나 "짧은" 시간에 대해 이야기하는 게 가능하다) 우리의 내부 표상도 영향을 받는다.

언어는 새로운 차원에 대한 통찰력을 제공한다. 큰부리새의 흑백사진을 건네받았다고 상상해보자. 형태, 크기, 나는 모습 등 이것에 대해 많은 것을 이해할 수 있을 것이다. 하지만 그다음에 같은 새의 컬러사진을 건네받았다면 그것에 대해 또 다른 것을 이해하게 될 것이다. 다시 흑백사진을 보더라도 컬러사진의 색상을 보지 못했던 것처럼 볼 수는 없을 것이다. 어휘는 이와 같다. 새로운 단어는 오래된 단어가 할 수 없는 경험의 정밀함에 접근하게 해준다. 두 경우 다 큰부리새 사진을 보고 있지만 한 곳에는 중요한 것이 빠져 있다. 세계의 세부 사항(경험과 연결로부터 수확된 세부 사항)을 설명하는 언어의 부재이다. 이는 당신이 알지 못했던 가족 구성원이 빠진 것과 같다.

이러한 관점에서, 기후위기와 언어위기는 동일한 문제, 즉 자연 세계로부터 단절된 두 축에 해당한다. 그것들은 서로를 심화시키며 손실의 되먹임 효과를 만들어낸다. 언어는 특정 환경에 어느 정도 묶여 있다. 따라서 언어의 화자들이 이주나 이동을 통해 환경에서 뿌리 뽑힌다면 변화나 멸종을 피할 수 없다. 게다가 각각의 언어가 사라진다는 건 결국 인간 인식의 독특한 프리즘이 사라지는 것이다.

SKÁBMA(암흑기)

언어심리학에 대한 이해가 깊어질수록 언어가 우리의 환경과 얼마나 긴밀하게 연결되어 있는지를 더 많이 알게 된다. 강이 계곡의 윤곽을 형성하듯 공동체가 속한 기후, 지형, 생태틈새 역시 언어의 음성적·어휘적 요소에 영향을 미칠 수 있다. 예를 들어, 고지대의 언어들은 고도에서 소리를 내기가 더 쉽다는 특성이 반영돼 자음이 더 많이 포함되어 있는 것으로 나타났다. 안데스산맥 고지대에 자리 잡은 케추아 사람들의 언어에서 강력한 공기 분출로 발음되는 폭발음이 풍부한 것이 눈에 띄는 예이다.[12]

우리 환경의 **생태**도 우리의 언어를 형성한다. 풍부한 생물다양성이 나타나는 지역에서는 종종 동식물과 그 상호작용에 대해 더 세밀한 어휘가 있다.[13] 여기에는 아마존에 사는 마테스족이 사용하는 언어가 그들의 세계를 채우는 다양한 식물과 동물 종에 대한 상세한 어휘를 포함하는 것이 예가 될 수 있다. 파나마의 쿠나 사람들은 그들의 해안 서식지에 나타나는 복잡성을 반영하여 거북이의 다양한 생애 단계를 표현하는 여러 가지 단어가 있다.

심리학은 또한 사회적·문화적 환경이 언어의 강력한 형성자임을 지적한다. 사회 관습, 문화적 신념, 공동체의 관행이 모두 언어의 정맥으로 스며들어 그것에 독특한 색을 입힌다. 예를 들어, 방향을 나타내기 위해 몸에 대한 상대적인 위치(예컨대 "왼쪽"과 "오른쪽") 대신 나침반 방향을 사용하는 구구이미티르어는[14] 땅의 지리와 깊게 조화를 이룬 문화를 반영한다.

신경과학은 이러한 영향을 확증한다. 뇌는 경험과 노출에 의해 형성되는 도자기 물레 위의 점토와 같다. 신경가소성은 우리의 뉴런과 그 연결이 정적이 아니라 우리의 환경과의 상호작용에 의해 동적으로 형성된다는 것을 보장한다. 공간 인식에 가장 많이 관여하는 뇌의 영역인 해마는 런던 택시운전사들, 복잡한 도시의 거리를 정기적으로 탐색해야 하는 사람들, 그리고 나침반 방향에 의존하는 언어를 사용하는 사람들에게서 더 발달되어 있다.[15]

특히 다국어 사용은 뇌를 독특한 방식으로 형성한다. 신경과학 연구는 여러 언어를 관리하는 것이 인지적 유연성을 증진시킨다고 주장한다.[16] 뇌는 언어 시스템 사이에서 민첩하게 전환할 수 있도록 요구하며 주의, 문제 해결, 작업 전환과 같은 집행 기능을 강화한다. 이러한 뇌 운동은 인지적 예비력을 촉진할 수 있으며 알츠하이머병과 같은 질병의 발병을 지연시킬 수 있는 힘을 제공할 수 있다.[17] 우리가 배우는 각 언어는 뇌의 복잡한 신경 네트워크를 풍부하게 하는 새로운 경로를 만든다. 뇌 영상 연구결과는 다국어 사용자가 종종 언어 처리 및 인지와 관련된 특정 영역에서 더 많은 회백질 가소성을 지녔음을 보여준다.[18]

그러나 다국어 사용의 아름다움은 그것의 신경과학적 가치를 넘어선다. 살펴보았듯이, 각 언어는 세계를 인식하고 묘사하는 독특한 방식을 대표한다. 각각은 인류가 우리 주변의 세계와 계속되는 대화에서 다른 관점을 제공한다. 여러 언어를 구사하는 것은 다른 풍경 사이를 유연하게 이동하는 것이다. 그것은 본질적으로 생물다양성의 반영을 내면화하는 것이다. 따라서 다국어 사용의 가치는 적어도 두 가지이다. 우선 그것은 뇌의 끊임없이 변화하는 풍경에 힘입어 회복력과 유연성을 기르며 구체적인 인지신경학적 이점을 제공한다. 그러나 똑같이 중요한 것은 그것이 우리가 세계와 우리 자신의 위치를 더 잘 이해하게 할 뿐만 아니라 인간 경험의 복잡성과 다양성을 더 잘 감상하고 기억하며 전달하게 해준다는 점이다.

오스트리아 그라츠대학의 언어학자 아누슈카 폴츠Anouschka Foltz는 언어가 충돌할 때 무슨 일이 일어나는지에 관심이 있다. 폴츠에게 다국어 사용은 보편적인 인간 경험이다. 폴츠는 내게 이렇게 말했다. "전 세계적으로 한 가지 언어만 다루는 경우는 예외적입니다. 저는 뇌가 이 충돌을 어떻게 유연하게 관리하는지에 관심이 있고요."[19] 놀랍게도 언어는 그것을 대체로 매우 유연하게 관리한다.

그녀의 연구는 표준 미국 영어와 표준 영국 영어를 언어 구사 능력의 척도로 사용하는 것에 반대한다. 폴츠는 이렇게 지적한다. "언어 능력에 대해 이야기할 때면 우리는 표준화된 시험을 통해 사람들이 한 가지 언어를 얼마나 잘 사용하는지 측정하고는 합니다." 하지만 폴츠는 이것이 잘못된 관행이라고 본다. 우리는 어떤 사람의 언어 건강을 그들이 성공적으로 의사소통할 수 있는 단어의 수로 이해해서는 안 된다. 오히려 진정한 언어 능력은 우리가 언어 처리 과정에서 얼마나 유연한가에 달려 있다. "대개 언어학자들은 모든 사람을 이상적인 모국어 화자, 즉 단일 언어 화자와 비교합니다." 하지만 방언이 소용돌이 치는 현대에서 그런 화자는 실재하지 않는다. "그러니 이런 의문이 들죠. 그런 기술들이 진짜로 우리가 측정하고 싶은 언어 능력일까?"

머신러닝 영역에서 알고리즘은 데이터의 패턴을 통해 세계의 행동을 예측하는 방법을 배운다. 여기에서 완벽의 역설, 과적합이라는 문제가 발생한다. 이는 알고리즘이 훈련을 위한 데이터의 복잡성을 체계적으로 정리하려는 열정에 도리어 정밀함의 미로에서 길을 잃어버리는 현상을 가리킨다.

과적합 문제는 과도한 정밀함의 비용에 대한 경고이다. 모델링 노력의 목표는 과거를 완벽하게 구현하는 것이 아니라 과거에서 배워 미래를 예측하는 것이다. 모델은 데이터에서 배울 수 있을 만큼 복잡해야 하지만 미래를 유연하게 탐색할 수 있는 기본 패턴을 잃지 않을 만큼 단순해야 한다는 미묘한 균형을 찾는 것이 중요하다.

폴츠의 다국어 언어 사용에 대한 연구에 따르면 언어 손실의 위험성이 높아지는 실정이다. 우리가 암묵적으로 따르는 세계적 추세인 단일 언어 사용 흐름은 언어의 손실을 야기하며 이는 경험의 단순화를 의미한다. 예를 들어, 세계가 영어 사용에 너무 많이 치우치면 우리는 세계를 설명하는 양식 전부를 잃게 된다. 결국 종으로서 우리의 적응력이 떨어진다. 우리는 사실상 과적합하고 있는 셈이다.

DÁLVI(겨울)

1월이 되면 구오브다게아이드누Guovdageaidnu에서는 태양이 하루에 2~3시간 동안만 지평선 위를 들여다본다. 격렬하게 춥고 어둡지만 작은 태양이 풍경 너머로 숟가락 가장자리 모양의 궤적을 그릴 때 하늘은 일몰이 영원할 것처럼 보인다. 날씨가 좋을 때 오슬로 북쪽을 향해

차로 20시간을 가면 나오는 구오브다게아이드누는 북극권 안에 있으며 노르웨이 본토에서 가장 추운 마을이다(노르웨이어로는 카우토케이노 Kautokeino라고 알려져 있다).[20] 이곳은 사프미족의 순록 목축 중심지이며 세계적으로 봐도 그렇다. 구오브다게아이드누의 계절 주기는 북극의 계절 주기 그 자체이다. 영원한 햇빛과 영구적인 밤이 이어지는 극단의 순환을 보여준다. 여름에는 끝없는 백야의 눈길 아래 땅이 펼쳐져 그 위에 북극의 꽃들이 수놓아지고 강물의 속삭임이 가득하다. 겨울에는 극야가 내려와 경관을 눈과 별빛의 신비로운 세계로 변화시키며 종종 오로라의 초현실적인 춤으로 환해진다.

요나 우치Jonna Utsi는 여행 앱에 "확실히 열려 있음"이라는 리뷰가 달린 피트스탑카페에서 나를 만났다. 며칠 동안 산에 있었고 연락이 닿지 않았지만 커피를 마시며 앉아 있는 요나의 모습은 온전히 현재에 집중하고 있었으며 곧잘 미소를 지었다.

요나 가족의 순록 무리는 수천 마리에 달한다. 북극의 극단에서 순록들은 진정한 전문가이다. 순록은 바람과 빛의 미묘한 변화, 눈 아래에서 부서지는 이끼의 미세한 소리, 지평선 너머에 숨어 있는 보이지 않는 위험을 원초적·직관적으로 감지한다. 순록은 계절과 함께 이동하며 북유럽의 야생을 가로지르는 고대의 이동 경로를 따른다. 그들의 발자취를 따르는 것은 우치 같은 사미 목동들이다. 목동들은 세대를 거듭해 지식을 전달받은 보호자들로 그들의 인도는 힘에 의한 것이 아니라 이해와 존중에 의한 것이다. 우치는 이를 생존의 용광로에서 형성된 유대라 칭한다. 이곳에서 생사의 경계는 발밑 얼음장처럼 얇다. 각각의 목축인은 자기 순록의 행동에 나타나는 미묘한 뉘앙스,

몸짓을 이용한 언어, 울음소리에 서린 의미를 이해한다.

내가 우치와 이야기하고 싶었던 이유는 눈앞에서 언어가 무너지는 것을 지켜보는 것이 어떤 것인지 이해하고 싶었기 때문이다. 그 시점까지 나는 기후변화 때문에 "눈"을 뜻하는 북부 사미어 단어가 사라지고 있다는 많은 기사를 읽었다. 너무 단순하고 낭만적인 설명이다. 언어의 소멸은 정말 그렇게 이루어지는 걸까?

우치는 개의치 않으며 의심할 여지없이 기후가 변하고 있고 그것이 그의 삶을 훨씬 더 어렵게 만들고 있다고 지적했다. "기온이 따뜻해지면 눈과 얼음에 물기가 더 많아지죠. 그러면 더 무거워지고 혹시라도 얼면 더 단단해집니다. 하루만 그러면 문제가 되지 않죠. 하지만 지난 10년 동안 거의 매년 그랬어요. 1월 전에는 겨울이 올 생각을 안 해요. 오히려 비가 오고 비는 판처럼 얼어붙죠."[21]

순록에게는 나쁜 소식이다. 순록은 방목지를 찾기 위해 얼음판을 뚫고 나가야 한다. 요나는 이렇게 덧붙인다. "진짜 문제는 순록이 새로운 방목지를 찾기 시작했다는 거죠. 하지만 새로운 지역을 찾더라도 얼음판을 다리로 쳐야 해요. 그러지 않으면 먹이에 닿을 수 없죠. 결국 굶게 됩니다." 이 문제가 처음으로 발생한 겨울은 1997년이었다. 그다음 10년 동안 비슷한 일이 드문드문 있었고 지난 10년 동안은 쭉 그랬다.

순록이 살기 어려워지면 목축인의 삶도 어려워진다. 그들의 눈썰매에는 더 많은 연료가 필요하다. 그들은 보충 식량을 한 번에 수천 킬로그램씩 사서 순록 무리에게 가져다줘야 한다. 한 곳에 더 오래 머무르면서 순록이 충분히 먹을 수 있도록 돌보고 보호해야 한다. 산에서 며칠씩 밤을 보내야 할 때도 있다.

항상 이런 식은 아니었다. 요나에게는 이것이 언어 상실의 방정식에 포함되는 변수이다. 요나는 어릴 때 겨울이 항상 세계를 배우는 시간이었다고 말한다. 순록은 밖에서 잘 지냈고 아버지는 저녁에 천막으로 돌아올 수 있었다. 가족은 밤에 따뜻한 불 옆에서 그날에 대한 이야기, 무역에 대한 이야기, 과거에 대한 이야기를 나누었다. "말도 안되는 이야기를 하더라도 항상 저희가 가진 언어를 사용했죠. 저희는 산에서 어땠는지, 그날 눈이 어떤 모양이었는지 저희 언어의 단어들을 사용해서 말했어요." 사실상 밤에 교육이 이루어진 셈이다. 그 교육 과정에는 눈에 관한 다양한 어휘 등 북부 사미어의 학습도 포함되어 있었다.

하지만 이제 더 거친 지형을 가로질러 더 멀리 여행해야 하기 때문에 우치 같은 목축인이 밤에 집으로 돌아오는 것은 쉬운 일이 아니다. 자녀들에게 이야기해줄 시간도 없다. 요나는 "제 입장에서는 이게 가장 큰 언어의 변화라고 생각해요"라고 말한다. 기후로 인해 산에 머물러야 하기 때문에 요나는 자신이 원하는 대로 자신의 이야기(결국 지식)를 자녀들에게 가르칠 수 없다. "저희는 지식을 많이 잃어버렸어요. 정말 안된 일이죠."

나는 아누슈카 폴츠가 내게 말한 개별 단어의 중요성을 되새긴다. "언어의 어휘는 지식을 담은 것이다. 지식을 담는 것은 문법이 아니다." 우리는 단어를 사용해 공유된 인간 이해의 광대한 툰드라를 탐색한다. 단어는 단지 문자나 소리의 연속이 아니라 의미의 그릇이며 그 구조 내의 세계에 대해 우리가 알고 있는 지식의 모든 것을 담고 있다.

이런 의미에서 우리의 어휘는 지도이자 나침반이다. 어휘는 우리가 세계에 대해 알고 있는 것을 저장하는 동시에 사고를 통해 우리를 안내한다. 어휘가 사라짐에 따라 우리는 추운 곳에 남겨지며 거기에 있을지도 모르는 이끼를 찾기 위해 얼음판을 두드린다. 자연의 무게는 늘 우리가 더 세게 저항하도록 요구한다.

DÁLVEGUOVDIL (한겨울)

"사회언어학자가 되지 않았다면 저도 당신처럼 됐을걸요"라고 아니카 파사넨Annika Pasanen이 내게 말했다. "아니면 제 여동생처럼 환경운동가가 됐겠죠. 제 계획은 그랬어요."[22] 우리는 구오브다게아이드누에 있는 사미응용과학대학의 사무실에 앉아 있다. 실제로 파사넨은 환경운동가가 되지 않았다. 1995년에 그는 자체적인 사미어 부흥 프로그램이 있는 이나리로 이사했다. 현지 언어를 배우고자 하는 마음에서 파사넨 역시 프로그램에 참여했다. 이나리의 사미어를 배우면서 파사넨은 언어 부흥 전반에 관심을 갖기 시작했다.

파사넨은 이렇게 설명한다. "언어는 우리의 정체성, 우리의 소속감을 형성합니다. 따라서 세계적인 언어 손실은 인류에게 비극입니다. 우리가 잃는 언어가 많아질수록 인류의 문화 역시 더 가난해집니다." 파사넨은 어느 정도 워프주의자이지만 세이페디니푸르만큼은 아니다. 물론 언어는 우리의 현실에 영향을 미친다. 하지만 파사넨은 왜 그리고 어떻게 그런지 더 알고 싶어 한다. 확실한 것은 언어가 단지 언어에 불과한 건 아니라는 점이다. "언어는 특정 공동체의 전체 역사를 담고 있죠."

이것이 기후변화로 인한 언어 손실의 위험성이다. 언어 손실은 녹조, 산불, 노천 채굴, 폭염보다 더 은밀한 방식으로 우리의 현재와 과거를 모조리 절단한다. 파사넨의 주장대로 우리가 사용하는 단어, 말의 리듬, 은유는 개인과 집단 정체성의 그림을 그리는 데 모두 기여한다. 모든 언어는 세계에 대한 인류의 지혜와 경험을 담고 있다. 각 단어는 인간 이해를 증류한 결과물이다. 어린이가 조상의 언어를 배울 때 그들은 단어만 배우는 것이 아니다. 세계관, 윤리, 존재 양식을 상속받는다. 이런 식으로 언어는 환경처럼 우리의 정체성을 형성하여 우리의 생각, 느낌, 이해의 윤곽을 정의한다.

그러나 파사넨은 거꾸로 정체성도 언어를 형성한다고 말한다. 우리가 사용하는 단어들, 선택하는 방언들, 전하는 이야기들은 우리가 삶의 굽이치는 길을 탐색함에 따라 함께 변화하고 이동한다. 개인적 또는 집단적 경험은 사용하는 언어에 새겨져 차례로 미래 세대를 위한 언어 환경을 형성한다. 북부 사미어에는 눈을 위한 단어가 있을 수 있지만 하와이 사람은 절대 모를 수도 있고, 하와이어에는 바다의 미묘한 측면을 설명하는 단어가 있을 수 있지만 북부 사미어 화자에게는 영원히 이질적일 수 있다. 우리의 언어는 지도이자 거울이다.

파사넨은 이를 인정하고 존중하는 것이 정치적 결정이라고 말한다. 일부 국가에서는 소수민족 또는 원주민 언어 사용을 명시적으로 금지하는 법률이 있다. "또 어떤 곳에서는 공식적으로 금지되지는 않았지만 지배적 언어 외의 다른 언어를 사용할 때 받게 될 부정적 태도와 피드백 때문에 공공장소에서 그런 언어를 사용하는 게 사실상 불가능합니다." 파사넨이 보기에 이는 주어진 지역에서의 이주를 명시적으로 금지하는 것만큼이나 정체성에 대한 억압이다. 또한 기후변화에 의한 정치경제적 압박은 종종 원주민 사회의 부가적인 소외로 이어진다. 얼음이 녹으면서 더 용이해진 접근성으로 인해 북극의 자원을 착취함으로써 사미 공동체를 이주시켜 인간과 언어와 땅의 유대를 끊기도 한다.

파사넨은 이렇게 경고한다. "특히 부모가 매우 취약합니다. 세계의 모든 부모는 자녀에게 최선을 원하기에 부정적인 태도에 직면하면 그에 따라 언어적인 선택을 합니다. 자녀에게 더 나은 삶을 줄 것이라고 생각하는 언어를 선택하고 싶은 거죠." 파사넨의 연구는 정치적 환경이 기후처럼 은밀하고 간접적으로 언어의 틀을 잡는 방식을 보여준다.

요나 우치의 언어 손실에 대한 생각도 비슷한 맥락에서 읽을 수 있다. 자녀들에게 영어를 가르치려고 적극적으로 노력하지 않았음에도 학교에서 영어를 충분히 배우고 있기 때문에 자신이 원하는 만큼 북부 사미어를 자녀들에게 가르쳐줄 기회가 없다면 결국 사미어가 완전히 방치될까 봐 걱정한다. 우치는 정치에 대해서도 기후변화에 대해 말하듯 말한다. "그게 앞길을 막았어요." 수없이 보았듯 기후는 계속해서 스며든다. 게다가 기후는 정치를 신경 쓰지 않는다.

GIÐÐA (봄)

북극에서의 언어 손실에 대한 요나와 다른 사람들의 이야기는 학술 논문에서는 찾을 수 없는 현실감이 있다. CDC의 라이언 월러스가 기후변화가 정치적 불안정성에 미치는 영향과 그로 인한 광견병 감시, 예방, 치료에 대한 연쇄적 영향에 대해 우려한다고 말했을 때가 생각난다. 영향의 간접성이 그것을 덜 현실적으로 만들지는 않는다. 당구에서는 쿠션을 거쳐서 공을 맞춰도 점수를 준다.

우치의 이야기를 들려주자 폴츠가 내게 말했다. "이론에서 제시한 내용들이 어떻게 심리적 현실로 구현될 수 있는지 당신의 이야기가 아니었으면 몰랐을 거예요." 폴츠 입장에서 그처럼 현실감이 느껴지는 건 당연하다. 그 과정에는 마법이 없기 때문이다. 자연의 무게가 있을 뿐이다.

언어학에서 이 무게와 타협하는 것은 역으로 밀어붙이는 것을 의미한다. 언어 부흥은 산불 이후의 재성장과 유사하다. 그것은 사용하지 않거나 억압으로 인해 재가 된 채 묻힌 언어의 씨앗을 재배하는 것이다. 부흥은 언어다양성(언어가 인간의 경험, 지혜, 세계관을 반영하는 건 물론 과적합에 맞서 밀어붙일 수 있는 능력을 지니고 있다는 사실)을 기념하는 행위이다. 각 언어는 인간의 광활한 인지적·문화적 풍경 속에서 생태틈새 역할을 한다. 어떤 생태계에서든 언어다양성은 회복력과 사고의 풍부함을 촉진한다. 언어가 부흥할 때 우리는 이 다양성의 일부를 되찾아 인지적·문화적 풍경을 다시 복원한다.

폴츠의 주장에 따르면 언어 부흥의 가치는 문화유산의 보존과 인지 다양성의 풍부함에만 있는 것이 아니다. 그것에는 치유의 측면도 있다. 언어가 억압되거나 위기에 처한 공동체에 대해 언어 부흥은 정체성의 재확인, 공동체 유대의 강화, 역사적 트라우마에 대한 저항을 나타낼 수 있다.

우리는 성공적인 언어 부흥의 예를 가지고 있다. 하나는 하와이에서 온 것이다. 하와이어는 사라질 위기에 처했다. 1980년대까지 영어 동화 정책으로 인해 18세 미만의 원어민 화자는 50명 미만에 불과했다. 언어가 겨울을 맞이해 두꺼운 눈의 담요 아래 깔린 셈이다. 하지만 하와이어는 곧 꿈틀대기 시작했다.[23] 1983년, 헌신적인 화자들은 하와이어 부흥 프로젝트를 시작했다. 이 노력은 결국 하와이어 몰입 유치원인 푸나나레오Pūnana Leo, 즉 목소리 둥지의 설립을 촉발했다. 더 나아가 K-12 몰입 학교의 설립을 통해 하와이어로 고등교육을 제공하는 데도 성공했다. 오늘날 하와이어는 문화적 유산의 회복력과 조직적인 노력의 힘에 대한 증거로 하와이의 계곡을 따라 울려 퍼지는 중이다.

부흥의 또 다른 이야기는 웨일스에서 찾을 수 있다. 20세기에 웨일스어 사용은 줄어들고 있었다. 그러나 포괄적인 웨일스어 교육 및 웨일스어 텔레비전 채널의 창설을 포함한 집중적인 노력을 통해[24] 이 언어는 이후 상당한 부흥을 경험했다. 오늘날 웨일스어는 웨일스에서 공식적인 지위를 지니며 인구의 4분의 1 이상이 화자이다. 뉴질랜드의 광활한 풍경도 떠올려보자. 이곳에서는 마오리어가 침묵의 위험에 처했다.[25] 마오리 공동체는 하와이의 폴리네시아족들처럼 단결했다. 코항가 레오Kohanga Reo, 즉 언어 둥지 유치원이 설립되었으며 마오리어가 교육 매체인 쿠라카우파파마오리Kura Kaupapa Māori 초등학교가 설립되었다.

마오리어는 이제 뉴질랜드에서 공식 언어이며 많은 젊은이가 기꺼이 자신들의 언어 유산을 받아들인다. 아니카 파나센이 이나리의 사미어를 연구할 때도 하와이나 마오리의 언어 교육시설과 상당 부분 비슷한 이나리어 언어 둥지에서 이루어진다.

그렇다고 해서 일이 쉬운 것은 아니다. 정치적·사회적 권력 구조에 의해 지지를 받는 지배적 언어는 더 작은 원주민 언어를 밀어낼 수 있다. 이러한 역학을 극복하는 것은 단어와 문법의 교육뿐만 아니라 태도의 광범위한 변화를 요구한다. 모든 언어의 가치를 인식하는 것이 필요하다는 뜻이다.

어떤 경우에는 위기에 처한 언어에 대한 유창한 화자와 포괄적인 교육 자료를 찾는 것부터가 어려울 수 있다. 때때로 노인들만이 유창한 화자일 수 있기에 지식을 젊은 세대에게 전달하는 작업이 시간과의 경쟁이 되기도 한다. 더욱이 부흥은 단순히 단어와 문법을 가르치는 것이 아니라 문화적 관행, 이야기, 세상을 보는 방식의 전체 생태계를 되살리는 것이다. 다시 말해, 자연 생태계의 상호의존성만큼 복잡하고 섬세한 노력이 필요하다. 언어 부흥 운동의 핵심은 언어가 땅, 공동체, 문화와의 관계의 그물 속에 존재하는 방식을 이해하는 것이다.

언어 부흥으로 가는 길은 일직선이 아니며 대개 길고 꼬여 있다. 따라서 뿌리를 내리고 번성하기 위해 시간, 인내, 교육이 필요하다. 언어가 일상생활에서 살아 숨 쉬고 경험될 수 있는 공간을 만드는 것이 필요하다. 이것은 속도, 효율성, 획일성에 의해 주도되는 빠르게 변화하는 세계화된 세계에서 결코 쉬운 일이 아니다.

하지만 폴츠와 파사넨의 추정에 따르면 우치의 이야기에 부분적으로 포착된 정치적 현실주의는 어느 정도 언어 부흥을 새롭게 활성화하는 데 도움이 된다. 언어 손실이 빙하가 녹는 문제와 같다면 우리가 무엇을 할 수 있겠는가? 기후변화를 완화하는 것은 언어학의 목표가 아니다. 부모의 선택이라는 정치적 의사결정을 이끌어내는 게 목표다. 따라서 이러한 분야에서 변화를 끌어내기 위해 빙하를 다시 얼릴 필요는 없다. 모든 환경운동가가 파사넨의 여동생이 될 필요는 없다. 파사넨이 되는 것으로도 충분하다.

이는 북극에 살지 않거나 언어 부흥을 이끄는 사회언어학자로 일하지 않는 우리 모두에게 교훈이 된다. 기후위기(환경 퇴화가 뇌 건강에 미치는 영향)에 대한 개인의 해결책은 우리 내부에 있을 것이다. 우리는 시위 행렬에서 표지판을 드는 "운동가"가 될 필요가 없다. 기후변화의 영향이 몰래 침습하는 것을 적극적으로 인지하는 것이 필요하다. 다시 말해, 자신의 삶에서 운동가가 되어야 한다.

GUOTTET (분만기)

마테 시쿠 발리오_Máhtte Sikku Valio_가 구오브다게아이드누의 어둠 속에서 푸조를 몰고 나아간다. 나는 조수석에서 타이어 아래 눈이 부서지고 미끄러지는 소리, 바람의 약한 휘파람 소리, 랜드마크를 가리키는 발리오의 갈라진 목소리를 듣는다. 발리오는 내 친구의 친구인 기자로 마을을 보여주기로 했다. 이렇게나 많은 눈을 헤치고 프랑스 차를 운전하는 것이 용감하다고 말하자 그는 용기가 자기 피 안에 있기 때문이라고 농담한다. 그런 농담을 할 수 있는 이유는 어머니가 "야생에서 태어났기" 때문이다. 발리오의 어머니는 라부에서 태어났다. 타이어가 헛돌자 발리오가 이렇게 말한다. "아마 다음에는 볼보가 필요할 것 같네요." 우리는 도로에서 빠져나와 건설 현장으로 들어선다.

오후의 어둠 속에 투광조명등으로 밝혀진 곳은 각진 경사면의 건물이다. 모양을 정확히 이해할 수는 없지만 한 면이 눈사태와 같이 지붕에서 흘러내리는 것처럼 보인다는 것은 확실하다. 발리오는 푸조를 주차 기어에 놓으면서 완성된 건물에 사미국립극장과 사미고등학교가 들어올 것이라고 말한다. 그곳은 현대 건축의 최고봉으로 노르웨이 국립 오페라 및 발레 공연장 설계를 담당한 회사인 스노헤타Snøhetta에 의해 설계되었다. 건물 이름은 코아르베마타Čoarvemátta로 두개골을 지나 가지를 치기 시작하는 순록 뿔의 가장 두꺼운 부분을 의미하는 북부 사미어 단어다. 오늘날 구오브다게아이드누의 학교 교육은 대부분 북부 사미어로 진행되며 여기서도 마찬가지일 것이다. 전문성을 갖추기 위해 야망을 품은 고등학생이라면 이 단지에서 순록 목축을 공부할 수도 있을 것이다. 아마 많은 학생이 그렇게 할 것이다.

우리는 사미대학 카페테리아에 앉아 커피를 마신다. 시간이 늦어 우리밖에 없다. 나는 아직 마을의 이름이 무엇을 의미하는지 배우지 못했다는 것을 깨달았다. 발리오 말로는 북부 사미어로 "길의 중간"을 뜻한다고 한다. 발리오는 피곤한 듯한 어조로 이렇게 말한다. "사미어로 구오브다게아이드누는 분명 의미하는 바가 있어요. 하지만 카우토케이노로 번역하는 식의 노르웨이어화로는 말이 되지 않죠. 아무 의미도 없거든요. 그건 언어를 파괴하는 짓이에요." 발리오는 독감에서 회복 중이고 예전에는 뇌 속의 암 때문에 오랜 회복 기간을 거쳤다. 구오브다게아이드누를 돌아다니며 이야기한 것은 한동안 그가 걸어본 가장 긴 시간이었고 이제는 저녁 식사를 위해 집에 갈 시간이다. 그는 가족에게 돌아갈 것이고 나는 호텔에서 이번에도 채식 버거를 먹은 다음 길의 중간에서 멀리 북쪽에 있는 농가로 돌아갈 것이다.

카우토케이노 같은 단어가 언어를 파괴할까? 언어를 가리는 건 확실하다. 하지만 단어는 그 단어를 채택하는 행위 없이는 무력하다. 누군가 사용하지 않는 한 그것은 의미를 파괴할 수 없다. 하지만 발리오의 주장은 의미를 넘어선다. 언어는 단어 이상이라고 그는 주장한다. 그것은 문화이기도 하다. 문화를 가리는 것, 특히 의미 없는 무언가로 가리는 것은 진정한 의미의 상실이다. 발리오가 노르웨이어화가 언어를 파괴한다고 말할 때 그것은 표지판과 사전적 정의에 대해 이야기하는 것이 아니다. 언어는 접착제이다. 따라서 노르웨이어가 북부 사미어의 전체 의미를 옮겨 담지 못할 때 그것은 의미를 분해하는 것만이 아니라 그 의미로 묶인 사람들을 분리한다.

나중에 발리오가 나를 데려간 사미고등학교의 건축 모형을 찾아봤다. 직접 본 경사면은 현장의 남서쪽 끝을 따라 비대칭 곡선을 형성할 것이다. 지붕에서 옆면을 따라 땅까지 끊임없이 변화하는 모양새다. 건물은 환경과 혼재되어 있지만 동시에 유동성에 있어서 안정적이다. 건물은 풍경 속으로 사라지지 않는다. 자연과 만나지만 동시에 뚜렷하게 서 있다. 건물 자체가 자기 삶의 운동가처럼 느껴진다. 위에서 볼 때 건물은 끝이 잘린 세 개의 별처럼 보인다. 튼튼하면서도 분할된 모

습이다. 세포 분열처럼 성장을 상징하는 것 같기도 하다. 형태를 보다
보니 뻗어나가는 움직임이 느껴진다. 무언가가 정신으로부터 뻗어나
가는 모습, 두개골을 지나 따뜻한 언덕으로 뻗어나가는 모습이다. 땅
에 단단히 뿌리 박은 채 무언가를 갈구하는 모습, 코아르베마타 그 자
체이다.

우리가 사용하는 단어들, 선택하는 방언들,

전하는 이야기들은 우리가 삶의 굽이치는 길을

탐색함에 따라 함께 변화하고 이동한다.

개인적 또는 집단적 경험은 사용하는 언어에 새겨져

차례로 미래 세대를 위한 언어 환경을 형성한다.

북부 사미어에는 눈을 위한 단어가 있을 수 있지만

하와이 사람은 절대 모를 수도 있고,

하와이어에는 바다의 미묘한 측면을

설명하는 단어가 있을 수 있지만

북부 사미어 화자에게는 영원히 이질적일 수 있다.

우리의 언어는 지도이자 거울이다.

자연의 무게를
함께 느낀다는 것

　나는 리스본의 클루브 드 파두 레스토랑 지하에서 친구들과 저녁을 먹을 참이다. 클루브 드 파두는 포르투갈에서 역사가 가장 오래된 파두 공연 시설 중 하나이며 많은 이들이 그 명망을 인정한다고 한다. 파두란 전통 음악 장르의 하나로 인간의 경험을 가슴에 사무치는 방식으로 표현한다. 포르투갈의 문화와 언어에 깊게 뿌리내리고 있는 파두는 구슬픈 멜로디, 애끓는 가사, 감동적인 공연을 한데 엮어 멋들어지게 풀어낸다. "파두fado"를 직역하면 "운명" 정도다.

　19세기 초 리스본에서 기원한 파두는 주로 지역민의 그리움, 기쁨, 슬픔, 열망 등의 감정을 표현하는데 특히 사우다드의 정수를 포착하는 것으로 유명하다. "사우다드saudade"란 사무치는 그리움, 향수, 달콤하고도 씁쓸한 애수 등을 포함하는 복잡한 정서를 가리킨다. 여기에는 인간과 장소의 관계도 반영된다. 파두 공연의 중심에는 가수 파디스타가 있어서 날것의 감정을 그대로 전달한다. 파디스타fadista는 클래식 기타나 포르투갈 전통 기타의 반주에 힘입어 잃어버린 사랑, 돌아가고픈 고향, 인생의 시련, 영혼의 회복 등을 노래한다. 2011년에 유네스코는 파두를 인간무형문화재 목록에 등재했다. 포르투갈 문화를 상징적으로 표현하는 데 더해 모두가 공감할 만한 보편적인 인간 경험을 묘사한다는 점을 높이 산 결과였다.

저녁을 먹으러 가는 길에는 퀸이라는 친구가 페트리코 이야기를 꺼냈다. "페트리코petrichor"는 비가 온 뒤 흙이나 아스팔트에서 올라오는 향기로, 물에 의해 풀려난 땅의 정수라 할 수 있다. 오늘 리스본의 페트리코는 장미를 머금은 기름 향이다. 클루브 드 파두 레스토랑 지하에서 꽃향기를 맡으며 주위를 둘러보니 왠지 마을의 유령 몇이 풀려난 느낌이다. 어이없겠지만 느낌으로는 그렇다. 무언가가 허공을 떠다니는 것 같다. 곁에서 움직임이 느껴진다. 영혼이 우리를 따라 안까지 들어온 것 같다. 비가 닿지 않는 실내는 따뜻하다. 역사의 향기를 맡는 듯하다.

식사를 시작한 지 한 시간쯤 지났을까. 파디스타가 무대에 등장했는데 박수 한 점 없다. 조명이 어두워지고 쉿 하는 소리도 잦아들자 파디스타가 미소를 짓는다. 유령의 기척을 느낀 게 틀림없다. 그녀는 두 눈을 감고 등을 벽에 기댄 채 노래를 부르기 시작한다.

기댄다는 건 의미가 크다. 영혼끼리 누르는 거니까. 5시간 동안 파티스타 3명이 차례로 등장해 똑같은 자세를 취한다. 두 눈을 감고, 유령을 마주 보고, 등을 벽에 기대고, 어깨를 돌기둥에 맞대고. 돌기둥이지만 편안해 보인다. 기둥이 과거 수백 명의 가수를 품어줬듯 오늘 밤에도 파디스타를 포옥 안아줬기 때문이다. 퀸의 말대로 파디스타가 머리랑 어깨를 누인 곳을 자세히 들여다보면 세월에 닳고 닳아 부드럽게 움푹 파인 형태가 눈에 들어온다. 파디스타 입장에서는 침대에 누운 것 같은 느낌이 들 터이다.

자연이 그 육중한 몸으로 우리를 짓누르지만 우리 역시 자연에 온몸을 기댄다. 움푹 눌린 곳은 우리가 처한 상태이기도 하지만 우리가 몸을 누일 안식처이기도 하다.

캘리포니아주 센트럴밸리의 데자라예 바갈라요스는 "지구가 느끼는 감정을 온전히 공감하는 것 같아요"라고 말했다. 그래서 평온하다는 뜻이 아니다. 데자라예가 느끼는 공감의 근원은 고통이다. 세상은 생명체를 하나둘 잃고 깨끗한 대기를 빼앗기기 때문만이 아니라 시간과 계절이 흘러가는 순리를 상실했기 때문에 슬퍼하고 고통스러워한다. 빙하는 얼음이 다 녹아 없어졌기에, 바다는 수증기를 가까이 붙들 수 없기에, 강은 강바닥에 꼬불꼬불 휘갈겼던 문자가 지워졌기에 눈물을 흘린다. 지난번보다 더 큰 산불이 계속 새롭게 일어나다 보니 달리 표현할 단어도 없어서 서글프다. 지구가 아파하고 있다. 따라서 지구에게 공감한다는 건 같이 아파한다는 뜻이다. 슬픔의 무게가 어깨를 짓누른다.

온전한 공감이라……. 몇 해 전 브루클린에서 자기 몸에 불을 붙여 자살한 변호사의 부고를 읽었던 기억이 난다. 변호사는 기자들에게 미리 보낸 전자서신에서 이렇게 진술했다. "제가 화석연료를 뒤집어쓰고 이른 죽음을 맞이하는 것은 우리 인류가 스스로에게 벌이고 있는 짓을 상징합니다." 그의 이름은 데이비드였다. 나는 컴퓨터 모니터에 데이비드 사진을 띄워놓고 표정을 뚫어져라 쳐다봤다. 대체 뭘 찾으려고? 우리는 절대 그가 짊어진 마음의 짐을 헤아릴 수 없을 것이다. 하지만 우리는 데이비드가 지구의 마음을 느꼈다는 사실만큼은 안다. 본인 입으로도 그렇게 말했다. 어쩌면 데이비드 역시 온전한 공감을 느꼈던 걸지도.

글쎄다. "온전"이란 말을 이해하는 방법은 다양하다. 이 책이 온 힘을 다해 이루고자 했던 건 인간의 뇌와 인간을 둘러싼 난폭한 세계 사이의 연관성을 밝히는 것이었다. 이따금 불길하고 두려운 감정이 엄습할지라도 온전히 밝혀내고자 했다. 하지만 내가 온전히 전하고 싶은 건 절망의 이야기가 아니다. 오히려 나는 공생과 희망의 이야기를 전하고 싶다. 어떻게 하면 우리는 움푹 파인 곳을 안식처로 변화시킬 수 있을까?

내가 전하고자 하는 희망은 다가올 기후변화에 적응하는 것이 아니라 우리가 살아가는 현재에 적응하는 것에 맞닿아 있다. 물론 우리는 기후변화가 가져올 새로운 세계에 **적응할 수** 있다. 하지만 그러려면 지금 존재하는 세계에 적응하는 게 먼저다. 지금 우리는 채워야 할 욕구가 있다.

우리는 자연과 누리는 정신적·감정적 친밀감을 통로 삼아 우리만의 것이 아닌 이 세계를 이해해야 한다. 자연과 누리는 정신적·감정적 친밀감을 발판 삼아 서로 깊은 관계를 맺어야 한다. 우리가 우리를 밀고 당기는 힘을 인정한다면, 우리의 심금을 건드리는 바람의 윤곽을 진정으로 **느낀다면**, 기후변화의 영향은 더 이상 추상적이거나 이질적으로 느껴지지 않을 것이다. 우리는 지구와 가까워질 것이다. 지구가 호흡하는 걸 듣고 지구와 함께 호흡할 것이다. 어떤 존재에게 애도를 느낀다는 건 그 존재가 변하는 게 마음이 쓰일 만큼 그 존재를 많이 사랑한다는 뜻이다. 자연이 짓누르는 힘은 닻과 같아서 우리를 이 세상에 꼭 붙들어줄 것이다.

이런 관점에서 보면, 우리가 지구와 맺고 있는 관계(세입자와 집주인 간의 신비로운 소통)는 적응을 통해 극복해야 할 무언가가 아니다. 오히려 우리는 슬픔과 고통과 불안을 한데 끌어안고 앉아서 외로움을 떨쳐내야 한다. 그런 감정들이 우리를 지구와 그리고 서로와 하나로 묶어주는 연결선이자 공감대임을 이해해야 한다. 우리의 경험을 더욱 깊이 있는 언어로 풀어내고 그 이야기를 서로 공유해야 한다. 지구에 온전히 공감하는 삶을 산다는 건 우리 모두의 삶이 서로 얽혀 있음을 인정하는 것이다.

이런 공감은 세대를 뛰어넘는다. 종을 뛰어넘고 대륙을 뛰어넘고 지역을 뛰어넘는다. 그리고 장담하는데 이런 공감이 우리가 인류로서 기후위기에 대응할 수 있는 수단이 될 것이다. 냉소적인 정치인이나 과학자는 많은 사람이 삶의 전면적인 위기를 겪지 않는 이상 인류가 기후변화에 대응하는 행동을 취하지 못할 것이라고 주장한다. 그럴 수도 있다. 하지만 우리는 이미 위기를 겪고 있다. 따라서 우리가 지구와 그리고 서로와 밀접한 관계를 맺고 있음을 인정하고 환영하는 것은 기후위기에 사회적 차원의 대응이 필요하다는 사실을 깨닫는 데도 도움이 된다. 시위, 정책, 책임에는 집단 행동이 요구되고 집단 행동에는 연대 의식이 필요하기 때문이다.

얼마 전 4월의 어느 저녁, 나는 앨리슨과 시애틀 북부의 어느 조용한 거리에서 조금 떨어진 벤치에 앉았다. 그러고는 보트랑 패들보드가 레이크워싱턴운하의 좁은 길목을 가로지르는 모습을 지켜보았다. 와인이랑 피자도 챙겨 왔다. 채식주의자이다 보니 피자에는 닭고기 흉내를 낸 콩고기에 빨간 양파, 바비큐 소스를 살짝 얹었다. 운하 맞은편에 있던 누군가가 물수제비를 정말 잘 떠서 앨리슨도 신이 나 소리를 질렀다. 해가 슬슬 저물 준비를 했다.

아직도 무슨 말을 하고 싶은 건지 감을 못 잡았다면, 되게 낭만적이었다는 뜻이다. 앨리슨은 여러 얼굴을 갖고 있지만 무엇보다 환경역학자이다. 분야가 분야다 보니 앨리슨은 세계를 깐깐한 환원주의적 시각으로 바라보는 경향이 있다. 내가 운하를 내다보며 우리 둘이 만나기까지 얼마나 많은 사건을 희박한 확률로 거치고 또 거쳤을지 생각만 해도 놀랍다고 탄성을 자아냈더니 앨리슨은 이렇게 말했다. 그렇지. 근데 사실 모든 일이 다 그렇잖아. 모든 일은 무한에 가까울 만큼 희박한 확률로 사건에 사건을 거쳐 일어나게 되니까.

피자를 태평하게 한 입 베어 물고는 뒤이어 말했다. 그렇다고 그 안의 마법이 사라지는 건 아니지. 오히려 우리가 우주가 정해준 대로 함께할 운명이었단 거잖아. 결정론이 우리 인생의 마법을 부정하지는 않는 거 같아.

사실 결정론에 관한 마지막 문장은 앨리슨이 한 말이 아니다. 그래도 내 마음에 와닿은 내용은 저랬다. 이 책의 상당 부분은 온건한 결정론적 시각에 따라 세계를 바라보는 경향이 있다. 환경이 우리 상상 속의 자유의지를 빼앗을 수도 있다는 뜻이다. 하지만 자유의지가 없다고 한들 동정심을 가지고 행동하지 않을 변명거리는 안 된다는 사실도 분명히 밝혔다.

앨리슨이 하는 말의 요점은 미는 힘과 당기는 힘을 구분하는 게 보기보다 모호하다는 사실인 듯하다. 핵심은 목적지가 아니라 여정이다. 어차피 다음에 일어날 일은 일어날 것이기 때문이다. 그렇다고 삶이라는 여정에서 마법이 사라지지는 않는다.

이제 우리가 하게 될 일은 뭘까? 우선 당신 코앞에 나무 한 그루가 있다고 해보자. 무슨 나무인지는 모르겠다. 어쨌든 잎이 달려 있다. 다음으로는 지구가 살짝 자전을 한다. 햇빛의 각도가 꺾이자 빛이 풍성하게 내리쬔다. 그러자 일순간에 나무가 환하게 빛난다. 이파리 하나하나가 동전처럼 빛을 발한다. 마치 온 동네 전등을 다 켠 것만 같다. 곧이어 이미 빤질빤질한 내 이마에도 환하게 빛이 비친다. 그러자 이런 생각이 스친다. **나무 그늘을 거쳐서 내리쬐는 빛을 설명할 단어가 있다니 참 놀랍지 않아?**

그 순간 우리는 알록달록해졌을 것이다. 대부분 알록달록해지는 건 사람이다. 때로는 우리 눈에 그게 보인다. 하지만 대개 우리는 눈앞의 나무에 눈길을 빼앗긴다. 나무를 보는 데 너무 많은 시간을 쓰면, 물론 숲을 못 보기도 하겠지만, 무엇보다 자신의 경험마저 놓칠 수 있다. 이 순간에 나라면 어떻게 하겠냐고? 나는 내 살갗에 비치는 햇빛을 보려고 애쓸 것이다. 그리고 기억하려 애쓸 것이다. 형형색색 빛나는 나무만큼이나 멋들어진 무지개가, 그것을 감지하는 눈이 없고 그것을 인지하는 뇌가 없으면 아무 의미가 없다는 점을 말이다. 그러니 세상이 빛을 투과해 보낼 때면, 새로운 방식으로 빛이 닿을 때면, 무게 없는 무게에 짓눌릴 때면 스스로에게 주의를 기울이도록 하자.

래리 와이즈먼과 사샤 알퍼를 언급하지 않고는 감사의 말을 시작할 수 없겠죠. 두 분께서는 도서 기획안도 쓸 줄 모르는 초보 작가인 저에게 감히 기회를 주셨습니다. 저를 신뢰해주셔서, 전문적인 도움을 주셔서, 초고를 열심히 편집해주셔서 정말 감사드립니다. 이 책이 두 분에게 자부심을 불어넣기를 바랍니다. 사실 두 분 얘기만 해도 이곳을 다 채울 수 있겠지만 너무 쑥스러울 테니 여기서 멈추도록 할게요.

스티븐 모로우와 나중에 알게 된 더튼의 존 파슬리까지, 횡설수설하는 선언문이 읽을 만한 책이 될 때까지 그 여정을 이끌어주셔서 감사합니다. 책을 향한 여러분의 열정과 현명한 편집 조언까지 다 고맙습니다. 무엇보다도 제 앞날을 믿어주셔서 정말 감사드립니다. 앨런레인의 로라 스틱니에게도 감사를 표합니다. 당신이 통찰과 고견을 나뉘준 덕분에, 그리고 수많은 책을 추천해준 덕분에 저는 더 깊이 생각할 수 있었고 더 깊이 있게 집필할 수 있었습니다. 저를 소중히 여겨주고 이해해주는 편집자들과 함께할 수 있어서 정말 행운이었습니다. 출판업계에 전해지는 흉흉한 이야기를 들어보면 늘 그렇게 운이 좋은 건 아니라고 하더군요. 여러분이 내주신 시간과 관심에 정말 감사드립니다.

제가 〈그리스트〉에서 환경저널리즘 단기 연구원 과정을 밟지 못했다면 이 책은 세상에 나오지 못했을 겁니다. 제 첫 편집자이셨던 앤드류 사이먼, 2015년에 당신과 대화를 나누면서 저도 보지 못한 가능성을 당신이 발견해준 덕분에 제가 이 주제를 처음으로 파고들기 시작했죠. 리사 하이마스, 캐서린 로스, 테드 알바레즈, 그해에 여러분을 만나기 전에는 생각도 못 했던 아이디어와 내지도 못했던 목소리를 여러분의 귀중한 조언 덕분에 찾을 수 있었습니다. 〈그리스트〉 멤버 중 추가로 감사드릴 분은 테레사 친과 닉힐 스와미나단입니다. 세월이 지났음에도 두 분은 제가 이 책을 쓰는 과정을 전적으로 지원해주셨고 계속 잡지사와도 연을 맺게 해주셔서 책을 쓰는 와중에도 부수입을 얻을 수 있게 도와주셨습니다. 오래도록 참을성 있게 저에게 투자해주셔서 감사합니다.

제이슨 마크, 제가 진지하게 도서 기획안을 써봐야겠다고 다짐하도록 독려해준 첫 사람이 당신이었습니다. 물론 수 할편, 빌 맥기븐, 네이트 존슨, 다니엘 스벳코프, 레베카 브라이트, 어툴 거완디, 싯다르타 무케르지, 여러분 모두는 까마득한 출판 과정을 어떻게 헤쳐 나아갈지 현명한 조언을 해주셨습니다. 또한 니클라스 알라만드 딥, 줄리안

346

게위르츠, 토머스 헤일, 모스 아메르, 아멜리아 베이츠, 무빈 샤키르, 알렉스 미치, 팀 흐왕, 여러분과 밤늦게까지 나눈 대화 덕분에 이 책을 쓰는 데 필요한 다양한 아이디어를 일찍부터 탐구해볼 수 있었습니다. 저와 이야기를 나눠주셔서, 그리고 이 책에도 반영되어 있을 아이디어를 나눠주셔서 감사합니다. 책을 쓰느라 프로젝트에 충분히 집중하지 못했는데도 참을성 있게 기다려준 그레그 콜번에게도 고맙습니다.

책을 쓰는 내내 다양한 기관과 잡지사로부터 도움을 받았습니다. 아티스트트러스트, 시애틀 예술문화청, 투댓스쿨하우스스튜디오, 메사명상센터에 깊은 감사를 담아 보냅니다. 특히 잭 프리멜, 루시 톰린슨, 존 톰린슨, 카말라 툴리, 에이리니 카슨은 감사받아 마땅합니다. 제메사 하우스메이트 어마 헤레라와 리타 카메론 웨딩도 빼놓을 수 없죠. 저녁을 먹으며 두 분과 나눈 대화가 이 책에도 영감을 줬습니다.

이 책의 초고를 읽어준 로웰 와이즈, 나비나 사다지밤, 존 토마슨, 이브 앤드류스, 조너선 피즈, 라이언 베이티, 닐 모튼, 명료하고도 창의적인 피드백을 주셔서 감사드립니다. 또 브릿 레이, 댄 셔렐, 버신 이키즈, 앤지 미카이엘, 레슬리 데이븐포트, 레이철 말레나찬, 베이화 페이지, 에멜리오 디사바토, 맥켄지 브라운, 카슨 콘브룩스, 휘트니 헨리레스터, 앤드류 팔머, 크리스티나 프라이데이, 제프 알바레즈, 아나 마차도, 애슐리 데이비즈, 앤디 스타우딩어, 트레사 스미스, 제이크 비틀, 여러분과 이 주제에 관해 대화를 나누면서 많은 걸 배우고 성장했습니다. 여러분의 시간과 지혜에 감사드립니다. 리자 번바움과 워크숍에서 만난 친구 루시와 데릴에게도 아무리 감사를 표해도 모자랍니다.

부담스러울 텐데도 초고를 계속해서 읽어준 친구 카렌 테일러에게도 고맙고요. 리자, 당신은 정말 뛰어난 선생님이에요, 감사합니다.

아네카 올슨, 이 주제에 대해 깊이 있는 대화를 나눠주고 여러 해에 걸쳐 격려해줘서 고맙습니다. 당신이 아니었다면 이 책은 (적어도 지금 같은 모습으로는) 존재할 수 없었을 겁니다. 가장 깊숙한 곳에서 감사를 끌어올려 당신에게 전합니다. 편집자로서의 시각도, 예리한 통찰력도, 뛰어난 유머도, 냉철한 현실 인식도 너무 고마웠어요. 북극에서 침대와 우정을 내어준 에드워드 보이다와 스베아 비칸데르에게도 감사합니다. 두 분은 농장이랑 볼보도 빌려주셨죠. 볼보로는 국도를 벗어나지 않고 무사히 카우토케이노에 도착해서 다행이었습니다. 믿어주셔서 고맙습니다. 어쩜 그렇게 쉽게 믿어주실 수 있는지.

이 책을 쓰는 데 도움이 된 분들을 전부 열거하는 건 불가능할 겁니다. 그럼에도 마누엘 아파리치오, 존 카사니, 마이클 리드, 제임스 메트칼프, 데자라예 바갈라요스, 케이시 셀비지, 제니퍼 애트킨슨, 조나 우트시, 칼 프리스턴에게는 감사를 표하지 않을 수 없습니다. 한 사람이 책을 한 권씩 써도 모자라겠지만 여러분의 생각과 경험을 조금이나마 담은 것이 만족스러우셨으면 좋겠네요. 감사합니다.

제 동료이자 스승이자 편집자이자 친구인 다비 미노우 스미스, 제게 집중하는 법, 엉뚱해지는 법, 직감을 따르는 법을 알려주셔서 감사합니다. 사실상 글을 쓰는 법을 가르쳐주신 셈이네요. 앞으로도 어디로 나아가야 할지 이끌어주시길 바랍니다.

그리고 우리 어머니 보니. 예술가의 눈으로 세상을 관찰하는 법을 가르쳐주셔서 정말 감사합니다. 어머니께서 저를 바르게 키우기 위해 감수하신 희생이 이 책에서 어느 정도 열매를 맺었습니다. 책을 쓸 기회를, 아니 삶을 주셔서 정말 감사합니다. 아버지 브래드 알던을 만나주신 것도 고마워요. 아마 아버지의 영향력도 페이지 사이사이에 깃들어 있을 겁니다.

다른 가족 구성원에게도 따뜻한 감사를 전합니다. 벤, 버피, 크리스, 노아, 알리사, 노린, 밥, 수전까지 모두 말이죠. 2016년 가족 모임에서 제가 처음 이 얘기를 꺼냈을 때 인내심을 갖고 들어주셔서 고맙습니다. 물론 그 뒤로도 쭉 여러 차례 들어야 했지만. 찰스 렌스에게도 고맙습니다. 우리가 오랜 시간 떠들었던 내용이 어떻게 책에 담겼는지 보여줄 수 있었다면 좋았을 겁니다.

마지막으로 앨리슨. 당신의 배려와 지적 도움에 얼마나 고마운지 제대로 표현도 못 한 것 같네요. 당신 덕분에 때때로 세상을 완전히 새로운 관점으로 바라볼 수 있어요. 연민과 공감과 현재에 계속 주의를 기울일 수 있도록 격려해줘서 고마워요. 도저히 이해할 수 없는 독성학 논문을 붙들고 패닉에 빠진 나에게 길고 긴 위안을 읊어준 것도 정말 고맙고요. 이 세상에 소피와 토카, 우리 발랄한 치어리더들을 데려와줘서 고마워요. 아이들이랑 당신이 뱀파이어 여왕 같다고 농담하고는 했는데. 나를 산송장으로 만들지 않아줘서 고마워요.

프롤로그

1   Dezaraye Bagalayos, 저자와 주고받은 전자서신, September 23, 2019. 이 장에서 별다른 언급 없이 바갈라요스의 말을 인용하는 경우 모두 이 전자서신에서 인용하는 것이다.

2   René Descartes,《데카르트의 철학 저술The Philosophical Writings of Descartes》, vol. 2 (1644; Cambridge: Cambridge University Press, 1984).

3   Karl Friston,〈자유에너지 원리, 모든 뇌 이론을 통합하는 틀The Free-Energy Principle: A Unified Brain Theory?〉, *Nature Reviews Neuroscience* 11, no. 2 (February 2010): 127~138, https://doi.org/10.1038/nrn2787.

4   Antonio Damasio,《느끼고 아는 존재Feeling and Knowing》(New York: Knopf, 2021).

5   Department of Defense,〈기후 관련 위험과 변화하는 기후가 국가안보에 미치는 영향National Security Implications of Climate-Related Risks and a Changing Climate〉, July 23, 2015.

6   Marshall Burke, Solomon M. Hsiang, and Edward Miguel,〈기후와 갈등Climate and Conflict〉, *Annual Review of Economics* 7, no. 1 (2015): 577~617, https://doi.org/10.1146/annurev-economics-080614-115430.

7   Julie Hirschfeld Davis, Mark Landler, and Coral Davenport,〈오바마, 기후변화 동향이 '무시무시하다'고 평하다Obama on Climate Change: The Trends Are 'Terrifying'〉, *New York Times*, September 8, 2016, https://www.nytimes.com/2016/09/08/us/politics/obama-climate-change.html.

8   David Leonhardt,〈극한의 여름Extreme Summer〉, *New York Times*, July 20, 2021, sec. Briefing, https://www.nytimes.com/2021/07/20/briefing/heatwave-american-west-climate-change.html.

1장

1   A. Feldman,〈1896-1920년 방사선 기술의 역사 훑어보기A Sketch of the Technical History of Radiology from 1896 to 1920〉, *RadioGraphics* 9, no. 6 (November 1989): 1113~1128, https://

doi.org/10.1148/radiographics.9.6.2685937.

2   Svante Arrhenius, 〈공기 중의 탄산이 지상의 온도에 미치는 영향On the Influence
       of Carbonic Acid in the Air upon the Temperature of the Ground〉, *London, Edinburgh, and Dublin
       Philosophical Magazine and Journal of Science* 41, no. 251 (April 1, 1896): 237~276,
       https://doi.org/10.1080/14786449608620846.

3   J. B. Kincer, 〈기후는 변화하고 있는가?: 장기간의 기온 변화 동향 연구Is Our Climate
       Changing? A Study of Long-Time Temperature Trends〉, *Monthly Weather Review* 61, no. 9 (September
       1, 1933): 251~259, https://doi.org/10.1175/1520-0493(1933)61〈251:IOCCAS〉2.0.
       CO;2.

4   J. B. Kincer, 〈우리의 변화하는 기후Our Changing Climate〉, *Bulletin of the American
       Meteorological Society* 20, no. 10 (1939): 448~450.

5   J. B. Kincer, 〈우리의 변화하는 기후Our Changing Climate〉, *Eos, Transactions
       American Geophysical Union* 27, no. 3 (1946): 342~347, https://doi.org/10.1029/
       TR027i003p00342.

6   World Meteorological Association, 〈자주 묻는 질문: 기후FAQs: Climate〉, 2022, https://
       public.wmo.int/en/about-us/frequently-asked-questions/climate.

7   Mike Hulme, 《기후라는 문화Weathered: Cultures of Climate》 (London: SAGE Publications,
       2017).

8   Trevor A. Harley, 〈날씨를 향한 영국인의 집착Nice Weather for the Time of Year: The British
       Obsession with the Weather〉, in *Weather, Climate, Culture*, ed. Sarah Strauss and Ben Orlove
       (Milton Park, Abingdon, Oxon, UK: Routledge, 2003).

9   Clara M. Hitchcock, 〈기대의 심리학The Psychology of Expectation〉, *Psychological Review:
       Monograph Supplements* 5, no. 3 (1903): i—78, https://doi.org/10.1037/h0093000.

10   Dorothy G. Rogers, 《여성 철학자Women Philosophers》 vol. 2, *Entering Academia in
       Nineteenth-Century America* (London: Bloomsbury Academic, 2021).

11   Jacob A. Berry et al., 〈초파리의 학습과 망각에 필요한 도파민Dopamine Is Required for
       Learning and Forgetting in Drosophila〉, *Neuron* 74, no. 3 (May 10, 2012): 530~542, https://
       doi.org/10.1016/j.neuron.2012.04.007.

12   Paola Virginia Migues et al., 〈GluA2를 함유한 AMPA 수용체의 시냅스
       제거를 차단함으로써 장기기억의 자연적 손실을 막다Blocking Synaptic Removal of
       GluA2-Containing AMPA Receptors Prevents the Natural Forgetting of Long-Term Memories〉, *Journal of
       Neuroscience* 36, no. 12 (March 23, 2016): 3481~3494, https://doi.org/10.1523/
       JNEUROSCI.3333-15.2016.

13   Lauren Gravitz, 〈기억에 관해 잊어버린 사실The Forgotten Part of Memory〉, *Nature* 571, no. 7766 (July 24, 2019): S12~14, https://doi.org/10.1038/d41586-019-02211-5.

14   Jorge Luis Borges, 《픽션들Ficciones》(New York: Grove Press, 1962), 112.

15   Laura Piccardi et al., 〈라퀼라 지진 생존자를 통해 알 수 있듯 지속적인 환경변화는 지형을 기억하는 능력을 강화시킨다Continuous Environmental Changes May Enhance Topographic Memory Skills. Evidence from L'Aquila Earthquake-Exposed Survivors〉, *Frontiers in Human Neuroscience* 12 (2018), https://www.frontiersin.org/article/10.3389/fnhum.2018.00318.

16   Tomás J. Ryan and Paul W. Frankland, 〈기억흔적 가소성의 한 형태로서의 망각Forgetting as a Form of Adaptive Engram Cell Plasticity〉, *Nature Reviews Neuroscience* (January 13, 2022): 1~14, https://doi.org/10.1038/s41583-021-00548-3.

17   Ryan and Frankland (2022).

18   Mike Hulme. 〈기후변화와 기억Climate Change and Memory〉, in *Memory in the Twenty-First Century: New Critical Perspectives from the Arts, Humanities, and Sciences*, edited by Sebastian Groes (London: Palgrave Macmillan UK, 2016), 159~162.

19   Jiamin Wang et al., 〈지구온난화에 의한 사계절 길이의 변화Changing Lengths of the Four Seasons by Global Warming〉, *Geophysical Research Letters* 48, no. 6(2021): e2020GL091753, https://doi.org/10.1029/2020GL091753.

20   Anthony Arguez and Russell S. Vose, 〈WMO가 규정한 기후평년값의 정의: 기후평년값의 대안을 마련하기 위한 열쇠The Definition of the Standard WMO Climate Normal: The Key to Deriving Alternative Climate Normals〉, *Bulletin of the American Meteorological Society* 92, no. 6(June 1, 2011): 699~704, https://doi.org/10.1175/2010BAMS2955.1.

21   Michael A. Palecki, 〈곧 새로운 기후평년값을 도입할 예정인 미국New US Climate Normals Are Arriving Soon〉, *The Hill*, April 23, 2021, https://thehill.com/opinion/energy-environment/549919-new-us-climate-normals-are-arriving-soon/.

22   Daniel Pauly, 〈어업학계의 일화와 기준선 이동 증후군Anecdotes and the Shifting Baseline Syndrome of Fisheries〉, *Trends in Ecology and Evolution* 10, no. 10 (October 1995): 430, https://doi.org/10.1016/S0169-5347(00)89171-5.

23   World Wildlife Fund, 〈2022 지구 생명 보고서The 2022 Living Planet Report〉, accessed December 1, 2022, https://livingplanet.panda.org/en-US/.

24   S. K. Papworth et al., 〈환경보호 활동에 기준선 이동 증후군이 존재한다는 증거Evidence for Shifting Baseline Syndrome in Conservation〉, *Conservation Letters* 2, no. 2 (2009): 93~100, https://doi.org/10.1111/j.1755-263X.2009.00049.x. 더 알아보고 싶다면 다음을 참고하라. Masashi Soga and Kevin J Gaston, 〈기준선 이동 증후군의 원인과

결과와 의의Shifting Baseline Syndrome: Causes, Consequences, and Implications〉, *Frontiers in Ecology and the Environment* 16, no. 4 (May 2018): 222~230, https://doi.org/10.1002/fee.1794.

25   Snaevarr Guðmundsson, Helgi Björnsson, and Finnur Pálsson, 〈19세기 말의 전성기를 지나 지금에 이르기까지 브레이다메르이외쿠틀이 변화한 과정Changes of Breiðamerkurjökull Glacier, SE-Iceland, from Its Late Nineteenth Century Maximum to the Present〉, *Geografiska Annaler: Series A, Physical Geography* 99 (July 27, 2017): 1~15, https://doi.org/10.1080/04353676.2017.1355216.

26   John Martin Sabandal, Jacob A. Berry, and Ronald L. Davis, 〈도파민 기반의 일시적 망각이 이루어지는 원리Dopamine-Based Mechanism for Transient Forgetting〉, *Nature* 591, no. 7850 (March 2021): 426~430, https://doi.org/10.1038/s41586-020-03154-y.

27   Sabandal, Berry, and Davis (2021).

28   Mike Hulme et al., 〈불안정한 기후: '정상' 기후 개념의 통계적·사회적 형성 과정Unstable Climates: Exploring the Statistical and Social Constructions of 'Normal' Climate〉 *Geoforum* 40(March 1, 2009): 197~206, https://doi.org/10.1016/j.geoforum.2008.09.010.

29   Ryan and Frankland, 〈기억흔적 가소성의 한 형태로서의 망각〉.

30   Pauly (1995).

31   Leslie Jamison, 〈공감 탐구The Empathy Exams〉, *Culture*, February 1, 2014, https://culture.org/the-empathy-exams/.

32   Harley (2003).

33   David Glassberg, 〈장소, 기억과 기후변화Place, Memory, and Climate Change〉 *Public Historian* 36, no. 3 (August 1, 2014): 17~30, https://doi.org/10.1525/tph.2014.36.3.17.

34   Glassberg (2014).

35   Ryan Hediger, 《향수병: 환경변화가 야기하는 트라우마와 그리움에 관하여Homesickness: Of Trauma and the Longing for Place in a Changing Environment》, (Minneapolis: University of Minnesota Press, 2019).

36   Glassberg (2014).

37   Arnar Árnason and Sigurjón Baldur Hafsteinsson, 〈빙하 장례식: 현대의 끝자락에서 인간 이상의 존재를 위해 애도하다A Funeral for a Glacier: Mourning the More-than-Human on the Edges of Modernity〉, *Thanatos* 9 (2020): 26.

1   N. H. Mackworth, 〈열기가 무선 전신기사에게 미치는 영향Effects of Heat on Wireless Operators〉, *British Journal of Industrial Medicine* 3, no. 3 (July 1946): 143~158.

2   Sophie Date, 저자와 전화로 진행한 인터뷰, November 27, 2019. 이 장에서 별다른 언급 없이 데이트의 말을 인용하는 경우 모두 이 인터뷰에서 인용하는 것이다.

3   Anthony R. Wood and Joseph A. Gambardello, 〈열지수가 105에 달하다: 바닷물이 '목욕물' 같아 ⋯ 그래도 11월 이후 처음 습도 없는 주를 맞이해Heat Indexes Hit 105: Ocean Is 'Bath Water' ... but First Totally Dry Week since November〉, *Philadelphia Inquirer*, August 28, 2018, https://www.inquirer.com/philly/news/philadelphia-weather-schools-first-day-heat-wave-20180827.html.

4   Kristen A. Graham, 〈수요일에 조퇴를 선언한 필라델피아 학교들: 관계자들은 학교 내부가 '위험한' 환경이라 비판해Philly Schools to Close Early Wednesday: Officials Decry 'Dangerous' Conditions inside Schools〉, *Philadelphia Inquirer*, September 4, 2018, https://www.inquirer.com/philly/education/philly-schools-close-early-dangerous-heat-conditions-20180904.html.

5   Talia Sanders et al., 〈납 노출의 신경독성학적 영향과 생체표지: 리뷰 논문Neurotoxic Effects and Biomarkers of Lead Exposure: A Review〉, *Reviews on Environmental Health* 24, no. 1 (2009): 15~45.

6   Camilla Soravia et al., 〈열 스트레스가 동물의 뇌에 미치는 영향과 변화하는 기후에 적응하는 것의 의미The Impacts of Heat Stress on Animal Cognition: Implications for Adaptation to a Changing Climate〉, *Wiley Interdisciplinary Reviews: Climate Change* 12 (July 1, 2021), https://doi.org/10.1002/wcc.713.

7   Joshua Graff Zivin, 저자와 전화로 진행한 인터뷰, November 14, 2019. 이 장에서 별다른 언급 없이 지빈의 말을 인용하는 경우 모두 이 인터뷰에서 인용하는 것이다.

8   Joshua Graff Zivin and Matthew Neidell, 〈오염이 근로자의 생산성에 미치는 영향The Impact of Pollution on Worker Productivity〉, *American Economic Review* 102, no. 7 (December 1, 2012): 3652~3673, https://doi.org/10.1257/aer.102.7.3652.

9   Tom Chang et al., 〈미세먼지 오염과 배 포장 직원의 생산성Particulate Pollution and the Productivity of Pear Packers〉, *American Economic Journal: Economic Policy* 8, no. 3 (August 2016): 141–69, https://doi.org/10.1257/pol.20150085. 더 알아보고 싶다면 다음을 참고하라. Tom Y. Chang et al., 〈오염이 근로자의 생산성에 미치는 영향: 중국 콜센터 근로자에게서 수집한 증거를 바탕으로The Effect of Pollution on Worker Productivity:

Evidence from Call Center Workers in China⟩, *American Economic Journal: Applied Economics* 11, no. 1 (January 2019): 151~172, https://doi.org/10.1257/app.20160436.

10 Joshua Graff Zivin, Solomon M. Hsiang, and Matthew Neidell, ⟨단기적·장기적 관점에서 바라본 기온과 인적 자본의 관계Temperature and Human Capital in the Short and Long Run⟩, *Journal of the Association of Environmental and Resource Economists* 5, no. 1 (January 2018): 77~105, https://doi.org/10.1086/694177.

11 Jose Guillermo Cedeño Laurent et al., ⟨폭염 중 에어컨이 없는 건물 거주자에게 나타난 인지기능의 저하: 2016년 여름 젊은 성인을 관찰한 결과를 바탕으로Reduced Cognitive Function during a Heat Wave among Residents of Non-Air-Conditioned Buildings: An Observational Study of Young Adults in the Summer of 2016⟩, *PLOS Medicine* 15, no. 7 (July 10, 2018): e1002605, https://doi.org/10.1371/journal.pmed.1002605.

12 R. Jisung Park et al., ⟨기온과 학습Heat and Learning⟩, *American Economic Journal: Economic Policy* 12, no. 2 (May 2020): 306~339, https://doi.org/10.1257/pol.20180612.

13 Joshua Graff Zivin et al., ⟨기온과 고부담 인지 작업의 관계: 중국 대학 입학시험에서 얻은 증거를 바탕으로Temperature and High-Stakes Cognitive Performance: Evidence from the National College Entrance Examination in China⟩, *Journal of Environmental Economics and Management* 104 (November 1, 2020): 102365, https://doi.org/10.1016/j.jeem.2020.102365.

14 Avraham Ebenstein, Victor Lavy, and Sefi Roth, ⟨고부담 시험이 장기적으로 초래하는 경제적 결과The Long-Run Economic Consequences of High-Stakes Examinations⟩, *American Economic Journal: Applied Economics* 8, no. 4 (October 2016): 36~65, https://doi.org/10.1257/app.20150213.

15 Solomon Hsiang, 저자와 진행한 인터뷰, Berkeley, California, January 13, 2020. 이 장에서 별다른 언급 없이 흐시앙의 말을 인용하는 경우 모두 이 인터뷰에서 인용하는 것이다.

16 Anthony Heyes and Soodeh Saberian, ⟨기온이 결정에 미치는 영향: 207,000건의 법정 사례를 바탕으로Temperature and Decisions: Evidence from 207,000 Court Cases⟩, *American Economic Journal: Applied Economics* 11.2 (2019): 238~265, https://doi.org/10.1257/app.20170223.

17 Heyes and Saberian (2019).

18 Heyes and Saberian (2019).

19 Erica A. Boschin et al., ⟨추상적인 법칙 사이에 충돌이 발생할 때 전대상피질과 배외측전전두피질이 수행하는 특별한 역할Distinct Roles for the Anterior Cingulate and Dorsolateral

Prefrontal Cortices during Conflict between Abstract Rules〉, *Cerebral Cortex* 27, no. 1 (January 1, 2017): 34~45, https://doi.org/10.1093/cercor/bhw350.

20 Nadia Gaoua et al., 〈단순한 인지 작업과 복잡한 인지 작업 중에 수동적 이상고열 현상이 작업기억에 미치는 영향Effect of Passive Hyperthermia on Working Memory Resources during Simple and Complex Cognitive Tasks〉, *Frontiers in Psychology* 8 (January 11, 2018): 2290, https://doi.org/10.3389/fpsyg.2017.02290.

21 Shaowen Qian et al., 〈환경에 의한 단기적인 이상고열이 뇌 내 혈류 움직임에 미치는 영향Effects of Short-Term Environmental Hyperthermia on Patterns of Cerebral Blood Flow〉, *Physiology and Behavior* 128 (April 2014): 99~107, https://doi.org/10.1016/j.physbeh.2014.01.028.

22 Gang Sun et al., 〈고열에 의한 뇌 내 기능적 연결의 붕괴Hyperthermia-Induced Disruption of Functional Connectivity in the Human Brain Network〉, *PLOS ONE* 8, no. 4 (April 8, 2013): e61157, https://doi.org/10.1371/journal.pone.0061157. 더 알아보고 싶다면 다음을 참고하라. Shaowen Qian et al., 〈수동적 이상고열 현상 중 뇌 기능 연결망의 해부학적 패턴 변화Altered Topological Patterns of Large-Scale Brain Functional Networks during Passive Hyperthermia〉, *Brain and Cognition* 83, no. 1 (October 2013): 121~131, https://doi.org/10.1016/j.bandc.2013.07.013.

23 Eugene A. Kiyatkin and Hari S. Sharma, 〈뇌의 이상고열에 의한 급성 메타암페타민 중독 중 열충격 단백질의 표출: 신경 독성 물질인가 보호 물질인가?Expression of Heat Shock Protein (HSP 72 KD) during Acute Methamphetamine Intoxication Depends on Brain Hyperthermia: Neurotoxicity or Neuroprotection?〉, *Journal of Neural Transmission* 118, no. 1 (January 2011): 47~60, https://doi.org/10.1007/s00702-010-0477-5. 더 알아보고 싶다면 다음을 참고하라. Eugene A. Kiyatkin, 〈뇌 온도 항상성: 생리학적 변동과 병리학적 변화Brain Temperature Homeostasis: Physiological Fluctuations and Pathological Shifts〉, *Frontiers in Bioscience: A Journal and Virtual Library* 15 (January 1, 2010): 73~92.

24 Michel Cabanac, 〈쾌감의 생리학적 역할: 자극은 뇌 내 신호에 의한 유용성 판단 여부에 따라 유쾌하게도 불쾌하게도 느껴질 수 있다Physiological Role of Pleasure: A Stimulus Can Feel Pleasant or Unpleasant Depending upon Its Usefulness as Determined by Internal Signals〉, *Science* 173, no. 4002 (1971): 1103~1107.

25 Heyes and Saberian (2019).

26 Lee Kuan Yew, 〈동아시아가 나아간 길: 에어컨의 역할The East Asian Way: with Air Conditioning〉, *New Perspectives Quarterly* 26, no. 4 (September 2009): 111~120, https://doi.org/10.1111/j.1540-5842.2009.01120.x.

27   S. Racinais, N. Gaoua, and J. Grantham, 〈이상고열에 의한 단기기억과 말초운동신경 기능의 손상Hyperthermia Impairs Short-Term Memory and Peripheral Motor Drive Transmission〉, *Journal of Physiology* 586, no. 19 (2008): 4751~4762, https://doi.org/10.1113/jphysiol.2008.157420.

28   Eliran Halali, Nachshon Meiran, and Idit Shalev, 〈인지 조절 과정에 나타나는 온도 점화 효과Keep It Cool: Temperature Priming Effect on Cognitive Control〉, *Psychological Research* 81, no. 2 (March 1, 2017): 343~354, https://doi.org/10.1007/s00426-016-0753-6.

29   Chi Xu et al., 〈인간에게 주어진 기후 적소의 미래Future of the Human Climate Niche〉, *Proceedings of the National Academy of Sciences* 117, no. 21 (2020): 11350~11355.

30   Christiana Moss, 저자와 전화로 진행한 인터뷰, September 16, 2021. 이 장에서 별다른 언급 없이 모스의 말을 인용하는 경우 모두 이 인터뷰에서 인용하는 것이다.

31   David Hambling, 〈고대 이란의 윈드캐처가 건축가들에게 냉방에 관한 영감을 주다Ancient Windcatchers in Iran Give Architects Cooling Inspiration〉, *Guardian*, July 13, 2023, https://www.theguardian.com/environment/2023/jul/13/weatherwatch-ancient-windcatchers-iran-give-architects-cooling-inspiration.

3장

1   Savannah Eadens, 〈타이슨 몰록, 친구에게 칼에 찔려 사망: 포틀랜드 거리에 살던 노숙자가 살해당한 사건이 2021년에만 여러 건에 달해Tyson Morlock, Fatally Stabbed by Friend, One of Several Killed in 2021 While Living on Portland Streets〉, *OregonLive*, October 9, 2021, https://www.oregonlive.com/data/2021/10/tyson-morlock-fatally-stabbed-by-friend-one-of-several-killed-in-2021-while-living-on-portland-streets.html.

2   Peter A. Biro, Christa Beckmann, and Judy A. Stamps, 〈낮 동안의 작은 기온 증가가 산호초 물고기의 대담성과 성격에 미치는 영향Small within-Day Increases in Temperature Affects Boldness and Alters Personality in Coral Reef Fish〉, *Proceedings of the Royal Society B: Biological Sciences* 277, no. 1678 (September 30, 2009): 71~77, https://doi.org/10.1098/rspb.2009.1346.

3   Christopher de Tranaltes et al., 〈도시에서 벌어지는 동족상잔: 도시의 열섬 현상이 검은과부거미의 동족포식 습성을 강화하다Siblicide in the City: The Urban Heat Island Accelerates Sibling Cannibalism in the Black Widow Spider (Latrodectus Hesperus)〉, *Urban Ecosystems* 25, no. 1 (February 1, 2022): 305~312, https://doi.org/10.1007/s11252-021-01148-w.

4   Patrick Krapf et al., 〈환경변화가 적대심을 유발할 가능성: 높은 주변 온도와 질소 가용성이 개미의 공격성을 증가시키다Global Change May Make Hostile: Higher Ambient Temperature and Nitrogen Availability Increase Ant Aggression〉, *Science of the Total Environment* 861 (February 25, 2023): 160443, https://doi.org/10.1016/j.scitotenv.2022.160443.

5   Aichun Xu et al., 〈오염된 대기에서 증가하는 원숭이의 다툼Monkeys Fight More in Polluted Air〉, *Scientific Reports* 11, no. 1 (January 12, 2021): 654, https://doi.org/10.1038/s41598-020-80002-z.

6   Richard P. Larrick et al., 〈기질과 온도와 유혹: 야구 경기 중 열과 관련된 보복 행위Temper, Temperature, and Temptation: Heat-Related Retaliation in Baseball〉, *Psychological Science* 22, no. 4 (April 2011): 423~428, https://doi.org/10.1177/0956797611399292.

7   Fyodor Dostoyevsky, 《죄와 벌Crime and Punishment》 (1866; Oxford: Oxford University Press, 2017).

8   Albert Camus, 《이방인The Stranger》 (1946; New York: Vintage, 2012).

9   Ray Bradbury, 〈불의 손길Touched with Fire〉, in *The October Country* (New York: Ballantine, 1955).

10 王維 (Wang Wei), "苦熱行," ("Ballad of Suffering from the Heat"), 동아시아 학생 옮김, accessed August 1, 2023, https://eastasiastudent.net/china/classical/wang-wei-ku-re-xing/.

11 J. Merrill Carlsmith and Craig A. Anderson, 〈주변 온도와 집단 폭력 빈도의 관계에 대한 새로운 분석Ambient Temperature and the Occurrence of Collective Violence: A New Analysis〉, *Journal of Personality and Social Psychology* 37 (1979): 337~344, https://doi.org/10.1037/0022-3514.37.3.337. 더 알아보고 싶다면 다음을 참고하라. Alexander Henke and Lin-chi Hsu, 〈성별 간 임금격차, 날씨, 그리고 배우자 및 연인 간 폭력The Gender Wage Gap, Weather, and Intimate Partner Violence〉, *Review of Economics of the Household* 18, no. 2 (June 1, 2020): 413~429, https://doi.org/10.1007/s11150-020-09483-1. 또한 다음을 참고하라. Keith D. Harries and Stephen J. Stadler, 〈기후결정론 다시 보기: 1980년 댈러스에서 벌어진 폭력과 열 스트레스Determinism Revisited: Assault and Heat Stress in Dallas, 1980〉, *Environment and Behavior* 15, no. 2 (March 1, 1983): 235~256, https://doi.org/10.1177/0013916583152006.

12 Larrick et al. (2011).

13 Ayushi Narayan, 〈폭염이 직장 내 괴롭힘과 차별에 미치는 영향The Impact of Extreme Heat on Workplace Harassment and Discrimination〉, *Proceedings of the National Academy of Sciences* 119, no. 39 (September 27, 2022): e2204076119, https://doi.org/10.1073/

pnas.2204076119.

14   Ayushi Narayan, 저자와 전화로 진행한 인터뷰, February 2, 2023. 이 장에서 별다른 언급 없이 나라얀의 말을 인용하는 경우 모두 이 인터뷰에서 인용하는 것이다.

15   Carlsmith and Anderson, 〈주변 온도와 집단 폭력 빈도의 관계에 대한 새로운 분석〉.

16   Craig Anderson, 저자와 전화로 진행한 인터뷰, October 27, 2015. 이 장에서 별다른 언급 없이 앤더슨의 말을 인용하는 경우 모두 이 인터뷰에서 인용하는 것이다.

17   Craig A. Anderson, 〈인간의 공격성과 폭력성Human Aggression and Violence〉, in *Scientists Making a Difference: One Hundred Eminent Behavioral and Brain Scientists Talk about Their Most Important Contributions*, ed. Robert J. Sternberg, Susan T. Fiske, and Donald J. Foss (New York: Cambridge University Press, 2016).

18   Douglas T. Kenrick and Steven W. MacFarlane, 〈주변 온도와 경적 울리기의 상관관계: 기온과 공격성의 관계에 관한 야외 연구Ambient Temperature and Horn Honking: A Field Study of the Heat/Aggression Relationship〉, *Environment and Behavior* 18 (1986): 179~191, https://doi.org/10.1177/0013916586182002.

19   Jari Tiihonen et al., 〈주변 온도와 폭력범죄의 연관성The Association of Ambient Temperature and Violent Crime〉, *Scientific Reports* 7, no. 1 (July 28, 2017): 6543, https://doi.org/10.1038/s41598-017-06720-z.

20   Jari Tiihonen, 저자와 주고받은 전자서신, December 28, 2022.

21   Matthew Ranson, 〈범죄, 날씨, 기후변화Crime, Weather, and Climate Change〉, *Journal of Environmental Economics and Management* 67, no. 3 (2014): 274~302.

22   Benjamin Libet et al., 〈뇌 활동 시발점과 비교해서 본 행위 의도 인식에 걸리는 시간: 자발적 행동의 무의식적 개시Time of Conscious Intention to Act in Relation to Onset of Cerebral Activity (Readiness-Potential): The Unconscious Initiation of a Freely Voluntary Act〉, *Brain* 106, no. 3 (September 1, 1983): 623~642, https://doi.org/10.1093/brain/106.3.623. 더 알아보고 싶다면 다음을 참고하라. Moritz Nicolai Braun, Janet Wessler, and Malte Friese, 〈리벳 식 실험에 대한 메타분석A Meta-Analysis of Libet-Style Experiments〉, *Neuroscience and Biobehavioral Reviews* 128 (September 1, 2021): 182~198, https://doi.org/10.1016/j.neubiorev.2021.06.018.

23   B. U. Phillips and T. W. Robbins, 〈충동, 강박, 의사결정에서 중추 세로토닌이 맡은 역할: 동물 및 인간 실험에 근거한 비교연구The Role of Central Serotonin in Impulsivity, Compulsivity, and Decision-Making: Comparative Studies in Experimental Animals and Humans〉, in *Handbook of Behavioral Neuroscience*, ed. Christian P. Müller and Kathryn A. Cunningham (London: Elsevier, 2020), 31:531~548, https://doi.org/10.1016/B978-0-444-64125-0.00031-1.

24   Sofi da Cunha-Bang and Gitte Moos Knudsen, 〈인간의 충동적 공격 행위에 대한 세로토닌의 조절 작용The Modulatory Role of Serotonin on Human Impulsive Aggression〉, *Biological Psychiatry* 90, no. 7 (October 2021): 447~457, https://doi.org/10.1016/j.biopsych.2021.05.016.

25   Brent A. Vogt, 〈ADHD에 나타나는 대상피질 손상: 합병증, 연관성, 치료책Cingulate Impairments in ADHD: Comorbidities, Connections, and Treatment〉, in *Handbook of Clinical Neurology*, ed. Brent A. Vogt (Amsterdam: Elsevier, 2019), 166: 297~314, https://doi.org/10.10 16/B978-0-444-64196-0.00016-9.

26   Ciarán M. Fitzpatrick and Jesper T. Andreasen, 〈각각의 ADHD 약물이 쥐의 충동 행동에 미치는 서로 다른 영향Differential Effects of ADHD Medications on Impulsive Action in the Mouse 5-Choice Serial Reaction Time Task〉, *European Journal of Pharmacology* 847 (March 15, 2019): 123~129, https://doi.org/10.1016/j.ejphar.2019.01.038.

27   Miranda L. Virone, 〈ADHD 성인의 감정 조절 및 충동 조절 능력을 증진시키기 위한 명상의 활용The Use of Mindfulness to Improve Emotional Regulation and Impulse Control among Adolescents with ADHD〉, *Journal of Occupational Therapy, Schools, and Early Intervention* 16, no. 1 (January 2, 2023): 78~90, https://doi.org/10.1080/19411243.2021.2009081.

4장

1   David A. Davis et al., 〈시아노박테리아의 신경독소인 BMAA와 좌초된 돌고래의 뇌에 나타난 병리적 상태Cyanobacterial Neurotoxin BMAA and Brain Pathology in Stranded Dolphins〉, *PLOS ONE* 14, no. 3 (March 20, 2019): e0213346, https://doi.org/10.1371/journal.pone.0213346.

2   David Davis, 저자와 전화로 진행한 인터뷰, August 26, 2022. 이 장에서 별다른 언급 없이 데이비스의 말을 인용하는 경우 모두 이 인터뷰에서 인용하는 것이다.

3   Tanai Cardona et al., 〈시생대 초기 광화학계 II의 출현Early Archean Origin of Photosystem II〉, *Geobiology* 17, no. 2 (March 2019): 127~150, https://doi.org/10.1111/gbi.12322.

4   Wolfgang Lubitz, Maria Chrysina, and Nicholas Cox, 〈광화학계 II에서의 물 산화 현상Water Oxidation in Photosystem II〉, *Photosynthesis Research* 142, no. 1 (October 1, 2019): 105~125, https://doi.org/10.1007/s11120-019-00648-3.

5   Robert E. Kopp et al., 〈고원생대의 눈덩이 지구: 산소성 광합성의 발전이 촉발한 기후 재난The Paleoproterozoic Snowball Earth: A Climate Disaster Triggered by the Evolution of Oxygenic Photosynthesis〉, *Proceedings of the National Academy of Sciences* 102, no. 32 (August 9, 2005): 11131~11136, https://doi.org/10.1073/pnas.0504878102. 더 알아보고 싶다면 다음을 참고하라. Matthew R. Warke et al., 〈대산화사건에 뒤따른 고원생대의 '눈덩이 지구'The Great Oxidation Event Preceded a Paleoproterozoic 'Snowball Earth'〉 *Proceedings of the National Academy of Sciences* 117, no. 24 (June 16, 2020): 13314~13320, https://doi.org/10.1073/pnas.2003090117.

6   William T. Hyde et al., 〈기후-빙상 모델에 근거한 신원생대 '눈덩이 지구' 시뮬레이션Neoproterozoic 'Snowball Earth' Simulations with a Coupled Climate/Ice-Sheet Model〉, *Nature* 405, no. 6785 (May 2000): 425~429, https://doi.org/10.1038/35013005.

7   Kathryn L. Cottingham et al., 〈기후변화가 담수의 시아노박테리아 대증식에 미치는 영향을 예측하기 위한 시아노박테리아의 전체 생애주기 고려의 필요성Predicting the Effects of Climate Change on Freshwater Cyanobacterial Blooms Requires Consideration of the Complete Cyanobacterial Life Cycle〉, *Journal of Plankton Research* 43, no. 1 (January 1, 2021): 10~19, https://doi.org/10.1093/plankt/fbaa059.

8   M. Kahru and R. Elmgren, 〈수십 년 간의 위성 탐지를 통해 파악한 발트해 시아노박테리아 축적 현황Multidecadal Time Series of Satellite-Detected Accumulations of Cyanobacteria in the Baltic Sea〉, *Biogeosciences* 11, no. 13 (July 4, 2014): 3619~3633, https://doi.org/10.5194/bg-11-3619-2014.

9   Wendee Holtcamp, 〈BMAA에 관한 최신 연구: 시아노박테리아가 신경퇴행성 질환에 기여할 가능성The Emerging Science of BMAA: Do Cyanobacteria Contribute to Neurodegenerative Disease?〉, *Environmental Health Perspectives* 120, no. 3 (March 2012): a110~116, https://doi.org/10.1289/ehp.120-a110. 더 알아보고 싶다면 다음을 참고하라. A. Vega and E. A. Bell, 〈α-아미노-β-메틸아미노프로피온산: 소철 씨앗에서 발견한 새로운 아미노산α-Amino-β-Methylaminopropionic Acid, a New Amino Acid from Seeds of Cycas Circinalis〉, *Phytochemistry* 6, no. 5 (May 1, 1967): 759~762, https://doi.org/10.1016/S0031-9422(00)86018-5.

10   Paul Alan Cox and Oliver W. Sacks, 〈소철의 신경독소와 박쥐 섭취 문화가 괌의 ALS-PDC 발병과 보이는 관계Cycad Neurotoxins, Consumption of Flying Foxes, and ALS-PDC Disease in Guam〉, *Neurology* 58, no. 6 (March 26, 2002): 956~959, https://doi.org/10.1212/WNL.58.6.956.

11   Paul Alan Cox, Sandra Anne Banack, and Susan J. Murch, 〈시아노박테리아 신경독소의 생물 농축 현상과 괌의 차모로족에게 나타난 신경퇴행성 질환Biomagnification of Cyanobacterial Neurotoxins and Neurodegenerative Disease among the Chamorro People of Guam〉, *Proceedings* *of the National Academy of Sciences* 100, no. 23 (November 11, 2003): 13380~13383, https://doi.org/10.1073/pnas.2235808100. 더 알아보고 싶다면 다음을 참고하라. Sandra Anne Banack and Paul Alan Cox, 〈박쥐에 나타난 소철 신경독소의 생물 농축 현상과 괌의 ALS-PDC 발병 사이의 상관관계Biomagnification of Cycad Neurotoxins in Flying Foxes: Implications for ALS-PDC in Guam〉, *Neurology* 61, no. 3 (August 12, 2003): 387~389, https://doi.org/10.1212/01.WNL.0000078320.18564.9F.

12   Larry E. Brand et al., 〈시아노박테리아 대증식과 플로리다주 남부의 해양 먹이사슬에 축적된 BMAA 농도Cyanobacterial Blooms and the Occurrence of the Neurotoxin, Beta-N-Methylamino-l-Alanine (BMAA), in South Florida Aquatic Food Webs〉, *Harmful Algae* 9, no. 6 (September 1, 2010): 620~635, https://doi.org/10.1016/j.hal.2010.05.002. 더 알아보고 싶다면 다음을 참고하라. Kiyo Mondo et al., 〈상어 지느러미에 나타난 시아노박테리아 신경독소 BMAACyanobacterial Neurotoxin β-N-Methylamino-L-Alanine (BMAA) in Shark Fins〉, *Marine Drugs* 10, no. 2 (February 2012): 509~520, https://doi.org/10.3390/md10020509.

13   J. Pablo et al., 〈ALS와 알츠하이머병에 나타나는 시아노박테리아 신경독소 BMAACyanobacterial Neurotoxin BMAA in ALS and Alzheimer's Disease〉, *Acta Neurologica Scandinavica* 120, no. 4 (2009): 216~225, https://doi.org/10.1111/j.1600-0404.2008.01150.x.

14   Davis et al. (2019).

15   Zofia E. Taranu et al., 〈인류세 중 아북극 북부의 호수에 나타나는 시아노박테리아 증식의 가속화Acceleration of Cyanobacterial Dominance in North Temperate-Subarctic Lakes during the Anthropocene〉, *Ecology Letters* 18, no. 4 (2015): 375~384.

16   Jeff C. Ho, Anna M. Michalak, and Nima Pahlevan, 〈1980년대 이후 식물성 플랑크톤 대증식의 전 세계적 확산Widespread Global Increase in Intense Lake Phytoplankton Blooms since the 1980s〉, *Nature* 574, no. 7780 (October 2019): 667~670, https://doi.org/10.1038/s41586-019-1648-7.

17   Jennifer Jankowiak et al., 〈이리호 서부에서 질소, 인, 온도가 시아노박테리아 증식의 심각성, 다양성, 독성에 미치는 영향Deciphering the Effects of Nitrogen, Phosphorus, and Temperature on Cyanobacterial Bloom Intensification, Diversity, and Toxicity in Western Lake Erie〉, *Limnology and Oceanography* 64, no. 3 (2019): 1347~1370, https://doi.org/10.1002/lno.11120. 더 알아보고 싶다면 다음을 참고하라. Andrew M. Dolman et al., 〈시아노박테리아와 시아노톡신: 질소와 인의 영향 대조Cyanobacteria and Cyanotoxins: The Influence of Nitrogen versus Phosphorus〉, *PLOS ONE* 7, no. 6 (June 15, 2012): e38757, https://doi.org/10.1371/journal.pone.0038757.

18   Paul C. West et al., 〈세계 식량안보와 환경을 증진시킬 수 있는 전환점Leverage Points for Improving Global Food Security and the Environment〉, *Science* 345, no. 6194 (July 18, 2014): 325~328, https://doi.org/10.1126/science.1246067.

19   Hadayet Ullah et al., 〈기후변화는 영양 흐름의 변화와 시아노박테리아의 확산을 통해 해양 식품망의 붕괴를 초래한다Climate Change Could Drive Marine Food Web Collapse through Altered Trophic Flows and Cyanobacterial Proliferation〉, *PLOS Biology* 16, no. 1 (January 9, 2018): e2003446, https://doi.org/10.1371/journal.pbio.2003446.

20   Jeffrey Cummings, 〈알츠하이머병에서 얻을 수 있는 교훈: 부정적 결과를 맞이한 임상실험Lessons Learned from Alzheimer Disease: Clinical Trials with Negative Outcomes〉, *Clinical and Translational Science* 11, no. 2 (March 2018): 147~152, https://doi.org/10.1111/cts.12491.

21   Elijah Stommel, 〈근위축성 측색 경화증의 위험 요인: 시아노박테리아와 그 밖의 요인을 중심으로Risk Factors for Amyotrophic Lateral Sclerosis: Cyanobacteria and Others〉, lecture to NH Healthcare Workers for Climate Action, July 13, 2022, https://www.youtube.com/watch?v=SFYqcRZMabU.

22   Tracie A. Caller et al., 〈근위축성 측색 경화증의 뉴햄프셔주 집단 발병 사례: 시아노박테리아 증식을 통해 방출된 독소가 영향을 미쳤을 가능성A Cluster of Amyotrophic Lateral Sclerosis in New Hampshire: A Possible Role for Toxic Cyanobacteria Blooms〉, *Amyotrophic Lateral Sclerosis* 10, no. S2 (January 1, 2009): 101~108, https://doi.org/10.3109/17482960903278485.

23   Elijah Stommel, 저자와 전화로 진행한 인터뷰, August 14, 2022. 이 장에서 별다른 언급 없이 스토멜의 말을 인용하는 경우 모두 이 인터뷰에서 인용하는 것이다.

24   Jiaming Hu et al., 〈초파리 노화 모델에서 플로리다주 남부의 조류 독소를 에어로졸 형태로 노출시키자 건강에 단기적·장기적 악영향이 나타나다Exposure to Aerosolized Algal Toxins in South Florida Increases Short- and Long-Term Health Risk in Drosophila Model of Aging〉, *Toxins* 12, no. 12 (December 2020): 787, https://doi.org/10.3390/toxins12120787.

25   Paula Pierozan, Daiane Cattani, and Oskar Karlsson, 〈해마의 신경줄기세포는 일차신경세포에 비해 신경독소 BMAA에 더 취약하다: BMAA가 세포자연사, 세포분화, 축삭생성, DNA 메틸화에 미치는 영향Hippocampal Neural Stem Cells Are More Susceptible to the Neurotoxin BMAA than Primary Neurons: Effects on Apoptosis, Cellular Differentiation, Neurite Outgrowth, and DNA Methylation〉, *Cell Death and Disease* 11, no. 10 (2020): 910.

26   Sandra Anne Banack et al., 〈근위축성 측색 경화증 발병 사례 중심에 있는 호수에서의 BMAA와 마이크로시스틴 등 시아노톡신의 검출BMAADetection of Cyanotoxins, β-N-Methylamino-L-Alanine and Microcystins, from a Lake Surrounded by Cases of Amyotrophic Lateral Sclerosis〉,

Toxins 7, no. 2 (February 2015): 322~336, https://doi.org/10.3390/toxins7020322.

27   Paul Alan Cox et al., 〈사막 분진에 의한 시아노박테리아와 BMAA 노출: 걸프전 참전용사에게서 나타나는 산발성 ALS와 연관성이 있을 가능성Cyanobacteria and BMAA Exposure from Desert Dust: A Possible Link to Sporadic ALS among Gulf War Veterans〉, *Amyotrophic Lateral Sclerosis* 10, no. S2 (2009): 109~117.

28   E. Lagrange et al., 〈프랑스 알프스의 근위축성 측색 경화증 집단 발병 사례와 유전독성을 지닌 버섯 사이의 연관성An Amyotrophic Lateral Sclerosis Hot Spot in the French Alps Associated with Genotoxic Fungi〉, *Journal of the Neurological Sciences* 427 (August 15, 2021): 117558, https://doi.org/10.1016/j.jns.2021.117558.

29   Niam M. Abeysiriwardena, Samuel J. L. Gascoigne, and Angela Anandappa, 〈조류 증식의 확산에 의한 식품 내 시아노톡신 위험성의 증가Algal Bloom Expansion Increases Cyanotoxin Risk in Food〉, *Yale Journal of Biology and Medicine* 91, no. 2 (June 2018): 129 – 142.

30   US Environmental Protection Agency, 〈미국 오염 수역 지도집Atlas of America's Polluted Waters〉, 2000.

31   James Metcalf, 저자와 진행한 인터뷰, Jackson, Wyoming, September 16, 2022.

32   John Cassani, 저자와 전화로 진행한 인터뷰, July 27, 2022.

33   Amina T. Schartup et al., 〈기후변화와 남획으로 인한 해양 포식동물 내 신경독소의 증가Climate Change and Overfishing Increase Neurotoxicant in Marine Predators〉, *Nature* 572, no. 7771 (August 2019): 648~650, https://doi.org/10.1038/s41586-019-1468-9.

34   C. C. Roggatz et al., 〈미래 해양 내 삭시토신 및 테로도톡신 생체이용률의 증가Saxitoxin and Tetrodotoxin Bioavailability Increases in Future Oceans〉, *Nature Climate Change* 9, no. 11 (November 2019): 840~844, https://doi.org/10.1038/s41558-019-0589-3.

35   Zoya Teirstein, 〈알래스카 룰렛: 수온 증가에 따른 패류 독성의 증가로 알래스카 원주민의 삶이 위협받다Alaskan Roulette: As Warming Waters Make Shellfish Toxic, a Way of Life Becomes Deadly for Native Alaskans〉, *Grist*, February 25, 2020, https://grist.org/food/climate-change-is-turning-shellfish-toxic-and-threatening-alaska-natives/.

36   Roggatz et al. (2019).

37   Jennifer M. Panlilio, Neelakanteswar Aluru, and Mark E. Hahn, 〈유해한 조류 독소 도모산이 신경 발달에 미치는 독성 효과: 제브라피시의 행동 변화가 나타나는 세포 및 분자 차원의 기제Developmental Neurotoxicity of the Harmful Algal Bloom Toxin Domoic Acid: Cellular and Molecular Mechanisms Underlying Altered Behavior in the Zebrafish Model〉, *Environmental Health Perspectives* 128, no. 11 (2020): 117002, https://doi.org/10.1289/EHP6652.

38   Jon R. Hawkings et al., 〈그린란드 빙상 남서부 경계의 빙하 밑에서 발견된 거대한 수은 출처Large Subglacial Source of Mercury from the Southwestern Margin of the Greenland Ice Sheet〉, *Nature Geoscience* 14, no. 7 (July 2021): 496~502, https://doi.org/10.1038/s41561-021-00753-w.

39   Kevin Schaefer et al., 〈해동 중인 영구동토층에서 흘러나오는 수은의 잠재적 영향Potential Impacts of Mercury Released from Thawing Permafrost〉, *Nature Communications* 11, no. 1 (December 2020): 4650, https://doi.org/10.1038/s41467-020-18398-5.

40   David A. Davis et al., 〈BMAA와 메틸수은 그리고 돌고래에게서 신경퇴행이 나타나는 기제: 독소 노출의 자연적 모델로서의 연구BMAA, Methylmercury, and Mechanisms of Neurodegeneration in Dolphins: A Natural Model of Toxin Exposure〉, *Toxins* 13, no. 10 (October 2021): 697, https://doi.org/10.3390/toxins13100697.

41   P. Armitage and R. Doll, 〈암의 연령별 분포와 발암의 다중 단계 이론The Age Distribution of Cancer and a Multi-Stage Theory of Carcinogenesis〉, *British Journal of Cancer* 8, no. 1 (March 1954): 1~12. 더 알아보고 싶다면 다음을 참고하라. Chris Hornsby, Karen M. Page, and Ian P. M. Tomlinson, 〈암의 인구별 발병 사례를 통해 얻을 수 있는 교훈: 아미티지와 돌의 연구를 바탕으로What Can We Learn from the Population Incidence of Cancer? Armitage and Doll Revisited〉, *Lancet Oncology* 8, no. 11 (November 1, 2007): 1030~1038, https://doi.org/10.1016/S1470-2045(07)70343-1.

42   Elisa Longinetti et al., 〈근위축성 측색 경화증의 지리적 밀집 현상과 브래드퍼드 힐의 인과관계 평가 기준Geographical Clusters of Amyotrophic Lateral Sclerosis and the Bradford Hill Criteria〉, *Amyotrophic Lateral Sclerosis and Frontotemporal Degeneration* 23, nos. 5~6 (2022): 329~343.

43   Juan Moreno, 〈목을 뚫은 뿔: 죽음을 피한 투우사가 복귀에 성공하다Gored through the Neck: Matador Who Cheated Death Makes His Comeback〉, *Der Spiegel*, August 13, 2010, sec. International, https://www.spiegel.de/international/zeitgeist/gored-through-the-neck-matador-who-cheated-death-makes-his-comeback-a-711092.html.

44   Manuel Aparicio, 저자와 진행한 인터뷰, Fort Myers, Florida, August 23, 2022.

5장

1   Erin Welsh and Erin Allmann Updyke, 〈74화: '뇌를 먹는 아메바' 네글레리아 파울러리Episode 74 Naegleria Fowleri: The 'Brain-Eating Amoeba,'〉, June 1, 2021, *This Podcast Will*

Kill You, podcast, https://thispodcastwillkillyou.com/2021/06/01/episode-74-naegleria-fowleri-the-brain-eating-amoeba/.

2   Hae-Jin Sohn et al., 〈네글레리아 파울러리의 영양 포획 구조와 세포 독성에 영향을 미치는 주된 요인인 신경섬유-액틴 유전자The Nf-Actin Gene Is an Important Factor for Food-Cup Formation and Cytotoxicity of Pathogenic Naegleria Fowleri〉, *Parasitology Research* 106, no. 4 (March 1, 2010): 917~924, https://doi.org/10.1007/s00436-010-1760-y.

3   Rebekah Riess, 〈네바다의 2세 남아가 자연 온천에서 감염된 것으로 추정되는 뇌 먹는 아메바 때문에 사망하다2-Year-Old Nevada Boy Dies from Brain-Eating Amoeba Likely Contracted at Natural Hot Spring〉, CNN, July 22, 2023, https://www.cnn.com/2023/07/22/us/nevada-brain-eating-amoeba/index.html.

4   Eddie Grace, Scott Asbill, and Kris Virga, 〈네글레리아 파울러리의 감염과 진단 및 치료책Naegleria Fowleri: Pathogenesis, Diagnosis, and Treatment Options〉, *Antimicrobial Agents and Chemotherapy* 59, no. 11 (November 2015): 6677~6681, https://doi.org/10.1128/AAC.01293-15.

5   Paul M. Sharp and Beatrice H. Hahn, 〈HIV의 기원과 에이즈 전염 사태Origins of HIV and the AIDS Pandemic〉, *Cold Spring Harbor Perspectives in Medicine* 1, no. 1 (September 2011): a006841, https://doi.org/10.1101/cshperspect.a006841.

6   Md. Tanvir Rahman et al., 〈동물원성 질병의 원인과 영향과 관리Zoonotic Diseases: Etiology, Impact, and Control〉, *Microorganisms* 8, no. 9 (September 12, 2020): 1405, https://doi.org/10.3390/microorganisms8091405.

7   N. Joan Abbott et al., 〈혈액-뇌 장벽의 구조와 기능Structure and Function of the Blood–Brain Barrier〉, *Neurobiology of Disease* 37, no. 1 (2010): 13~25.

8   Usha Kant Misra and Jayantee Kalita, 〈일본 뇌염 개관Overview: Japanese Encephalitis〉, Progress in Neurobiology 91, no. 2 (2010): 108~120.

9   V. Hongoh, 〈기후변화로 인한 캐나다 내 빨간집모기 분포의 확산Expanding Geographical Distribution of the Mosquito, Culex pipiens, in Canada under Climate Change〉, *Applied Geography* 33 (2012): 53~62.

10   Thomas P. Monath and Pedro F. C. Vasconcelos, 〈황열병Yellow Fever〉, *Journal of Clinical Virology* 64 (2015): 160~173.

11   Ana Cláudia Piovezan-Borges et al., 〈기후변화가 아에데스 아에기프티에 미치는 영향에 관한 세계 연구 동향: 국제적 협력이 증대되었음에도 일부 중요 국가가 뒤쳐져 있는 상태에 관하여Global Trends in Research on the Effects of Climate Change on Aedes aegypti: International Collaboration Has Increased, but Some Critical Countries Lag Behind〉, *Parasites and Vectors* 15,

no. 1 (2022): 1~12.

12 Didier Musso and Duane J. Gubler, 〈지카 바이러스〉, *Clinical Microbiology* Reviews 29, no. 3 (2016): 487~524.

13 Piovezan-Borges et al., 〈기후변화가 아에데스 아에기프티에 미치는 영향에 관한 세계 연구 동향〉.

14 Richard Idro, Neil E. Jenkins, and Charles R. J. C. Newton, 〈뇌성 말라리아의 발병 원인과 임상적 특징과 신경학적 결과Pathogenesis, Clinical Features, and Neurological Outcome of Cerebral Malaria〉, *Lancet Neurology* 4, no. 12 (2005): 827~840.

15 Sadie J. Ryan, 〈현재와 미래의 기온이 얼룩날개모기에 의한 말라리아 전파에 가하는 제약 측정Mapping Current and Future Thermal Limits to Suitability for Malaria Transmission by the Invasive Mosquito Anopheles stephensi〉, *Malaria Journal* 22, no. 1 (2023): 104.

16 Meghan E. Hermance and Saravanan Thangamani, 〈포와산 바이러스: 신종 아르보바이러스로 인한 북미 공중보건 우려Powassan Virus: An Emerging Arbovirus of Public Health Concern in North America〉, *Vector-Borne and Zoonotic Diseases* 17, no. 7 (2017): 453~462.

17 C. Bouchard et al., 〈기후변화와 전염병: 기후 및 환경 변화에 의한 진드기 매개 질환의 위험성 증가Climate Change and Infectious Diseases: The Challenges: N Increased Risk of Tick-Borne Diseases with Climate and Environmental Changes〉, *Canada Communicable Disease Report* 45, no. 4 (2019): 83.

18 Christopher Rice, 저자와 전화로 진행한 인터뷰, February 7, 2023. 이 장에서 별다른 언급 없이 라이스의 말을 인용하는 경우 모두 이 인터뷰에서 인용하는 것이다.

19 Muhammad Jahangeer at al., 〈네글레리아 파울러리의 감염원, 생리, 진단, 관리: 리뷰 논문Naegleria fowleri: Sources of Infection, Pathophysiology, Diagnosis, and Management: A Review〉, *Clinical and Experimental Pharmacology and Physiology* 47, no. 2 (2020): 199~212.

20 Lynne Eger and Morgan A. Pence, 〈물놀이 장소 방문 후의 원발성 아메바 뇌수막염 감염 사례 연구The Brief Case: A Case of Primary Amebic Meningoencephalitis (PAM) after Exposure at a Splash Pad〉, *Journal of Clinical Microbiology* 61, no. 7 (July 20, 2023): e0126922, https://doi.org/10.1128/jcm.01269-22.

21 Andrea Güémez and Elisa García, 〈네글레리아 파울러리에 의한 원발성 아메바 뇌수막염의 감염과 치료Primary Amoebic Meningoencephalitis by Naegleria fowleri: Pathogenesis and Treatments〉, *Biomolecules* 11, no. 9 (2021): 1320.

22 Stephanie J. Salyer et al., 〈세계 보건 역량 강화를 위한 인축공통전염병에 대한 관심 촉구: 2014-2016년 7개국에서 열린 원헬스 인축공통전염병 워크숍의 핵심 주제Prioritizing Zoonoses for Global Health Capacity Building—Themes from One Health Zoonotic Disease

Workshops in 7 Countries, 2014–2016〉, *Emerging Infectious Diseases* 23, no. S1 (December 2017): S55—S64, https://doi.org/10.3201/eid2313.170418.

23   Matthias J. Schnell et al., 〈광견병 바이러스의 세포 생물학: 잠복을 통한 두뇌 침투 능력The Cell Biology of Rabies Virus: Using Stealth to Reach the Brain〉, *Nature Reviews Microbiology* 8, no. 1 (2010): 51~61.

24   US Geological Survey, 〈흡혈박쥐는 실재하는가?Do Vampire Bats Really Exist?〉, USGS North American Bat Monitoring Program (NABat), 2022, https://www.usgs.gov/faqs/do-vampire-bats-really-exist.

25   Gerald S. Wilkinson, 〈흡혈박쥐가 형성하는 사회적 조직: 조직화 패턴과 원인을 중심으로The Social Organization of the Common Vampire Bat: I. Pattern and Cause of Association〉, *Behavioral Ecology and Sociobiology* 17 (1985): 111~121.

26   Mark A. Hayes and Antoinette J. Piaggio, 〈기후변화가 광견병바이러스 매개체의 분포에 미치는 잠재적 영향 평가Assessing the Potential Impacts of a Changing Climate on the Distribution of a Rabies Virus Vector〉, *PLOS ONE* 13, no. 2 (2018): e0192887.

27   Victoria Pilkington, Sarai Mirjam Keestra, and Andrew Hill, 〈COVID-19 백신 보급의 불평등: 보급 첫 해에 마주한 실패와 미래를 위한 잠재적 해결책Global COVID-19 Vaccine Inequity: Failures in the First Year of Distribution and Potential Solutions for the Future〉, *Frontiers in Public Health* 10 (2022), https://www.frontiersin.org/articles/10.3389/fpubh.2022.821117.

28   Hanxin Zhang, Atif Khan, and Andrey Rzhetsky, 〈주요 신경정신질환 변이에서 유전자와 환경의 상호작용이 차지하는 막대한 비중Gene-Environment Interactions Explain a Substantial Portion of Variability of Common Neuropsychiatric Disorders〉, *Cell Reports Medicine* 3, no. 9 (September 20, 2022), https://doi.org/10.1016/j.xcrm.2022.100736.

29   Jason Arunn Murugesu, 〈COVID-19 감염과 이후 2년 간 뇌 질환 발병 위험성의 증가 사이의 연관성Covid-19 Linked to Higher Risk of Brain Conditions up to Two Years On〉, *New Scientist*, accessed May 4, 2023, https://www.newscientist.com/article/2334325-covid-19-linked-to-higher-risk-of-brain-conditions-up-to-two-years-on/.

30   Maxime Taquet et al., 〈COVID-19 생존자 236,379명에게 6개월 간 나타난 신경과적·정신과적 영향: 전자 의료기록을 활용한 회고적 코호트연구를 바탕으로6-Month Neurological and Psychiatric Outcomes in 236,379 Survivors of COVID-19: A Retrospective Cohort Study Using Electronic Health Records〉, *Lancet Psychiatry* 8, no. 5 (May 1, 2021): 416~427, https://doi.org/10.1016/S2215-0366(21)00084-5.

31   Shreya Louis et al., 〈기후변화와 대기오염이 신경계 건강, 질병, 치료에 미치는 영향:

리뷰 논문Impacts of Climate Change and Air Pollution on Neurologic Health, Disease, and Practice: A Scoping Review〉, *Neurology* 100, no. 10 (March 7, 2023): 474~483, https://doi.org/10.1212/WNL.0000000000201630.

32   Lilian Calderón-Garcidueñas et al., 〈멕시코시티의 유아, 아동, 청년 사이에서 급증하는 알츠하이머병의 특질Hallmarks of Alzheimer Disease Are Evolving Relentlessly in Metropolitan Mexico City Infants, Children and Young Adults. APOE4 Carriers Have Higher Suicide Risk and Higher Odds of Reaching NFT Stage V at ≤ 40 Years of Age〉, *Environmental Research* 164 (July 1, 2018): 475~487, https://doi.org/10.1016/j.envres.2018.03.023.

33   E. Fuller Torrey and Robert H. Yolken, 〈조현병의 유전성에 대한 의심: 유전과 환경의 상호작용에 대한 면밀한 연구 촉구Schizophrenia as a Pseudogenetic Disease: A Call for More Gene-Environmental Studies〉, *Psychiatry Research* 278 (2019): 146~150.

34   Lotta-Katrin Pries et al., 〈정신과적 질환에 대한 환경적 위험 요인의 종합 점수 측정: 조현병의 엑스포좀 점수Estimating Aggregate Environmental Risk Score in Psychiatry: The Exposome Score for Schizophrenia〉, *Frontiers in Psychiatry* 12 (2021), https://www.frontiersin.org/articles/10.3389/fpsyt.2021.671334.

35   Hanxin Zhang et al., 〈조현병의 표현형 변이 분석: 유전적 변이와 환경적 노출 그리고 둘의 상호작용이 미치는 영향Dissecting Schizophrenia Phenotypic Variation: The Contribution of Genetic Variation, Environmental Exposures, and Gene-Environment Interactions〉, *Schizophrenia* 8, no. 1 (May 10, 2022): 51, https://doi.org/10.1038/s41537-022-00257-5.

36   Jennifer Puthota et al., 〈출산 전 주변 온도와 조현병 발병 가능성의 관계Prenatal Ambient Temperature and Risk for Schizophrenia〉, *Schizophrenia Research* (October 5, 2021), https://doi.org/10.1016/j.schres.2021.09.020.

37   American Academy of Neurology, 〈기후변화와 대기오염이 신경계 질환을 악화시키고 있는가?Are Climate Change and Air Pollution Making Neurologic Diseases Worse?〉, *ScienceDaily*, November 16, 2022, www.sciencedaily.com/releases/2022/11/221116164916.htm.

38   Clara Y. Park and Heather A. Eicher-Miller, 〈미국 내 임신 여성의 영양 불안정과 철 결핍의 상관관계: 1999~2010년 전국 건강 및 영양 조사 결과를 바탕으로Iron Deficiency Is Associated with Food Insecurity in Pregnant Females in the United States: National Health and Nutrition Examination Survey 1999–2010〉, *Journal of the Academy of Nutrition and Dietetics* 114, no. 12 (December 2014): 1967~1973, https://doi.org/10.1016/j.jand.2014.04.025.

39   Barbara A. Laraia, 〈식량 불안정과 만성 질환의 관계Food Insecurity and Chronic Disease〉, *Advances in Nutrition* 4, no. 2 (2013): 203~212.

40   Centers for Disease Control and Prevention, 〈라임병 데이터와 모니터링Lyme

Disease Data and Surveillance〉, August 29, 2022, https://www.cdc.gov/lyme/datasurveillance/index.html.

41   F. I. Bastos and S. A. Strathdee, 〈주사기 교체 프로그램의 실효성 평가: 당면 과제와 전망Evaluating Effectiveness of Syringe Exchange Programmes: Current Issues and Future Prospects〉, Social Science (2000).

42   Theresa Winhusen et al., 〈개인 맞춤형 오피오이드 남용 예방 교육과 날록손 유통 통제가 불법으로 오피오이드를 사용하는 개인의 피해 완화와 치료 의지에 기여하는 영향 평가Evaluation of a Personally-Tailored Opioid Overdose Prevention Education and Naloxone Distribution Intervention to Promote Harm Reduction and Treatment Readiness in Individuals Actively Using Illicit Opioids〉, *Drug and Alcohol Dependence* 216 (November 1, 2020): 108265, https://doi.org/10.1016/j.drugalcdep.2020.108265. 더 알아보고 싶다면 다음을 참고하라. Kathryn F. Hawk, Federico E. Vaca, and Gail D'Onofrio, 〈오피오이드의 치사적인 남용 행위 억제: 예방책 및 치료책과 피해 최소화 전략Reducing Fatal Opioid Overdose: Prevention, Treatment and Harm Reduction Strategies〉, *Yale Journal of Biology and Medicine* 88, no. 3 (September 3, 2015): 235~245. 또한 다음을 참고하라. Su Albert et al., 〈라자러스 프로젝트: 캐롤라이나 북부 시골 지역의 공동체 기반 남용 예방 전략Project Lazarus: Community-Based Overdose Prevention in Rural North Carolina〉, *Pain Medicine* 12, no. S2 (2011): S77~S85.

6장

1   FOX 6 Now Milwaukee, 〈10여 명의 사상자를 낸 개틀린버그 화재에 대해 15세와 17세 소년에게 제기되었던 혐의가 풀리다Charges Dismissed against Boys, Ages 17 and 15 after Gatlinburg Wildfires That Killed More than a Dozen〉, *FOX 6 Now Milwaukee*, July 2, 2017, https://www.fox6now.com/news/charges-dismissed-against-boys-ages-17-and-15-after-gatlinburg-wildfires-that-killed-more-than-a-dozen.

2   Maria L. Pacella, Bryce Hruska, and Douglas L. Delahanty, 〈PTSD가 신체 건강에 미치는 영향: 메타분석 리뷰논문The Physical Health Consequences of PTSD and PTSD Symptoms: A Meta-analytic Review〉, *Journal of Anxiety Disorders* 27, no. 1 (2013): 33~46.

3   Charles Stewart E. Weston, 〈외상 후 스트레스 장애: 과다각성의 하위유형으로 이해하기 위한 이론적 모델Posttraumatic Stress Disorder: A Theoretical Model of the Hyperarousal Subtype〉, *Frontiers in Psychiatry* 5 (2014): 37.

4 Michael Reed, 저자와 주고받은 전자서신, January 28, 2023. 이 장에서 별다른 언급 없이 리드의 말을 인용하는 경우 모두 이 인터뷰에서 인용하는 것이다.

5 Michael Koenigs and Jordan Grafman, 〈외상 후 스트레스 장애: 내측전두엽과 편도체의 역할Posttraumatic Stress Disorder: The Role of Medial Prefrontal Cortex and Amygdala〉, *Neuroscientist* 15, no. 5 (2009): 540~548.

6 Fu Lye Woon, Shabnam Sood, and Dawson W. Hedges, 〈성인이 심리적 외상과 외상 후 스트레스 장애를 겪을 때 나타나는 해마 크기의 축소: 메타분석Hippocampal Volume Deficits Associated with Exposure to Psychological Trauma and Posttraumatic Stress Disorder in Adults: A Meta-analysis〉, *Progress in Neuro-Psychopharmacology and Biological Psychiatry* 34, no. 7 (2010): 1181~1188.

7 Alice Shaam Al Abed et al., 〈외상 맥락화를 통한 PTSD 기억의 예방과 치료Preventing and Treating PTSD-like Memory by Trauma Contextualization〉, *Nature Communications* 11, no. 1 (August 24, 2020): 4220, https://doi.org/10.1038/s41467-020-18002-w.

8 Lisa M. Shin, Scott L. Rauch, and Roger K. Pitman, 〈PTSD 하의 편도체, 내측전두엽, 해마의 기능Amygdala, Medial Prefrontal Cortex, and Hippocampal Function in PTSD〉, *Annals of the New York Academy of Sciences* 1071, no. 1 (2006): 67~79.

9 Updesh Singh Bedi and Rohit Arora, 〈외상 후 스트레스 장애의 심혈관계 발현Cardiovascular Manifestations of Posttraumatic Stress Disorder〉, *Journal of the National Medical Association* 99, no. 6 (2007): 642.

10 Bianca Augusta Oroian et al., 〈외상 후 스트레스 장애의 대사적, 소화적, 산화적 발현New Metabolic, Digestive, and Oxidative Stress-Related Manifestations Associated with Posttraumatic Stress Disorder〉, *Oxidative Medicine and Cellular Longevity 2021* (2021).

11 Sian M. J. Hemmings et al., 〈외상 후 스트레스 장애가 마이크로바이옴에 미치는 영향과 외상으로의 노출을 통한 조절 방법에 관한 탐험적 연구The Microbiome in Posttraumatic Stress Disorder and Trauma-Exposed Controls: An Exploratory Study〉, *Psychosomatic Medicine* 79, no. 8 (2017): 936.

12 Marpe Bam et al., 〈마이크로RNA 표현형의 변화와 DNA 메틸화 반응에 의한 참전용사의 면역 체계 네트워크 조절 장애Dysregulated Immune System Networks in War Veterans with PTSD Is an Outcome of Altered miRNA Expression and DNA Methylation〉, *Scientific Reports* 6, no. 1 (2016): 31209.

13 National Institute of Mental Health (NIMH), 〈외상 후 스트레스 장애Post-Traumatic Stress Disorder (PTSD)〉, accessed August 1, 2023, https://www.nimh.nih.gov/health/statistics/post-traumatic-stress-disorder-ptsd.

14   Grist Creative, 〈우리가 세계적 기후위기 사태를 선언해야 하는 이유Why We Must Declare a Global Climate Emergency〉, *Grist*, September 25, 2019, https://grist.org/article/why-we-must-declare-a-global-climate-emergency/.

15   Jean Rhodes et al., 〈허리케인 카트리나가 뉴올리언스의 저소득층 부모의 정신 및 신체 건강에 미친 영향The Impact of Hurricane Katrina on the Mental and Physical Health of Low-Income Parents in New Orleans〉, *American Journal of Orthopsychiatry* 80, no. 2 (2010): 237.

16   Yoko Nomura et al., 〈출산 전 자연재해 노출이 유년기 정신과적 질환의 조기 발병에 미치는 영향: 태아 연구를 중심으로Prenatal Exposure to a Natural Disaster and Early Development of Psychiatric Disorders during the Preschool Years: Stress in Pregnancy Study〉, *Journal of Child Psychology and Psychiatry* 64, no. 7 (2023): 1080~1091.

17   Ali Jawaid, Martin Roszkowski, and Isabelle M. Mansuy, 〈외상성 스트레스가 세대를 넘어 미치는 후생학적 영향Transgenerational Epigenetics of Traumatic Stress〉, *Progress in Molecular Biology and Translational Science* 158 (2018): 273~298.

18   Yael Danieli, Fran H. Norris, and Brian Engdahl, 〈홀로코스트 생존자의 자녀에게서 나타나는 심리적 장애A Question of Who, Not If: Psychological Disorders in Holocaust Survivors' Children〉, *Psychological Trauma: Theory, Research, Practice, and Policy* 9, no. S1 (2017): 98. 더 알아보고 싶다면 다음을 참고하라. Kenneth O'Brien, 〈호주의 베트남전 참전용사의 자녀 및 손주에게 나타나는 외상 후 스트레스 장애의 대물림The Intergenerational Transference of Post-Traumatic Stress Disorder amongst Children and Grandchildren of Vietnam Veterans in Australia: An Argument for a Genetic Origin〉, in *Social Change in the 21st Century: 2004 Conference Proceedings*, ed. L. Buys, C. Bailey, and D. Cabrera (Brisbane: Centre for Social Change Research, QUT, 2004), 1~13.

19   Brian G. Dias and Kerry J. Ressler, 〈부모 세대의 후각 경험이 이후 세대의 행동과 신경 구조에 미치는 영향Parental Olfactory Experience Influences Behavior and Neural Structure in Subsequent Generations〉, *Nature Neuroscience* 17, no. 1 (2014): 89~96.

20   Danieli, Norris, and Engdahl, 〈홀로코스트 생존자의 자녀에게서 나타나는 심리적 장애〉.

21   Daniel V. Zuj et al., 〈PTSD에 위험 요인을 결부시키는 과정에서 공포 소멸의 핵심성: 서사적 리뷰논문The Centrality of Fear Extinction in Linking Risk Factors to PTSD: A Narrative Review〉, *Neuroscience and Biobehavioral Reviews* 69 (2016): 15~35.

22   Barbara Olasov Rothbaum et al., 〈인지행동치료Cognitive-Behavioral Therapy〉, in *Effective Treatments for PTSD: Practice Guidelines from the International Society for Traumatic Stress Studies*, ed. David Forbes et al. (New York: Guilford Press, 2000), 320~325.

23   Robert Stickgold, 〈EMDR 치료법의 신경생물학적 작용 기제 가설EMDR: A Putative Neurobiological Mechanism of Action〉, *Journal of Clinical Psychology* 58, no. 1 (2002): 61~75, https://doi.org/10.1002/jclp.1129.

24   Cleve R. Wootson Jr., 〈캘리포니아주 역사상 최악의 화재 캠프파이어를 마침내 진압하다Camp Fire, California's Deadliest Wildfire in History, Finally Contained〉, *Washington Post*, November 26, 2018, https://www.washingtonpost.com/nation/2018/11/25/camp-fire-deadliest-wildfire-californias-history-has-been-contained/.

25   Priyanka Boghani, 〈수치로 보는 캠프파이어 화재Camp Fire: By the Numbers〉, *PBS Frontline*, October 29, 2019, https://www.pbs.org/wgbh/frontline/article/camp-fire-by-the-numbers/.

26   Sarita Silveira et al., 〈기상이변이 정신건강에 불러오는 만성적인 후유증: 캘리포니아주 최악의 산불 사례를 중심으로Chronic Mental Health Sequelae of Climate Change Extremes: A Case Study of the Deadliest Californian Wildfire〉, *International Journal of Environmental Research and Public Health 18*, no. 4 (2021): 1487.

27   Jyoti Mishra, 저자와 전화로 진행한 인터뷰, January 30, 2023. 이 장에서 별다른 언급 없이 미슈라의 말을 인용하는 경우 모두 이 인터뷰에서 인용하는 것이다.

28   Scott Shigeoka, 〈미국 대중을 향한 신뢰를 포기하지 않은 기후운동가The Climate Activist Who Hasn't Given Up on Mainstream America〉, *Grist*, December 23, 2019, https://grist.org/climate/the-climate-activist-who-hasnt-given-up-on-mainstream-america/.

29   Anna Jane Joyner, 저자와 전화로 진행한 인터뷰, February 1, 2023. 이 장에서 별다른 언급 없이 조이너의 말을 인용하는 경우 모두 이 인터뷰에서 인용하는 것이다.

30   Greg J. Stephens, Lauren J. Silbert, and Uri Hasson, 〈화자와 청자 사이의 신경 결합을 바탕으로 한 성공적인 의사소통Speaker-Listener Neural Coupling Underlies Successful Communication〉, *Proceedings of the National Academy of Sciences* 107, no. 32 (2010): 14425~14430.

31   Mary Anne Hitt and Anna Jane Joyner, 〈슬픔의 활용: 애나 제인 편The Uses of Sorrow: Anna Jane〉, November 17, 2021, in *No Place Like Home*, podcast, https://www.spreaker.com/user/15244480/s4-ep-3-the-uses-of-sorrow-anna-jane.

32   Hitt and Joyner (2021). 저자가 취재한 경우를 제외하면 이 장에서 조이너의 말을 인용하는 경우 모두 히트가 진행한 인터뷰에서 가져온 것이다.

1 Stephen D. Simpson et al., 〈해양 산성화에 의한 바닷물고기의 청각 습성 퇴화Ocean Acidification Erodes Crucial Auditory Behaviour in a Marine Fish〉, *Biology Letters* 7, no. 6 (2011): 917~920.

2 Philip L. Munday et al., 〈해양 산성화에 의한 바닷물고기의 청각 식별 능력 및 귀소 능력 감퇴Ocean Acidification Impairs Olfactory Discrimination and Homing Ability of a Marine Fish〉, *Proceedings of the National Academy of Sciences* 106, no. 6 (February 10, 2009): 1848~1852, https://doi.org/10.1073/pnas.0809996106.

3 Sean Bignami et al., 〈해양 산성화에 의한 범열대성 어종의 이석 변형과 그것이 청각 기능에 미치는 영향Ocean Acidification Alters the Otoliths of a Pantropical Fish Species with Implications for Sensory Function〉, *Proceedings of the National Academy of Sciences* 110, no. 18 (April 30, 2013): 7366~7370, https://doi.org/10.1073/pnas.1301365110.

4 Göran E. Nilsson et al., 〈가까운 미래의 이산화탄소 농도가 신경전달물질에 간섭함으로써 어류의 행동양식에 미치는 영향Near-Future Carbon Dioxide Levels Alter Fish Behaviour by Interfering with Neurotransmitter Function〉, *Nature Climate Change* 2, no. 3 (March 2012): 201~204, https://doi.org/10.1038/nclimate1352.

5 David H. Hubel and Torsten N. Wiesel, 《뇌와 시각 인지: 25년에 걸친 협업의 이야기Brain and Visual Perception: The Story of a 25-Year Collaboration》 (New York: Oxford University Press, 2004).

6 Karl Friston, 〈자유에너지 원리, 모든 뇌 이론을 통합하는 틀The Free-Energy Principle: A Unified Brain Theory?〉, *Nature Reviews Neuroscience* 11, no. 2 (February 2010): 127~138, https://doi.org/10.1038/nrn2787.

7 John McCrone, 〈프리스턴의 모든 것에 관한 이론Friston's Theory of Everything〉, *Lancet Neurology* 21, no. 5 (May 1, 2022): 494, https://doi.org/10.1016/S1474-4422(22)00137-5.

8 Angie M. Michaiel and Amy Bernard, 〈신경생물학과 변화하는 생태계:인류세의 변화가 뉴런과 신경회로에 미치는 영향을 중심으로Neurobiology and Changing Ecosystems: Toward Understanding the Impact of Anthropogenic Influences on Neurons and Circuits〉, *Frontiers in Neural Circuits* 16 (2022): 995354, https://doi.org/10.3389/fncir.2022.995354.

9 Christina C. Roggatz et al., 〈기후변화가 화학 신호를 통한 상호작용에 미치는 영향Becoming Nose-Blind—Climate Change Impacts on Chemical Communication〉, *Global Change Biology* 28, no. 15 (2022): 4495~4505.

10 Simone Tosi, Giovanni Burgio, and James C. Nieh, 〈꿀벌의 비행 능력을 저해하는

네오티코티노이드 살충제 티아메톡삼A Common Neonicotinoid Pesticide, Thiamethoxam, Impairs Honey Bee Flight Ability〉, *Scientific Reports* 7, no. 1 (April 26, 2017): 1201, https://doi.org/10 .1038/s41598-017-01361-8.

11   Karl Friston, 저자와 전화로 진행한 인터뷰, January 4, 2023. 이 장에서 별다른 언급 없이 프리스턴의 말을 인용하는 경우 모두 이 인터뷰에서 인용하는 것이다.

12   Rick A. Adams et al., 〈모든 것은 연결되어 있다: 망상에서의 추론과 유인Everything Is Connected: Inference and Attractors in Delusions〉, *Schizophrenia Research* 245 (2022): 5~22.

13   Arthur S. Eddington, 《물리세계의 본성: 기퍼드의 1927년 강의록The Nature of the Physical World: Gifford Lectures of 1927》, annotated and introduced by H. G. Callaway (Newcastle upon Tyne: Cambridge Scholars Publishing, 2014).

14   Morten L. Kringelbach and Gustavo Deco, 〈마음의 열역학은 번성하는 법에 관해 무엇을 알려주는가?What Can a Thermodynamics of Mind Say about How to Thrive?〉, *Aeon*, February 22, 2022, https://aeon.co/essays/what-can-a-thermodynamics-of-mind-say-about-how-to-thrive.

15   Kringelbach and Deco (2022).

16   Adam Linson et al., 〈생태 인식에 대한 능동적 추론 접근법: 자연적으로 혹은 인공적으로 구현된 인지에서 나타나는 정보 역학The Active Inference Approach to Ecological Perception: General Information Dynamics for Natural and Artificial Embodied Cognition〉, *Frontiers in Robotics and AI* 5 (2018), https://www.frontiersin.org/articles/10.3389/frobt.2018.00021.

17   Jérôme Sueur, Bernie Krause, and Almo Farina, 〈지구의 박자를 망가뜨리는 기후변화Climate Change Is Breaking Earth's Beat〉, *Trends in Ecology and Evolution* 34, no. 11 (November 1, 2019): 971~973, https://doi.org/10.1016/j.tree.2019.07.014.

18   James P. Gibbs and Alvin R. Breisch, 〈1900~1999년 기후변화가 뉴욕 이타카 근방 개구리의 울음 패턴에 미친 영향Climate Warming and Calling Phenology of Frogs near Ithaca, New York, 1900–1999〉, *Conservation Biology* 15, no. 4 (2001): 1175~1178, https://doi.org/10.1046/j.1523-1739.2001.0150041175.x.

19   E.-D. Schulze et al., 〈온도 변화가 야기하는 수분 부족에 대한 기공의 반응Stomatal Responses to Changes in Temperature at Increasing Water Stress〉, *Planta* 110, no. 1 (March 1, 1973): 29~42, https://doi.org/10.1007/BF00386920.

20   Karl Friston, 〈행동의 변분 원리The Variational Principles of Action〉, in *Geometric and Numerical Foundations of Movements*, ed. Jean-Paul Laumond, Nicolas Mansard, and Jean-Bernard Lasserre, Springer Tracts in Advanced Robotics (Cham: Springer International Publishing, 2017), 117:207~235, https://doi.o

rg/10.1007/978-3-319-51547-2_10.

21   Albert F. Gunns, 〈최초의 타코마 다리: 폴짝이는 거티의 간략한 역사The First Tacoma Narrows Bridge: A Brief History of Galloping Gertie〉, *Pacific Northwest Quarterly* 72, no. 4 (1981): 162~169.

22   Alejandro de la Garza, 〈기후 시위자들이 예술작품에 수프를 끼얹다: 그 배후에 있는 브루클린의 심리학자Climate Protesters Are Throwing Soup at Art. A Brooklyn Psychologist Is Behind It〉, *Time*, November 18, 2022, https://time.com/6234840/art-climate-protests-margaret-klein-salamon/.

23   Timothy Morton, 〈당신도 생태에 속한다You Are Ecological〉, *Brainwash Festival* 2022, November 10, 2022, https://www.youtube.com/watch?v=dGTQS6_SBdc.

8장

1   Zuzanna Stańska, 〈에드바르트 뭉크의 절규에 등장하는 미스터리한 거리The Mysterious Street from Edvard Munch's The Scream〉, *DailyArt Magazine* (blog), May 18, 2023, https://www.dailyartmagazine.com/the-mysterious-road-of-the-scream-by-edvard-munch/.

2   Richard Panek, 〈크라카토아 동쪽의 '절규'ART; 'The Scream,' East of Krakatoa〉, *New York Times*, February 8, 2004, sec. Arts, https://www.nytimes.com/2004/02/08/arts/art-the-scream-east-of-krakatoa.html.

3   Donald W. Olson, Russell L. Doescher, and Marilynn S. Olson, 〈하늘이 붉게 물들었을 때: '절규'의 뒷이야기When the Sky Ran Red: The Story Behind The Scream〉, *Sky and Telescope*, February 2004, 28.

4   Andreea Bratu et al., 〈2021년 미국 서부의 열돔 현상이 브리티시컬럼비아 주민의 기후변화 우려를 증가시키다The 2021 Western North American Heat Dome Increased Climate Change Anxiety among British Columbians: Results from a Natural Experiment〉, *Journal of Climate Change and Health* 6 (2022): 100116.

5   Kathy Selvage, 저자와 전화로 진행한 인터뷰, January 21, 2016. 이 장에서 별다른 언급 없이 셀비지의 말을 인용하는 경우 모두 이 인터뷰에서 인용하는 것이다.

6   Michael Hendryx and Kestrel A. Innes-Wimsatt, 〈애팔래치아 중부 탄광 지역에 사는 사람들의 우울증 위험성 증가Increased Risk of Depression for People Living in Coal Mining Areas of Central Appalachia〉, *Ecopsychology* 5, no. 3 (September 2013): 179~187, https://

doi.org/10.1089/eco.2013.0029. 더 알아보고 싶다면 다음을 참고하라. Paige Cordial, Ruth Riding-Malon, and Hilary Lips, 〈정상 제거 채굴이 애팔래치아 중부 사람들의 정신건강, 복지, 공동체에 미치는 영향The Effects of Mountaintop Removal Coal Mining on Mental Health, Well-Being, and Community Health in Central Appalachia〉, *Ecopsychology* 4, no. 3 (2012): 201~208.

7   Michael Hendryx, 저자와 전화로 진행한 인터뷰, November 5, 2015. 이 장에서 별다른 언급 없이 헨드릭스의 말을 인용하는 경우 모두 이 인터뷰에서 인용하는 것이다.

8   Glenn Albrecht, 〈솔라스탤지어: 건강과 정체성에 관한 새로운 개념'Solastalgia.' A New Concept in Health and Identity〉, *PAN: Philosophy Activism Nature* 3 (2005): 41~55.

9   Paige Cordial, 저자와 전화로 진행한 인터뷰, November 5, 2015. 이 장에서 별다른 언급 없이 코디얼의 말을 인용하는 경우 모두 이 인터뷰에서 인용하는 것이다.

10   Paige Cordial, 〈정상 제거 채굴이 애팔래치아 중부 노천 채굴 지역에 사는 사람들의 복지에 미치는 영향에 대한 질적 탐구A Qualitative Exploration of the Effects of Mountaintop Removal on the Wellness of Central Appalachians Living Near Surface Mines〉, *Radford University*, May 2013, http://wagner.radford.edu/115/3/Paige%20Cordial%20Final%20Dissertation%20 5-3-13.pdf.

11   Jeff Biggers, 〈정상 제거 반대 운동을 위한 다음 단계: 애팔래치아의 리더 보 웹과의 인터뷰를 중심으로Next Steps for Anti-Mountaintop Removal Movement: Interview with Appalachian Leader Bo Webb〉, *Indypendent*, March 29, 2011, https://indypendent.org/2011/03/next-steps- for-anti-mountaintop-removal-movement-interview-with-appalachian-leader- bo-webb/.

12   Cordial (2013).

13   Amitav Ghosh, 《대혼란의 시대The Great Derangement: Climate Change and the Unthinkable》(New York: Penguin Books, 2016).

14   Alissa J. Mrazek, Tokiko Harada, and Joan Y. Chiao, 〈정체성 발달에 관한 문화적 신경과학Cultural Neuroscience of Identity Development〉, in *The Oxford Handbook of Identity Development*, ed. Kate C. McLean and Moin Syed (New York: Oxford University Press, 2014), 423.

15   Giuseppe Di Pellegrino et al., 〈운동 사건의 이해: 신경생리학적 연구를 바탕으로Understanding Motor Events: A Neurophysiological Study〉, Experimental Brain Research 91 (1992): 176~180.

16   Luca Bonini et al., 〈30년 뒤의 거울뉴런: 함의와 응용Mirror Neurons 30 Years Later: Implications

and Applications〉, *Trends in Cognitive Sciences* 26, no. 9 (September 1, 2022): 767~781, https://doi.org/10.1016/j.tics.2022.06.003.

17 Vittorio Gallese, 〈거울뉴런, 체화된 시뮬레이션, 신경 기반의 사회 정체성 형성Mirror Neurons, Embodied Simulation, and the Neural Basis of Social Identification〉, *Psychoanalytic Dialogues* 19, no. 5 (2009): 519~536.

18 Becky Harlan, 〈다시 보는 애팔래치아: 빈곤과의 전쟁 50년 후의 이야기A Fresh Look at Appalachia: 50 Years After the War on Poverty〉, *National Geographic*, February 6, 2015, https://www.nationalgeographic.com/photography/article/a-fresh-look-at-appalachia-50-years-after-the-war-on-poverty.

19 Holly Vins et al., 〈가뭄이 정신건강에 미치는 영향The Mental Health Outcomes of Drought: A Systematic Review and Causal Process Diagram〉, *International Journal of Environmental Research and Public Health* 12, no. 10 (October 2015): 13251~13275, https://doi.org/10.3390/ijerph121013251.

20 Michael Hendryx, 〈애팔래치아 시골 지역의 정신건강 전문가 부족 문제Mental Health Professional Shortage Areas in Rural Appalachia〉, *Journal of Rural Health* 24, no. 2 (2008): 179~182, https://doi.org/10.1111/j.1748-0361.2008.00155.x.

21 Kathleen C. Thomas et al., 〈카운티 단위로 측정한 미국 내 정신건강 전문가의 부족 현황County-Level Estimates of Mental Health Professional Shortage in the United States〉, *Psychiatric Services* 60, no. 10 (2009): 1323~1328.

22 Hendryx, 〈애팔래치아 시골 지역의 정신건강 전문가 부족 문제〉.

23 Ciara O'Rourke, 〈기후변화의 숨겨진 희생양은 바로 당신의 정신건강Climate Change's Hidden Victim: Your Mental Health〉, *OneZero*, January 24, 2019, https://onezero.medium.com/the-emotional-damage-done-by-climate-change-2f8f9ad59155.

24 Blacki Migliozzi et al., 〈서부 해안의 기록적인 산불이 10년을 재앙으로 뒤덮다Record Wildfires on the West Coast Are Capping a Disastrous Decade〉, *New York Times*, September 24, 2020, sec. Climate, https://www.nytimes.com/interactive/2020/09/24/climate/fires-worst-year-california-oregon-washington.html.

25 Chess Stetson, Matthew P. Fiesta, and David M. Eagleman, 〈무서운 일이 터졌을 때 정말로 시간이 느리게 갈까?Does Time Really Slow Down during a Frightening Event?〉, *PLOS ONE* 2, no. 12 (2007): e1295.

26 Zadie Smith, 〈한 나라의 계절들을 위한 비가Elegy for a Country's Seasons〉, *New York Review of Books* 61, no. 6 (2014): 6.

27 Abdul-Ghaaliq Lalkhen, 《고통의 해부학An Anatomy of Pain: How the Body and the Mind Experience

and Endure Physical Suffering》(New York: Simon and Schuster, 2022).

28   Charlotte E. Steeds, 〈고통의 해부학과 생리학The Anatomy and Physiology of Pain〉, *Surgery* (Oxford) 27, no. 12 (2009): 507~511.

29   Harald Breivik et al., 〈고통 평가Assessment of Pain〉, *British Journal of Anaesthesia* 101, no. 1 (2008): 17 – 24. 더 알아보고 싶다면 다음을 참고하라. Kenneth D. Craig, 〈고통의 사회적 의사소통 모델The Social Communication Model of Pain〉, *Canadian Psychology/ Psychologie canadienne* 50, no. 1 (2009): 22. 또한 다음을 참고하라. Simon W. Townsend et al., 〈미어캣의 유연한 경보 호출Flexible Alarm Calling in Meerkats: The Role of the Social Environment and Predation Urgency〉, *Behavioral Ecology* 23, no. 6 (November 1, 2012): 1360~1364, https:// doi.org/10.1093/beheco/ars129.

30   Yasuhiro Kotera, Miles Richardson, and David Sheffield, 〈산림욕의 효과와 자연요법이 정신건강에 미치는 영향: 리뷰 및 메타분석 논문Effects of Shinrin-Yoku (Forest Bathing) and Nature Therapy on Mental Health: A Systematic Review and Meta-analysis〉, *International Journal of Mental Health and Addiction* (2020): 1~25.

31   F. Ohl et al., 〈만성 심리사회적 스트레스와 장기적 코르티솔 노출이 해마 매개 기억과 해마 크기에 미치는 영향Effect of Chronic Psychosocial Stress and Long-Term Cortisol Treatment on Hippocampus-Mediated Memory and Hippocampal Volume: A Pilot-Study in Tree Shrews〉, *Psychoneuroendocrinology* 25, no. 4 (May 2000): 357~363, https://doi.org/10.1016 /S0306-4530(99)00062-1.

32   Jessica M. McKlveen et al., 〈만성 스트레스로 인한 전두엽 전부의 기능 억제Chronic Stress Increases Prefrontal Inhibition: A Mechanism for Stress-Induced Prefrontal Dysfunction〉, *Biological Psychiatry* 80, no. 10 (2016): 754~764.

9장 ▇▇

1   Jonathan Winawer et al., 〈러시아어의 파랑을 통해 살펴본 언어가 색 구별에 미치는 영향Russian Blues Reveal Effects of Language on Color Discrimination〉, *Proceedings of the National Academy of Sciences* 104, no. 19 (May 8, 2007): 7780~7785, https://doi.org/10.1073/ pnas.0701644104.

2   Julie Goldstein, Jules Davidoff, and Debi Roberson, 〈색 단어를 아는 것이 색 인식을 강화시킨다: 영어와 힘바어의 사례Knowing Color Terms Enhances Recognition: Further Evidence from English and Himba〉, *Journal of Experimental Child Psychology* 102, no. 2 (2009): 219~238.

3 Martin Maier and Rasha Abdel Rahman, 〈모국어에 의한 시각 인식의 강화Native Language Promotes Access to Visual Consciousness〉, *Psychological Science* 29, no. 11 (2018): 1757~1772. 더 알아보고 싶다면 다음을 참고하라. Jasna Martinovic, Galina V. Paramei, and W. Joseph MacInnes, 〈러시아어의 파랑을 통해 실펴본 언어가 색 구별에 미치는 영향의 한계Russian Blues Reveal the Limits of Language Influencing Colour Discrimination〉, *Cognition* 201 (August 1, 2020): 104281, https://doi.org/10.1016/j.cognition.2020.104281.

4 Benjamin Lee Whorf, 《언어, 사고, 그리고 실재Language, Thought, and Reality: Selected Writings of Benjamin Lee Whorf》(Cambridge, MA: MIT Press, 2012).

5 Lera Boroditsky and Alice Gaby, 〈호주 원주민 사회의 절대적 공간 개념을 통한 시간 표현Remembrances of Times East: Absolute Spatial Representations of Time in an Australian Aboriginal Community〉, *Psychological Science* 21, no. 11 (2010): 1635~1639.

6 John Noble Wilford, 〈언어는 사라져도 최후의 단어들은 남는다Languages Die, but Not Their Last Words〉, *New York Times*, September 19, 2007, https://www.nytimes.com/2007/09/19/science/19language.html.

7 L. J. Gorenflo et al., 〈생물다양성이 높은 야생에서 동시에 나타나는 언어적 다양성과 생물적 다양성Co-Occurrence of Linguistic and Biological Diversity in Biodiversity Hotspots and High Biodiversity Wilderness Areas〉, *Proceedings of the National Academy of Sciences* 109, no. 21 (May 22, 2012): 8032~8037, https://doi.org/10.1073/pnas.1117511109. 더 알아보고 싶다면 다음을 참고하라. Lenore A. Grenoble, 〈북극의 토착어: 생명과 부활의 언어Arctic Indigenous Languages: Vitality and Revitalization〉, in *The Routledge Handbook of Language Revitalization*, ed. Leanne Hinton, Leena Huss, and Gerald Roche (New York: Routledge, 2018). 또한 다음을 참고하라. Gary Paul Nabhan, Patrick Pynes, and Tony Joe, 〈다양성 상실의 시대에 종, 언어, 문화를 수호하는 법Safeguarding Species, Languages, and Cultures in the Time of Diversity Loss: From the Colorado Plateau to Global Hotspots〉, *Annals of the Missouri Botanical Garden* 89, no. 2 (2002): 164~175, https://doi.org/10.2307/3298561.

8 Mandana Seyfeddinipur, 저자와 전화로 진행한 인터뷰, February 3, 2023. 이 장에서 별다른 언급 없이 세이페디니푸르의 말을 인용하는 경우 모두 이 인터뷰에서 인용하는 것이다.

9 Gregory Hickok, 〈언어 기능의 신경해부학적 분석The Functional Neuroanatomy of Language〉, *Physics of Life Reviews* 6, no. 3 (2009): 121~143.

10 Hickok, 〈언어 기능의 신경해부학적 분석〉.

11 Ellen Bialystok and Xiaojia Feng, 〈능동적 개입이 언어 숙련도와 실행 조절 능력에

미치는 영향Language Proficiency and Executive Control in Proactive Interference: Evidence from Monolingual and Bilingual Children and Adults〉, *Brain and Language* 109, nos. 2~3 (2009): 93~100. 더 알아보고 싶다면 다음을 참고하라. Ellen Bialystok and Mythili Viswanathan, 〈두 문화를 공유하는 이중 언어 사용 아동이 실행 조절 능력에서 얻는 이점Components of Executive Control with Advantages for Bilingual Children in Two Cultures〉, *Cognition* 112, no. 3 (2009): 494~500.

12   Caleb Everett, 〈지리적 특성이 언어의 소리에 직접적으로 미치는 영향에 관한 증거Evidence for Direct Geographic Influences on Linguistic Sounds: The Case of Ejectives〉, *PLOS ONE* 8, no. 6 (June 12, 2013): e65275, https://doi.org/10.1371/journal.pone.0065275.

13   Benjamin T. Wilder et al., 〈언어와 생물다양성의 상실을 억제하는 데 토착 지식의 중요성The Importance of Indigenous Knowledge in Curbing the Loss of Language and Biodiversity〉, *BioScience* 66, no. 6 (2016): 499~509. 더 알아보고 싶다면 다음을 참고하라. Gorenflo et al., 〈생물다양성이 높은 야생에서 동시에 나타나는 언어적 다양성과 생물적 다양성〉.

14   Stephen C. Levinson, 〈언어와 인지: 구구이미티르어의 공간 기술어가 인식에 미치는 영향Language and Cognition: The Cognitive Consequences of Spatial Description in Guugu Yimithirr〉, *Journal of Linguistic Anthropology* 7, no. 1 (1997): 98~131.

15   Eleanor A. Maguire, Katherine Woollett, and Hugo J. Spiers, 〈런던의 택시운전사와 버스운전사: MRI를 통한 신경정신학적 분석London Taxi Drivers and Bus Drivers: A Structural MRI and Neuropsychological Analysis〉, *Hippocampus* 16, no. 12 (2006): 1091~1101.

16   Judith F. Kroll and Paola E. Dussias, 〈다중 언어 구사가 미국인의 개인적·전문적 발전에 미치는 순기능The Benefits of Multilingualism to the Personal and Professional Development of Residents of the US〉, *Foreign Language Annals* 50, no. 2 (2017): 248~259.

17   Hilary D. Duncan et al., 〈경미한 인지 장애와 알츠하이머병을 앓는 단일 언어 사용자와 다중 언어 사용자에게서 나타나는 뇌 구조 차이Structural Brain Differences between Monolingual and Multilingual Patients with Mild Cognitive Impairment and Alzheimer Disease: Evidence for Cognitive Reserve〉, *Neuropsychologia* 109 (2018): 270~282. 더 알아보고 싶다면 다음을 참고하라. Howard Chertkow et al., 〈다중 언어 사용이 알츠하이머병의 발병 시점을 지연시키다Multilingualism (but Not Always Bilingualism) Delays the Onset of Alzheimer Disease: Evidence from a Bilingual Community〉, *Alzheimer Disease and Associated Disorders* 24, no. 2 (2010): 118~125.

18   Stefan Elmer, Jürgen Hänggi, and Lutz Jäncke, 〈인지·언어·발성 기능에 처리 작업이 부과될 때 다중 언어를 사용하는 성인의 회백질에서 신경가소성이 촉진되다Processing Demands upon Cognitive, Linguistic, and Articulatory Functions Promote Grey Matter Plasticity in the Adult Multilingual Brain: Insights from Simultaneous Interpreters〉, *Cortex* 54 (2014): 179~189.

19 Anouschka Foltz, 저자와 전화로 진행한 인터뷰, February 3, 2023. 이 장에서 별다른 언급 없이 폴츠의 말을 인용하는 경우 모두 이 인터뷰에서 인용하는 것이다.

20 Jamie, 〈유럽에서 가장 추운 일곱 지역The 7 Coldest Places in Europe: Ultimate Frigid Towns〉, *Travel Snippet*, March 21, 2023, https://travelsnippet.com/europe/coldest-places-in-europe/.

21 Jonna Utsi, 저자와 진행한 인터뷰, Guovdageaidnu, Norway, February 7, 2023. 이 장에서 별다른 언급 없이 우치의 말을 인용하는 경우 모두 이 인터뷰에서 인용하는 것이다.

22 Annika Pasanen, 저자와의 인터뷰, Guovdageaidnu, Norway, January 31, 2023. 이 장에서 별다른 언급 없이 파사넨의 말을 인용하는 경우 모두 이 인터뷰에서 인용하는 것이다.

23 William H. Wilson and Kauanoe Kamana, 〈하와이 언어 부흥에서의 언어 둥지의 역할Mai Loko Mai O Ka 'I'ini: Proceeding from a Dream': The 'Aha Pūnana Leo Connection in Hawaiian Language Revitalization〉, in *The Green Book of Language Revitalization in Practice*, ed. Leanne Hinton and Kenneth Hale (Leiden: Brill, 2001), 147~176. 더 알아보고 싶다면 다음을 참고하라. Keiki K. C. Kawaiʻaeʻa, Alohalani Kaluhiokalani Housman, and Makalapua Alencastre, 〈세 세대에 걸친 하와이 언어 부흥기Pu'a i ka 'Olelo, Ola ka 'Ohana: Three Generations of Hawaiian Language Revitalization〉, *Hulili: Multidisciplinary Research on Hawaiian Well-Being* 4, no. 1 (2007): 183~237.

24 Colin H. Williams, 〈웨일즈의 언어 부흥 노력The Lightening Veil: Language Revitalization in Wales〉, *Review of Research in Education* 38, no. 1 (2014): 242~272. 더 알아보고 싶다면 다음을 참고하라. Dylan V. Jones and Marilyn Martin-Jones, 〈웨일즈의 이중 언어 사용 교육과 언어 부흥 노력: 과거의 성과와 당면한 과제Bilingual Education and Language Revitalization in Wales: Past Achievements and Current Issues〉, in Medium of Instruction Policies: Which Agenda? Whose Agenda, ed. James W. Tollefson and Amy B. M. Tsui (Mahwah, NJ: Lawrence Erlbaum Associates, 2004), 43~70.

25 Jeanette King, 〈마오리 언어의 부흥 노력Te Kohanga Reo: Māori Language Revitalization〉, in *The Green Book of Language Revitalization in Practice*, ed. Leanne Hinton and Kenneth Hale (Leiden: Brill, 2001), 119~131. 또한 다음을 참고하라. Kimai Tocker, 〈쿠라카우파파마오리의 기원The Origins of Kura Kaupapa Māori〉, *New Zealand Journal of Educational Studies* 50 (2015): 23~38.

내 안에 기후 괴물이 산다
기후변화는 어떻게 몸, 마음, 그리고 뇌를 지배하는가

1판 1쇄 인쇄 2024년 11월 13일
1판 1쇄 발행 2024년 11월 20일

지은이 클레이튼 페이지 알던
옮긴이 김재경
펴낸이 고병욱

기획편집1실장 윤현주 **책임편집** 김경수 **기획편집** 한희진
마케팅 이일권 함석영 황혜리 복다은 **디자인** 공희 백은주
제작 김기창 **관리** 주동은 **총무** 노재경 송민진 서대원

펴낸곳 청림출판(주)
등록 제2023-000081호

본사 04799 서울시 성동구 아차산로17길 49 1010호 청림출판(주)
제2사옥 10881 경기도 파주시 회동길 173 청림아트스페이스
전화 02-546-4341 **팩스** 02-546-8053

홈페이지 www.chungrim.com **이메일** cr2@chungrim.com
인스타그램 @chungrimbooks **블로그** blog.naver.com/chungrimpub
페이스북 www.facebook.com/chungrimpub

ISBN 979-11-5540-241-2 03400